丁敬松 主编 吴伟烈 曹 争 副主编

注塑机维修及故障处理实用教程

化学工业出版社

·北京·

图书在版编目（CIP）数据

注塑机维修及故障处理实用教程/丁敬松主编. —北京：化学工业出版社，2014. 5（2024.11重印）

ISBN 978-7-122-20106-5

Ⅰ. ①注… Ⅱ. ①丁… Ⅲ. ①注塑机-机械维修-教材 ②注塑机-故障修复-教材 Ⅳ. ①TQ320. 5

中国版本图书馆 CIP 数据核字（2014）第 051479 号

责任编辑：贾 娜　　文字编辑：张绪瑞

责任校对：王 静　　装帧设计：刘丽华

出版发行：化学工业出版社（北京市东城区青年湖南街 13 号 邮政编码 100011）

印　　装：北京盛通数码印刷有限公司

787mm×1092mm 1/16 印张 13¾ 字数 339 千字 2024 年 11 月北京第 1 版第 14 次印刷

购书咨询：010-64518888　　售后服务：010-64518899

网　　址：http://www.cip.com.cn

凡购买本书，如有缺损质量问题，本社销售中心负责调换。

定　　价：49.00 元

近年来，注塑成型制品在家用电器、电子工业、汽车制造等行业应用日益广泛，这有力地推动了注塑机和模具制造业的发展。伴随着注塑装备制造业的迅猛发展，我国已成为注塑机和注塑成型制品的生产大国，从事注塑机操作的技术人员也越来越多。为了帮助广大从业人员迅速掌握注塑机维修及故障技能，我们编写了本书。

本书是编者多年从事注塑机装配、调试和维修工作的经验总结，以震雄、震德、海天、海德、富强鑫、特佳、住友、鑫盘、柳塑等公司的机型为例，经过整合，系统地介绍了注塑机的机械系统、液压系统和电气控制系统的结构、原理以及故障排查和维修方法，图文并茂，讲解透彻，易学易懂。

本书在讲解注塑机的电子控制电路时，将电子电路分为比例压力与比例流量电子放大电路、普通开关量 I/O 接口电路、拨码电路及电源电路等独立的电路单元进行详解，对电路单元中各主要器件的作用、各易损元器件的检测方法与替换标准做了详细的介绍。另外，为了使初学者和基础稍差的读者能读懂本书，特增加一些章节，用来讲解注塑机维修的电子电路基础知识和油路基础知识。

本书重点在于排查维修的细节，实用性很强。在讲解注塑机的机械结构时，把重点放在讲解机械零件的拆卸步骤、装配要求与检测方法，再加上大量的局部图解，让读者一看就懂，一学就会。讲解电子电路时，重点放在各主要元器件的作用，各易损元器件的检测方法与替换标准及零件损坏与否的判断标准。

本书还系统地介绍了注塑机的机械传动、液压油路、电气电路与机械保养等几方面的内容，全面分析了目前各主流机型常见的故障及其处理方法，汇集了各主流机型的主要电路图，供读者参考查阅。本书既可作为初学者的入门教材或培训教材，也可作为注塑机维修从业者经常查阅的工具书。

本书由丁敬松主编，吴伟烈、曹争副主编，崔小松、王志光、孙龙生、刘毅、林俊明参加编写，廖圣洁主审。本书在编写过程中，曾遇到一些难点、疑点，在前辈师傅的指导下，得以顺利解决，在此表示衷心的感谢！

由于编者水平所限，不足之处在所难免，恳请广大专家和读者批评指正！

编　者

第1章　注塑机的基本结构及其工作原理

第2章　注塑机的机械传动部分维修

第3章　注塑机的液压传动部分维修

第4章 注塑机电气控制部分维修

第5章 常见注塑机故障处理

注塑机的基本结构及其工作原理

1.1 注塑机分类

注塑机种类和型号很多，可按塑化方式、加工能力、外形特征、注塑机锁模机构特征、液压和电气控制特点等进行详细分类。具体分类如下。

(1) 按塑化方式分类

按塑化方式，注塑机可以分为两类：一类是螺杆式注塑机，另一类是柱塞式注塑机。

螺杆式注塑机是目前产量最大、应用最广泛的机型。螺杆式注塑机是将塑料胶料塑化熔融及注射成型都由螺杆来完成。螺杆旋转把塑料胶料挤压、剪切。螺杆旋转与熔胶筒及外部加热对塑料胶料均匀塑化成熔融状态。螺杆通过射胶油缸活塞的推动将熔融胶料注射到模具型腔进行注塑加工成型。

柱塞式注塑机是通过柱塞依次将落入熔胶筒中的塑料胶料推向熔胶筒前端的塑化空腔内，依靠熔胶筒外围的加热器提供热量，使胶料塑化成为熔融状态，然后熔融胶料被柱塞推挤到模具型腔中去，充填模腔而冷却成型。

(2) 按加工能力分类

一般通用型注塑机的加工能力主要用合模力和注射能力两项指标表示。国际常用注塑机标准方法也是用这两项指标来表示机器型号的。我国注塑机标注方法（国家标准 GB/T 12783—1991）规定注塑机型号编制标注中的合模力单位为 kN，当量注射容量单位为 cm^3。

按加工能力注塑机可分为超小型、小型、中型、大型、超大型 5 类。具体如表 1-1 所示。

表 1-1　按注塑机加工能力分类

类型	合模力 F/kN	理论注射容量 V/cm^3
超小型	160 以下	16 以下
小型	160～2000	16～630

续表

类型	合模力 F/kN	理论注射容量 V/cm^3
中型	2500～4000	800～3150
大型	5000～12500	4000～10000
超大型	16000 以上	16000 以上

(3) 按合模机构特征分类

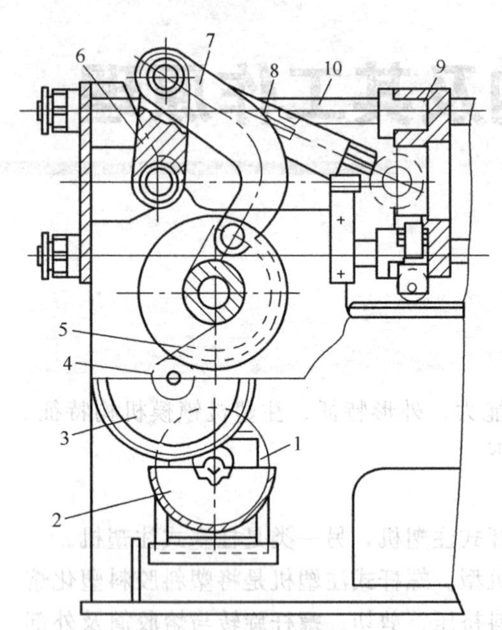

图 1-1 全机械式锁模机构

1—电动机；2—减速箱；3，4—齿轮；5—扇形齿轮；6—曲肘；7—构件；8—连杆；9—动模板；10—拉杆

① 机械式注塑机。机械式注塑机即全机械式锁模机构，是从机构的动作到合模力的产生和保持均由机械传动装置来完成，图 1-1 是全机械式锁模机构示意。

早期生产的机械式注塑机的锁模机构的锁模速度与锁模力调整比较困难，并且结构复杂，运动链长、惯性大、噪声大，再加上制造维修困难，所以已经逐步被淘汰。近年来由于机械制造业和电力电子业的发展以及零件加工精度提高，并且出现一些新型零件可用在注塑机上，使得机械式注塑机得以发展。新一代机械式注塑机已显示出节能、低噪声、清洁、操作维修方便的特点。

② 液压式注塑机。液压式注塑机即全液压式锁模机构，是从机构动作到合模力的产生和保持均由液压传动装置来完成。图 1-2 是全液压式（单缸直压式）锁模机构示意。

液压式注塑机的锁模装置具有液压传动的优点：能够方便地实现移模速度；模力的调节变换容易实现；工作安全可靠并且噪声低。但也存在

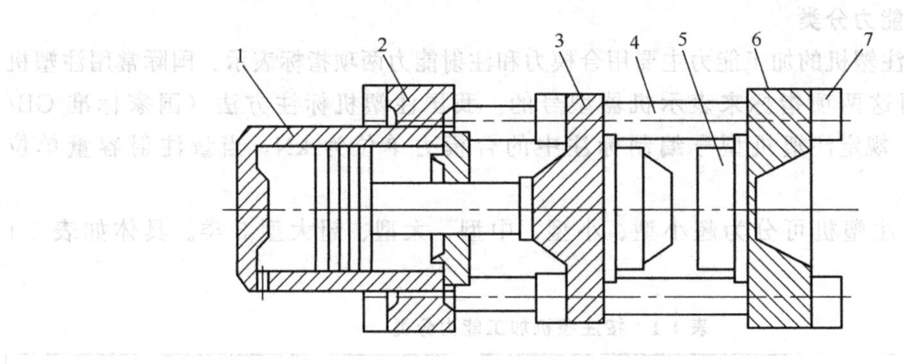

图 1-2 单缸直压式锁模机构

1—锁模油缸；2—后固定模板；3—移动模板；4—拉杆；5—模具；6—前固定模板；7—拉杆螺母

缺点：液压传动容易引起泄漏和压力波动；系统液压刚性较软。

全液压式锁模装置因以上特点被广泛应用在大型注塑机、中型注塑机、小型注塑统中。

③ 液压机械式注塑机。液压机械式注塑机即锁模机构是液压和机械相结合的传动装置形式，兼有全机和全液压式注塑机的优点。它是以压力、流量产生初始运动，再通过曲肘连杆机构放大和保持锁模力（自锁）来达到快速、平衡的锁模动作。图 1-3 是液压单曲肘锁模装置示意。

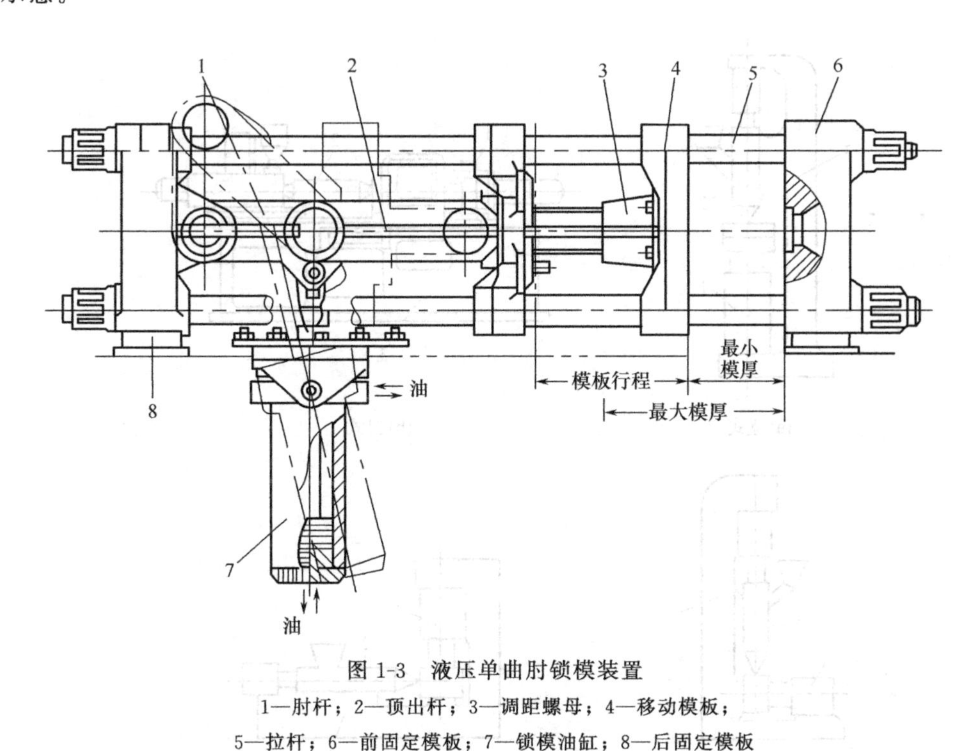

图 1-3　液压单曲肘锁模装置

1—肘杆；2—顶出杆；3—调距螺母；4—移动模板；5—拉杆；6—前固定模板；7—锁模油缸；8—后固定模板

图 1-4 是双曲肘锁模装置示意。

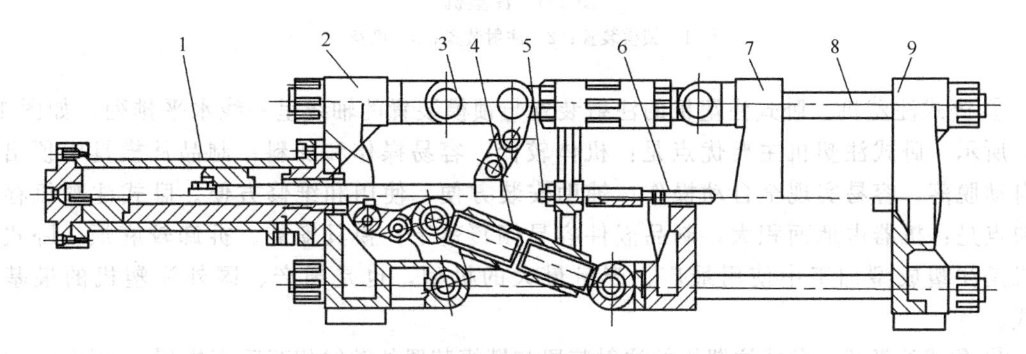

图 1-4　双曲肘锁模装置

1—移模油缸；2—后固定模板；3—曲肘连杆；4—调距装置；5—顶出装置；6—顶出杆；7—移动模板；8—拉杆；9—前固定模板

(4) 按外形特征分类

① 立式注塑机。立式注塑机的注射装置与锁模装置的轴线呈一线垂直排列，如图 1-5

(a) 所示。立式注塑机主要优点是：占地面积小；安装或拆卸模具方便；容易在动模模具上安放嵌件，并且嵌件不易倾斜或坠落。立式注塑机存在缺点是：机身较高加料不方便；机器的稳定性较差、重心不稳容易倾覆；制品从模具中顶出后不能靠重力下落，需要人工取出，有碍于全自动操作。所以，立式注塑机主要用于生产注塑量在 60cm³ 以下的嵌件或多嵌件制品。

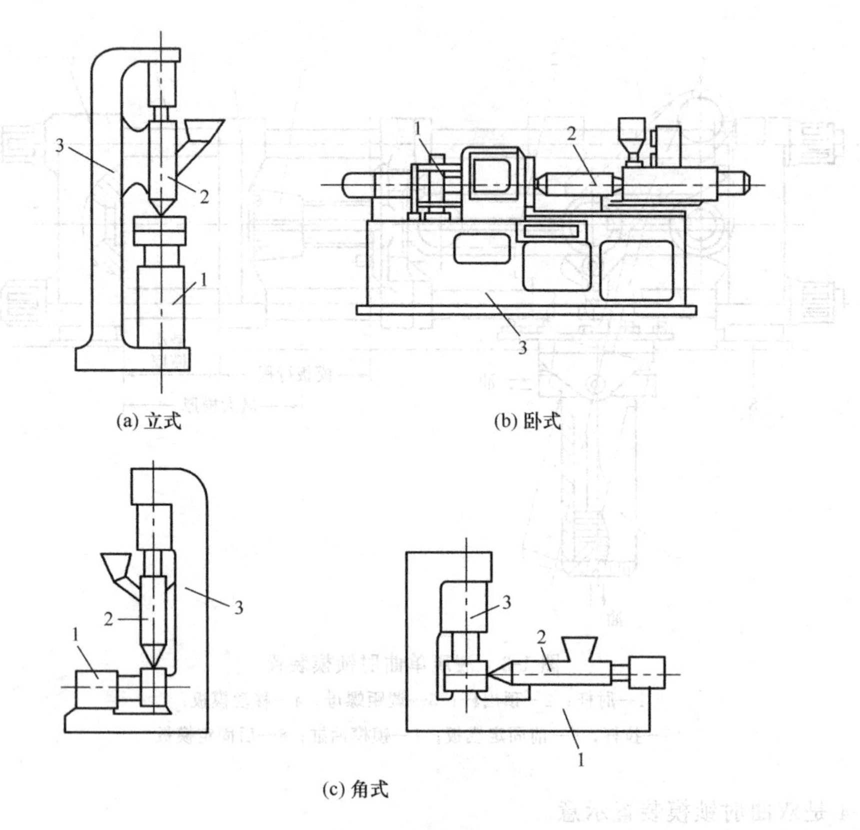

图 1-5 注塑机

1—锁模装置；2—注射装置；3—机身

② 卧式注塑机。卧式注塑机的注射装置与锁模装置的轴线呈一线水平排列，如图 1-5 (b) 所示。卧式注塑机主要优点是：机体较低，容易操作和加料；制品从模具中顶出后能自动脱落，容易实现全自动操作；辅助安装方便，使用和维修方便。卧式注塑机存在的缺点是：机器占地面积大；制品嵌件容易倾覆落下；模具安装、拆卸较麻烦。卧式注塑机是注塑成型加工中使用最广、产量最大的机型，也是国产、国外注塑机的最基本形式。

③ 角式注塑机。角式注塑机的注射装置与锁模装置的轴线相互垂直排列，如图 1-5 (c) 所示。角式注塑机在注射时，熔融胶料从模具分型面进入型腔，适用于成型制品中心不允许留有浇口痕迹的加工，也是国内小型机械传动式注塑机常采用的类型。

④ 多模注塑机。多模注塑机是一种多工位操作的特殊类型的机器，如图 1-6 所示。多模注塑机具有多个成形模具，其有两种颜色的塑料制品生产功能，具有成型周期短、生产效率高的特点。

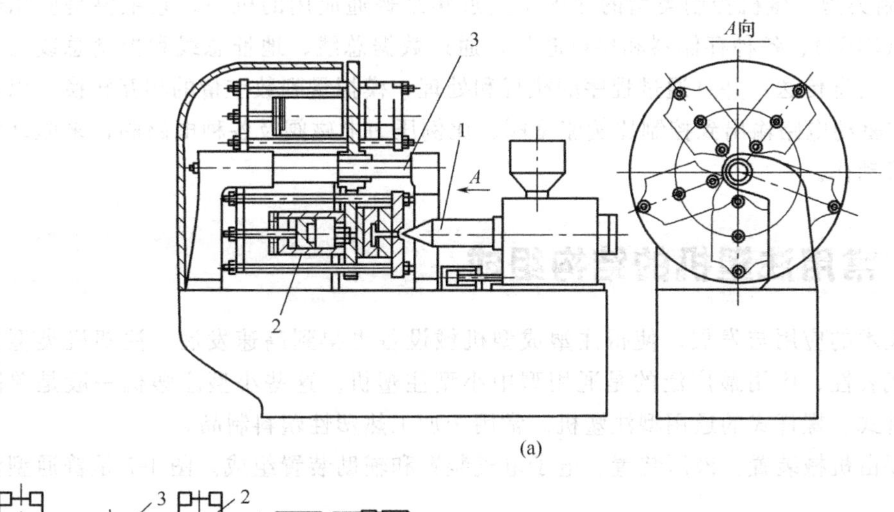

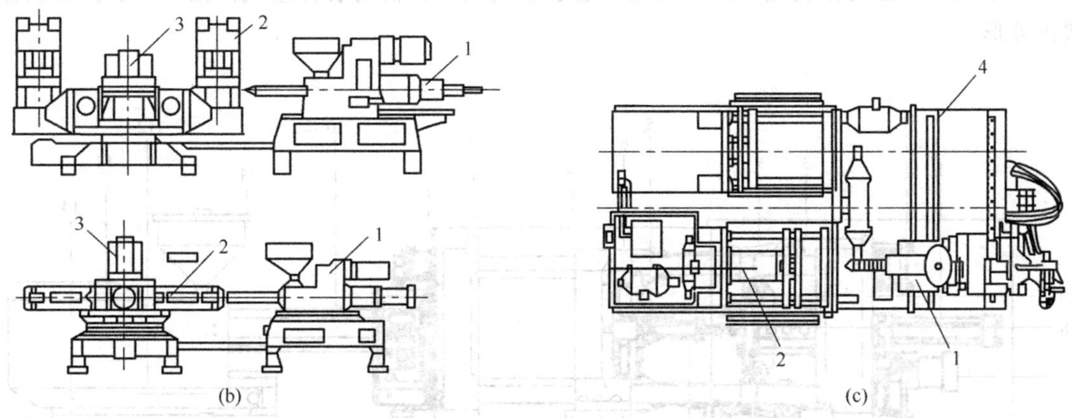

图 1-6　多模注射成型机

1—注射成型系统；2—锁模系统；3—转盘轴；4—滑道

(5) 按电气控制方式分类

① 继电器控制类型。继电器控制类型的注塑机是早期生产的机型。它主要是电气控制方式，采用常规的低压电器元件如交流接触器、中间继电器、小型继电器等。在控制信号采集方面采用原始的组合开关、选择开关、行程开关等。在控制电器中利用电器元件的线圈、触点、辅助触点、延时触点等来进行控制，输出强电控制驱动电磁阀线圈。电磁阀也只是采用方向阀、换向阀、压力控制阀和单向节流阀等来驱动油缸、驱动机械传动，按照注塑工艺设定的动作顺序进行工作。

② 程控器控制类型。程控器控制类型的注塑机是近年来常用的机型，它主要是应用了以微机为核心的可编程控制器 PLC 为主要部件。通过专门输入电路和输出电路实现模拟信号与数字信号的互换，从而实现与 PLC 的接口电路的兼容，采用比例流量、比例压力电磁阀和其他电磁阀实现控制动作，采用 I/O 接口驱动电路为输入、输出电路提供电源。软件系统通过微机电脑或者手持编程器或者仿真机，将编制的用户程序或应用程序输入到 PLC 中去，PLC 内部处理系统自动将应用程序或用户程序翻译成目标程序代号，以供微处理器进行运算处理，输出控制信号去驱动执行机构动作，按照注塑工艺要求、程序编制要求，来

完成注塑成型的全部流程。

③ 微机控制类型。微机控制类型的注塑机是近年来普通应用的机型。它主要是应用各种中央处理器（CPU）、各种存储器和接口芯片，通过数据总线、地址总线和控制总线与外部设备之间进行信息传送，并且通过程序的执行和处理，模拟量到数字量的相互转换，以及I/O 接口电路和驱动电路输出到控制比例流量阀、比例压力电磁阀及各种电磁阀，来驱动机械传动机构完成动作。

1.2 常用注塑机的结构组成

注塑成型技术的应用与发展，使得注塑成型机械设备也得到高速发展，注塑机类型很多，其中最有代表性、应用最广泛的是通用型中小型注塑机。这些小型注塑机一般是单阶式、单工位、卧式、螺杆式的通用型注塑机。常用于加工热塑性塑料制品。

注塑机主要由机械装置、液压装置、电子电气装置和辅助装置组成。图 1-7 是普通型注塑机外形。

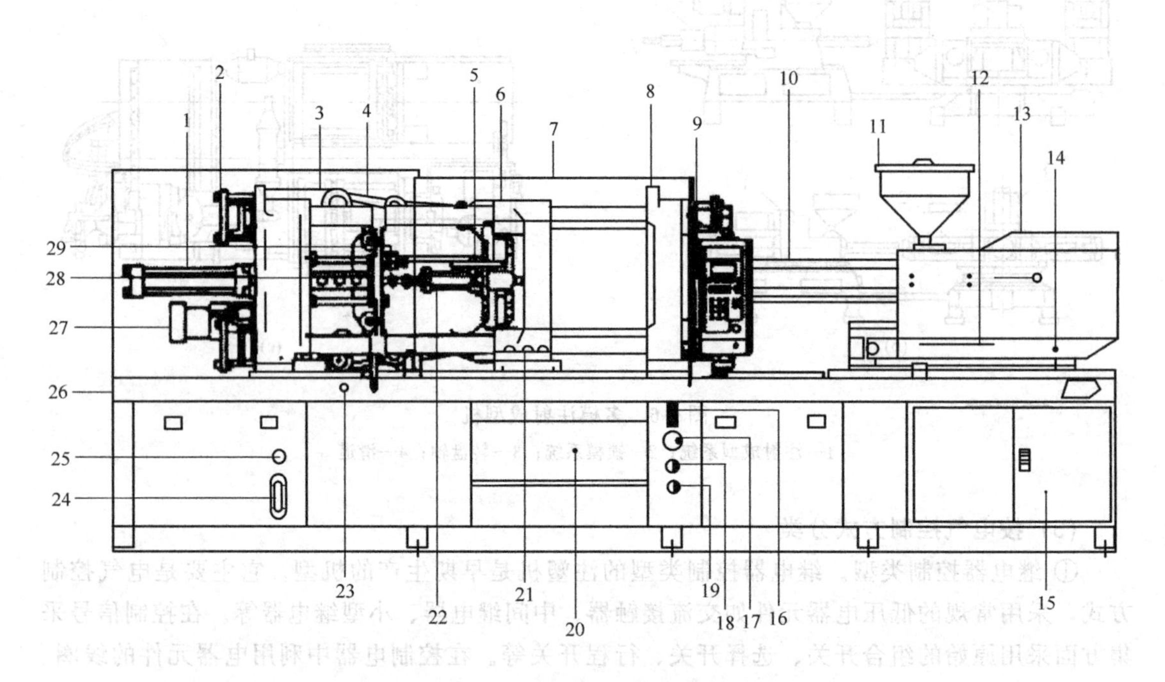

图 1-7 普通型注塑机外形

1—锁模油缸；2—开模组合；3—锁模尾板；4—曲肘组合；5—顶出解码器组件；6—锁模二板；7—安全门；8—锁模头板；9—射嘴组合；10—熔胶筒罩、加热器熔胶筒、射腔螺钉；11—进料；12—射座前限调节器；13—射座及罩板；14—射座解码器组件；15—电器零件箱；16—液压油液位显示器；17—系统压力表；18—背压压力表；19—副泵压力表；20—成品滑道；21—二板滑脚；22—顶出油缸；23—油压式锁模安全保护装置（附加装置）；24—润滑油液位显示器；25—润滑油液位警报器；26—机架；27—调模电机；28—机器安全锁动器；29—机械式锁模安全保护装置

注塑机具体组成如下。

① 机械装置。主要由锁模部分、射胶部分和其他辅助部分组成。

② 液压装置。主要由液压油泵、液压油阀、液压油缸、液压管路等部分组成。

③ 电子电气部分装置。主要由电子部分和电气部分组成。其中包括控制系统以及输入、输出、功率驱动电路等。

电气部分主要有油泵电动机的星形/角形降压启动电路；调模电机的正、反转控制电路；润滑油泵电机定时正转自锁电路；电加热温度自动控制电路等；操作开关控制，行程开关控制、位置开关控制等；还有操作面板、控制面板、温度控制板电路。

④ 辅助部分装置。主要涉及冷却水路、润滑油路、安全装置及配套部分如冷水机、模温机、上料器、干燥器等。

1.3 注塑机主要参数

1.3.1 注射装置主要技术参数

注射装置主要技术参数包括有注射量、螺杆、注射压力、注射速率、塑化能力等。这些参数标识了注射成型制品的大小，反映了注塑机做功能力以及对被加工塑料种类、品级范围和制品质量的评估，也是选择使用的依据。表 1-2 列出了注塑机注塑装置技术参数。

表 1-2　注塑机注塑装置技术参数

参数	单位	英文	内容
注射量（硬胶）	g	Shot Weight	注射螺杆一次注射 PS 的硬胶最大质量
螺杆直径	mm	Screw Diameter	注射螺杆的外径尺寸
螺杆长度	mm	Total Length	注射螺杆的长度
螺杆长径比例		ScrewL/D Ratio	注射螺杆的有效长度与注射螺杆的直径之比
螺杆压缩比例		ScrewV_2/V_1 Compression Ratio	螺杆加料段第一个螺槽容积 V_2 与计量段第一个螺槽容积 V_1 之比
螺杆行程	mm	Screw Stroke	注射螺杆移动的最大距离（计量时后退最大距离）
螺杆转速	r/min	Screw Speed	塑化胶料时，螺杆最低到最高的转速范围
射胶容积	cm^3	Injection Volume	螺杆头部截面积与最大注射行程的乘积
射胶压力	MPa	Inj. Pressure	注射时，螺杆头部施予熔胶料的最大压力
射胶速度	mm/s	Inj. Speed	注射时，螺杆移动的最大速度
射胶速率	cm^3/s	Inj. Rate	单位时间内注射的理论容积；螺杆截面积乘以螺杆的最高速度
射胶时间	s	Inj. Time	注射时，螺杆完成注射行程的最短时间
塑化能力	kg/s	Plasticizing Capacity	在单位时间内，可塑化胶料的最大质量

(1) 注射量（Q）

注射量是指注射成型机在对空注射条件下，注射螺杆（或柱塞）作一次最大注射行程时，注射装置所能达到的最大注出量。注射量在一定程度上反映了注塑机的加工能力，标志着该机能成型加工塑料制品的最大质量。注射量是注塑机的一个重要参数，因而常被用来表征注塑机机器的规格。注射量一般有两种表示方法：一种是用注射出熔胶料的容积（cm^3）来表示；另一种是以聚苯乙烯（PS）为标准（密度 $\rho=1.05g/cm^3$），熔胶料的质量（g）来表示。国产注塑机系列标准采用前一种表示方法。

(2) 注射压力（p）

注射压力也叫射胶压力，是指螺杆（或柱塞）端面处作用于熔胶料单位面积上的压力。注射时，为了克服熔融胶料流经射嘴、浇道和型腔时的流动阻力，螺杆或柱塞对熔融胶料必须要施加足够的压力，这种压力就是射胶压力。注塑机的射胶压力是个重要参数。射胶压力选择或设定过高，可能导致制品产生毛边，脱模困难，影响制品的光洁度，使制品产生较大的内应力，甚至成为废品，同时还会影响到注射装置及传动系统的设计；射胶压力设定过低则容易产生胶料充不满模腔，甚至不能注射成型等现象。所以注塑成型生产中，选择射胶压力要综合考虑胶料的黏度、制品形状、塑化状态、模具温度以及制品尺寸精度等因素，根据具体情况来选择。通常情况，对加工精度低、流动性好的低密度聚乙烯、聚酰胺之类塑料加工，射胶压力可选用 35～55MPa；对加工形状一般、有一定精度要求的制品，选用中等黏度如改性聚苯乙烯、聚碳酸酯等塑料，射胶压力可选在 100～140MPa；对高黏度工程塑料如聚砜、聚苯醚等类的注射成型，尤其制品薄壁长流程、厚薄不均匀和精度要求严格的，可将注射成型的射胶压力设置在 140～170MPa；对于加工优质精密微型制品，射胶压力可设定在 230～250MPa 以上。

(3) 注射速率（q_z）

注射速率是用来表示熔融胶料充填模具型腔快慢特性的参数，射胶时熔融的胶料通过射嘴后就开始冷却。要把熔融胶料注入模具型腔，得到密度均匀和高精度的注塑制品，必须要在短时间内把熔融胶料充满模具型腔，进行快速充填模具型腔，因此还有射胶速度、射胶时间等参数来表示其特性。注射速率是指在射胶时，单位时间内所能达到的体积流率。射胶时间是指在射胶时，螺杆（或柱塞）射出一次注射容量所需要的时间。注射速率、射胶速度和射胶时间三者之间可用如下关系式表示

$$q_z=Q/t_z(cm^3/s)$$

$$V_z=S/t_z(mm/s)$$

式中，Q 为注射量；q_z 为注射速率；t_z 为射胶时间；V_z 为射胶速度；S 为螺杆行程。

注射速率、射胶速度、射胶时间是注塑成型加工工艺的重要参数。在实际中，常调节射胶速度来改善制品质量。射胶速度慢可导致熔料充填模具型腔时间长，注塑制品容易产生熔接缝，会有强度低、密度不均、内应力大等制品缺陷产生。常采用高速度注射来提高射胶速度缩短成型周期。尤其在成型加工薄壁、长流程制品及低发泡制品时能获得较好的效果。射胶速度也不宜过高，熔融胶料流经射嘴浇道口等处时，容易产生大量的摩擦热，导致熔融胶料烧焦以及吸收气体和排气不良等现象产生，影响到制品的表面质量，产生银纹、气泡等制品不良缺陷。射胶速度过高，还会造成过度充填而使得注塑制品出现溢边、毛边等制品不良缺陷。因此射胶速度应根据使用的塑料胶料和加工制品的特点、工艺要求、模具浇口设计以及模具的冷却情况，合理地设置参数，设定射胶速度、射胶时间、射胶压力等其他参数的配合，达到其最佳设置。

(4) 塑化能力

塑化能力是表示螺杆与熔胶筒在单位时间内可以塑化塑料的质量。注塑机的塑化装置应

该在规定的时间内保证能够提供足够量的塑化均匀的熔融胶料。注塑机塑化能力是已知设定的，所以，注塑机的最短成型周期就有了限制。螺杆式注塑机螺杆传动系统是与注射、锁模传动系统分开设置的。机器的最短成型周期符合下式

$$T=Q/G$$

式中，T 为机器最短成型周期，s；Q 为机器注射量，g；G 为塑化能力，kg/s 或 kg/h。

从上式可看出，塑化能力高，成型周期就短，生产效率就高。可以通过提高螺杆转速、增加驱动功率、改进螺杆结构来提高塑化能力。

1.3.2　锁模装置主要技术参数

锁模装置主要技术参数如表 1-3 所示，这些参数表征了锁模装置的成型驱动与承载能力。

表 1-3　注塑机锁模装量技术参数

参数	单位	英文	内容
锁模力	kN	Locking Force	模具最大的夹紧力
容模量	mm	Mould Height	注塑机上能安装模具的最大厚度和最小厚度
模板最大开距	mm	Max Daylight	注塑机上的定模板与动模板之间的最大距离
开模行程	mm	Opening Stroke	为取出制品，使模具可移动的最大距离
模板尺寸	mm	Platen Size	前后定模和动模板模具安装平面尺寸
拉杆间距	mm	Space Between Tie Bars	注塑机拉杆水平方向和垂直方向内侧的间距
开模力	kN	Opening Force	为取出制品，使模具最大的开启力
顶出行程	mm	Ejector Stroke	注塑机顶出装置上顶杆运动的最大行程
顶出力	kN	Ejector Force	顶出装置克服静摩擦力在顶出方向施加的顶出合力

(1) 锁模力

锁模力也称合模力，锁模力是指注塑机锁模机构施加于模具上的最大夹紧力，当熔融胶料以一定的射胶压力和射胶流量注入模具型腔时，在这个夹紧力作用下，模具不会被胀开。锁模力在一定程度上反映出注塑机所能加工制品的大小，是一个重要的技术参数，所以有些注塑机用最大锁模力作为注塑机规格的标准。锁模力常用注塑机注射时动模板的受力平衡示意图表示，如图 1-8 所示。图中压力分布是模腔压力 p_m，锁模力为 F，制品投影面积为 A。为了使模具在注射时不被模腔压力所形成的胀模力胀开。锁模力应当为

$$F \geqslant K p_m A \times 10^{-3}$$

式中，F 为锁模力，kN；K 为安全系数，一般取 1～2；p_m 为模腔压力，MPa；A 为制品在分型面上的投影面积，mm^2。

模腔压力 p_m 是一个较难确定的数值，它与射胶压力、塑化工艺条件、制品形状、胶料性能、模具结构、模具温度等因素有关。通常取模具型腔的平均力来计算锁模力。

公式如下

$$F \geqslant K p_{cp} A \times 10^{-3}$$

式中，p_{cp}为模具型腔内平均压力，MPa。

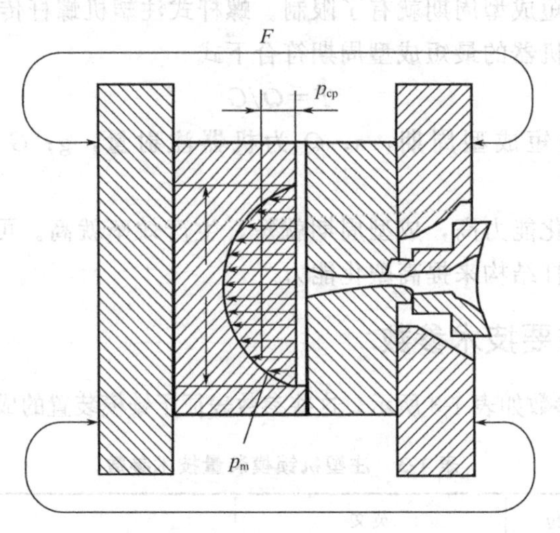

图 1-8 注射时动模板的受力平衡

注塑机的锁模力选取很重要，如果锁模力取小了，在注塑成型制品时会产生飞边，不能成型加工薄壁制品；如果锁模力设定无穷大，容易压坏模具，使制品的内应力增大。锁模力过大还会造成其他零件提前失效或损坏。

常用塑料成型条件与模腔平均压力如表 1-4 所示。

表 1-4 常用塑料成型条件与模腔平均压力

常用塑料	模腔平均压力 p/MPa	成型特点与制品结构
LDPE PP PS	10～15	易于成型，可加工成型壁厚均匀的日用品、容器等
HDPE	35	普通制品，可加工成型薄壁类容器
ABS POM PA	35	黏度高，制品精度高，可加工精度高的工业用品及零件
DMMA CA PC	40～45	胶料黏度特别高，制品精度高，可加工高精度机械零件、齿轮等

(2) 锁模部分基本尺寸

锁模部分的基本尺寸直接关系到注塑机所能加工制品的范围和模具的安装、定位等。其基本尺寸有：模板尺寸、拉杆间距、模板间最大开距、模板行程、模具厚度、顶出行程等。

1.4 注塑机的工作原理

图 1-9 是螺杆式注塑机注塑成型动作顺序示意，图中动作顺序是按锁模→射台前进→

射胶→制品冷却→保压→熔胶→射台后退→开模→顶出制品步骤进行的。注塑成型加工就是按照这样一个循环周期，周而复始地进行工作。每个动作步骤的具体工作内容简述如下。

(1) 锁模过程

锁模动作是用液压油推动完成的。锁模动作是按照慢速、快速、低压低速、高压锁模步骤进行。首先，将模具以低压快速进行闭合，当动模与定模快要接近时，锁模机构的动力系统切换成低压低速，在确认模具内无异物存在或嵌件没有松动时，再切换成高压锁模而将模具锁紧。

(2) 射胶

在确认模具达到所要求的锁紧程度后，注射射台向前移动，使得射嘴和模具流道口贴合，接着射胶动作开始，系统向射胶油缸充入压力油，射胶油缸活塞杆推动射胶螺杆，以高压高速将螺杆头部的熔融胶料注入模具型腔中，从而完成射胶动作。

(3) 冷却保压及熔胶

当熔融胶料充满模具型腔后。射胶螺杆对熔融胶料保持一定的压力，以防止模腔中的熔料反流，并向模腔内补充因低温模具的冷却而使熔料收缩所需要的熔料，从而保证塑料制品的致密性和一定的尺寸精度，以及良好的力学性能。当保压进行到模腔内的熔料失去从浇口回流的可能性时，即可卸压。当射胶终止后，就开始冷却计时，直到冷却时间达到，就可以开模。

(4) 熔胶

卸压后螺杆在传动机械的驱动下旋转后退（一般由油压电机驱动），将从料斗落到熔胶筒中的胶料随着螺杆的转动沿着螺杆螺纹方向向前输送。在这个输送过程中，胶料被逐渐压实，又被熔胶筒上加热圈加热，再加上螺杆旋转与胶料的表面摩擦生热，胶料与胶料、胶料与熔胶筒的表面摩擦生热，使得胶料温度升高到熔融温度，胶料逐渐熔融塑化呈现黏流态，并建立起一定的压力。由于螺杆头部熔料压力的作用，使得螺杆在转动的同时又发生后退，螺杆在塑化时的后退移动量则表示了螺杆头部所积累的熔料体积量，当螺杆后退回到计量值时，螺杆立即停止转动，准备下一次注射，另外为了防止射嘴溢料，常采用“抽胶”或“倒索”动作来解决问题。

(5) 开模及射台后退

螺杆塑化计量结束后，为了使射嘴不至于长时间和冷的模具接触而形成冷料等情况，在塑料制品生产中，有些制品需要将射台后移，将射嘴与模具分离。与此同时，制品冷却时间到达，锁模机构的开模动作开始，按照慢速、快速、慢速开模和开模终止步骤进行。慢速开模动作是为防止塑料制品在模具型腔内撕裂；快速开模是为了提高注塑机生产效率，缩短开模时间；开模终止前的慢速开模是为了降低开模动作惯性造成的振动及冲击。开模终止是开模动作整个过程结束的标志，常用行程开关、位置开关等来给出信号。

(6) 顶出产品

顶出产品动作包括顶针前进和顶针后退两个动作。顶出装置可以准确可靠地顶出产品，保证注塑制品顺利脱模。

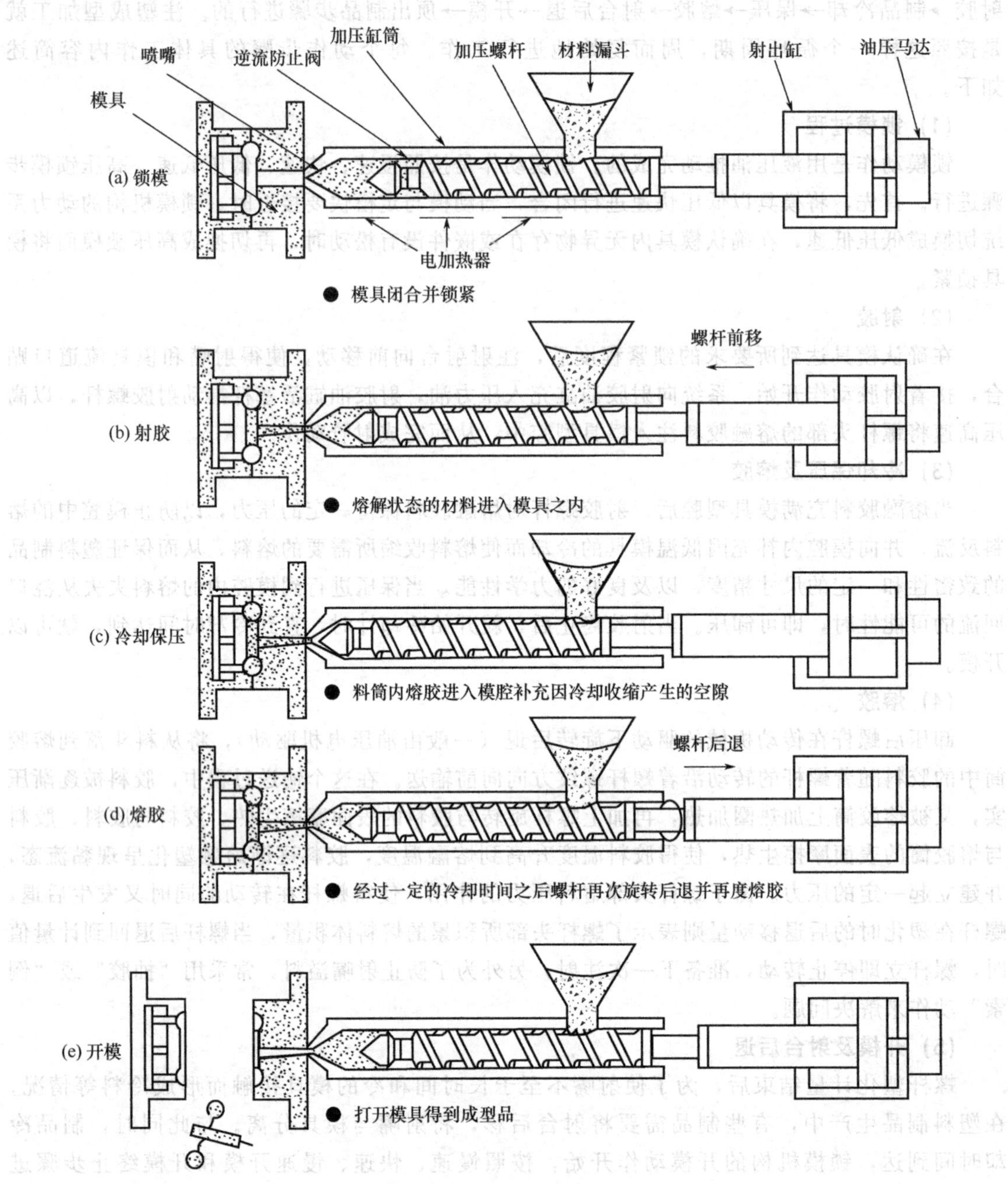

图 1-9 注塑成型过程示意

注塑机的机械传动部分维修

2.1 机架、锁模部分及注射部分

2.1.1 直压式锁模系统

直压式锁模系统是锁模系统中常用机构类型之一，其结构如图 1-2 所示，直压式锁模系统是直接通过锁模油缸的推力来锁紧模具，模具的开启闭合动作都是在油缸内完成，其油缸的作用力与锁模力相等。从结构示意图上可看到，锁模油缸装设在后固定模板上，当工作油进入锁模油缸左腔时，推动活塞向右运动，活塞杆与移动模板连接一起进行锁模动作，将模具闭合；当工作油进入锁模油缸右腔时，推动活塞向左运动，活塞杆和移动模板进行开模动作，将模具开启。锁模机构的动作均由液压油缸传动系统完成，并可以提供平稳持久的开模力。

2.1.2 液压肘杆式锁模系统

液压肘杆式锁模系统是利用机械上连杆机构或曲肘及撑板机构，液压驱动连杆或曲肘实现对模具的锁紧和开启。液压肘杆式锁模系统由液压、机械机构组合形式组成。按组合形式小曲肘个数可分为单曲肘、双曲肘、曲肘撑板式等。

(1) 液压单曲肘式锁模系统

液压单曲肘式锁模系统是国产注塑机应用很广的一种机型。它主要由以下零件组成：肘杆、顶出杆、调距螺母、移动模板、拉杆、前固定模板、锁模油缸、后固定模板等系统。它是以压力产生初始运动，再通过曲肘连杆的运动、力的放大和自锁特点来达到平衡、快速地锁模动作。其工作过程如下。

① 锁模时，压力油从锁模油缸上部进入，使油缸活塞向下运动，与活塞杆相连的肘杆机构向前伸直推动动模板前移，当两半模具靠拢接触后，油压升高，迫使肘杆机构伸直成一条直线锁紧模具，此时锁模力一直保持。

② 开模时，压力油进入锁模油缸的下腔，活塞杆带动肘杆机构回曲。由于锁模油缸在开锁模具过程中绕着一个支点摆，又称为单曲肘摆缸式。

液压单曲肘锁模系统具有结构简单、外形尺寸小、制造比较容易、模板距离调整方便的优点。但由于增力倍数小（仅十多倍）、承载能力有限、模板受力不均等缺点，所以液压单曲肘式锁模系统主要用在锁模力在 1000kN 以下的小型注塑机上。

(2) 液压双曲肘锁模系统

液压双曲肘锁模系统如图 2-1 所示，它是目前国内外在各种类型的注塑机上普遍采用的结构系统。

液压双曲肘锁模装置是为了提高锁模力，使注塑机受力均匀对称，是为能成型较大尺寸的制品而设计的类型。其工作过程如下。

① 锁模时，压力油进入锁模油缸左腔，活塞向右动作，曲肘绕后模板上机铰旋转，调距螺母作平面运动，将移动模板推移向前，使曲肘伸直将模具锁紧。

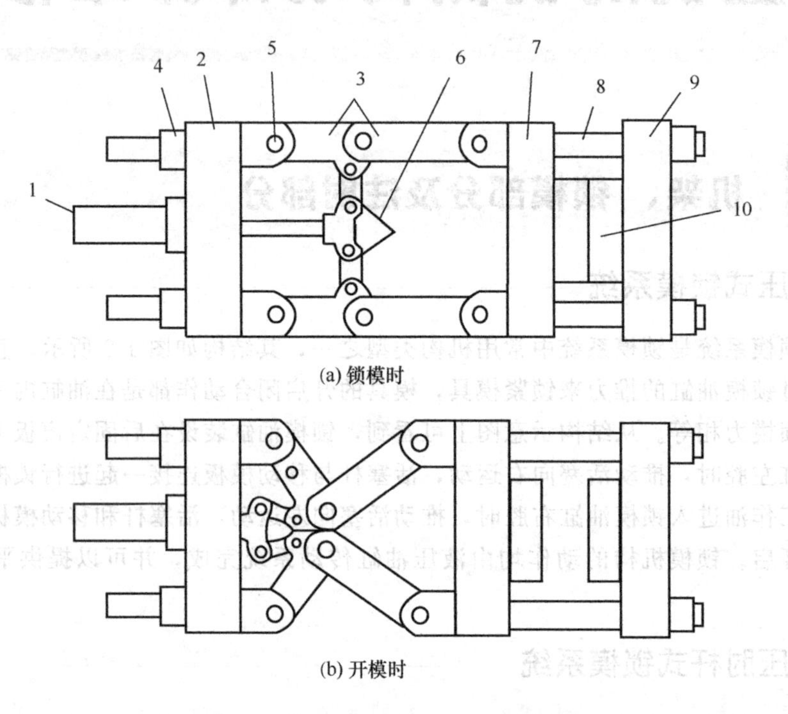

图 2-1 液压双曲肘锁模系统工作原理

1—锁模油缸；2—后固定模板；3—曲肘连杆；4—调距螺母；5—销钉；6—十字头；7—移动模板；8—拉杆；9—前固定模板；10—模具

② 开模时，压力油进入锁模油缸的右腔，活塞后退向左运动，带动曲肘向内卷，调距螺母回缩，将移动模板退后，将模具打开。

液压双曲肘锁模系统结构紧凑，锁模力大，锁模油缸直径小，机构刚度大，锁模速度分布合理，节省能源尤其增力作用大（增力可达 20～40 倍），具有自锁作用，但由于机构易磨损、机械构件多、模板行程短、调模较困难，适于中小型注塑机上使用和某些大型注塑机采用。液压曲肘式锁模系统按组成曲肘的铰数可分为四孔型和五孔型。按曲肘排列位置又分为斜排列式和直排列式，普通采用的是五孔斜排式。

(3) 液压曲肘撑板式锁模系统

液压双曲肘撑板式锁模系统如图 2-2 所示。它也是国内外各种注塑机采用的结构系统之一，这种机型结构组成如图 2-2 所示。

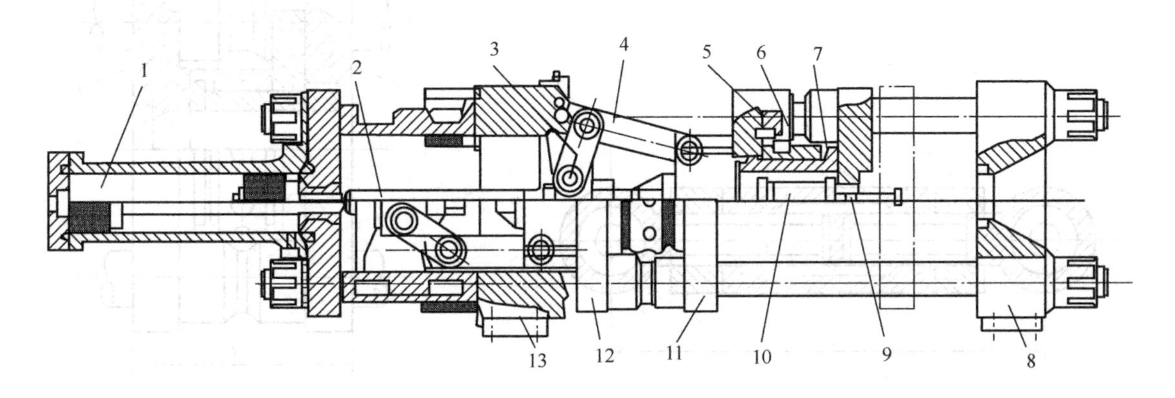

图 2-2　液压曲肘撑板式锁模系统

1—锁模油缸；2—活塞式拉杆；3—肘杆座；4—曲肘连杆；5—模块；6—调节螺母；7—调节螺钉；8—前固定模板；9—顶出杆；10—顶出油缸；11—右移动模板；12—左移动模板；13—后固定模板

液压双曲肘撑板式锁模系统主要是为了扩大模板行程，利用肘杆和楔块的增力与自锁作用，将模具锁紧。其工作过程如下。

① 锁模时，压力油进入锁模油缸左腔、锁模油缸活塞推动肘杆座，由十字导向板带动肘杆与撑板沿固定模板滑道向前移动，当撑板行至固定模板滑道的末端，肘杆因受向外和垂直力的作用，便沿楔面向外撑开，迫使撑板撑在肘杆座上，将模具锁紧。

② 开模时，压力油进入锁模油缸右腔，活塞左行，肘杆带动撑板下行，将锁模状态消除。液压双曲肘撑板机构采用了楔块结构，可以在不增加模板尺寸的条件下，得到较大的模板行程，肘杆构件少，增力倍数小（一般为 10 多倍），所以没有增速作用，移模速度不高。

2.1.3　调模装置与顶出装置

调模装置是注塑机重要的机械部件，常用的几种形式如下：①螺纹肘杆式调模装置；②动模板间大螺母调模装置；③油缸螺母式调模装置；④拉杆螺母式调模装置。

调模装置主要进行最大模厚、最小模厚、模厚的调整，是用调节模板距离来实现锁模力的大小的调整，所以调模装置要求便于操作，调整方便，模板轴向位移灵活准确，并且要保证同步性、受力均匀，还要有防松预紧作用，调节行程有限位和过载保护，以安全可靠为原则。

顶出装置也是注塑机重要的机械部件，常用的几种形式如下：①液压顶出装置；②机械式顶出装置；③气动顶出装置。顶出装置是为了顶出模腔内制品而设置的，顶出装置要保证塑胶制品顺利脱模，准确可靠地顶出制品，所以顶出装置的运动要平稳可靠，要有足够的顶出力和顶出距离，还要有复位及时的功能。顶出装置的顶出力可调整，顶出制品的速度可调整，顶出次数可调整，顶出行程距离可调整。

实际应用中最常采用的调模装置是拉杆螺母式调模装置，最常采用的顶出装置是液压顶出装置。图 2-3 是螺纹肘杆式调模装置示意。图 2-4 是动模板间大螺母式调模装置示意，图 2-5 是油缸螺母式调模装置示意，图 2-6 是拉杆螺母式调模装置示意，其中图 2-6（a）是大

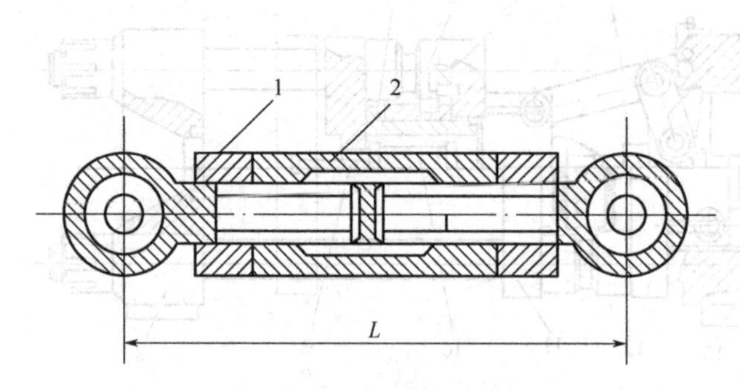

图 2-3 螺纹肘杆式调模装置

1—锁紧螺母；2—调距螺母

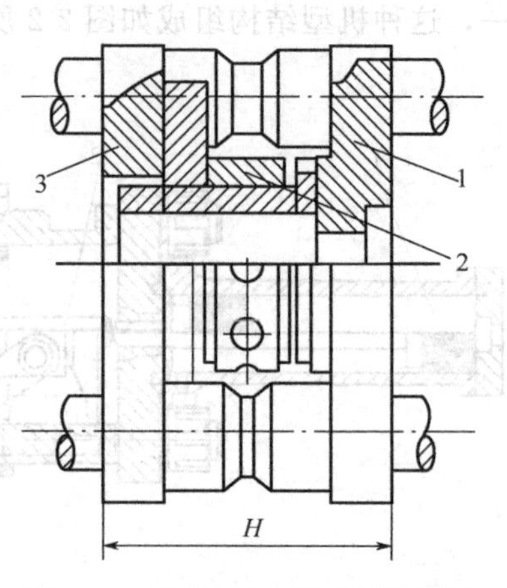

图 2-4 动模板间大螺母调模装置

1—右动模板；2—调节螺母；3—左动模板

齿轮调模形式示意，图 2-6（b）是链轮式调模形式示意；图 2-7 是机械式顶出装置示意，图 2-7（a）和图 2-7（b）是两种结构示意；图 2-8 是液压式顶出装置示意，图2-8（a)和图 2-8（b)是两种结构示意。

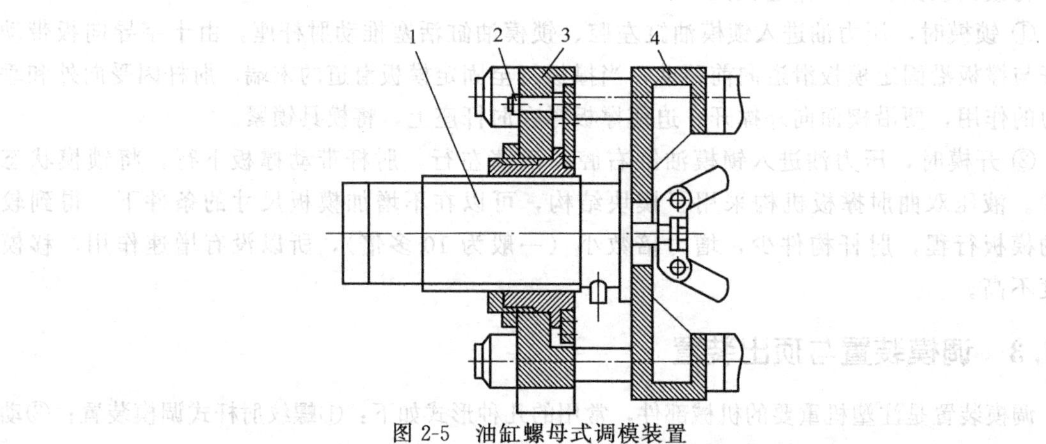

图 2-5 油缸螺母式调模装置

1—合模油缸；2—安装调节手柄的方头；3—后模板；4—后固定模板

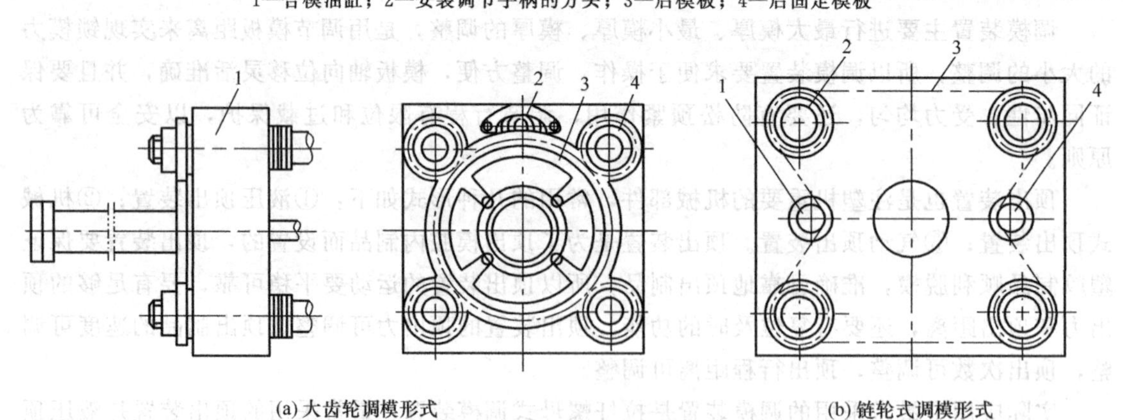

图 2-6 拉杆螺母式调模装置

1—后模板；2—主动齿轮；3—大齿轮；4—后螺母齿轮

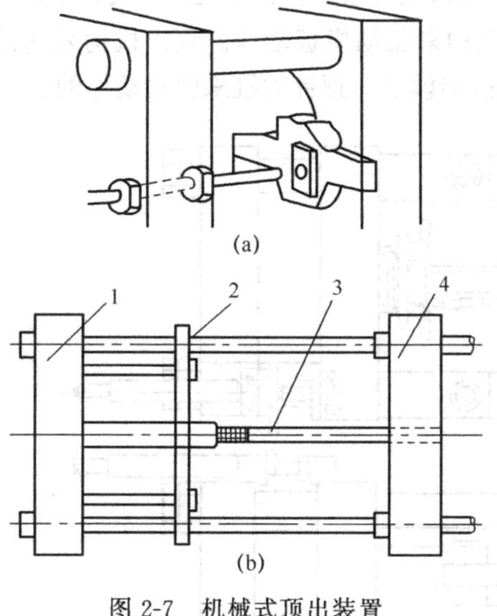

图 2-7　机械式顶出装置

1—后模板；2—撑板；3—顶杆；4—动模板

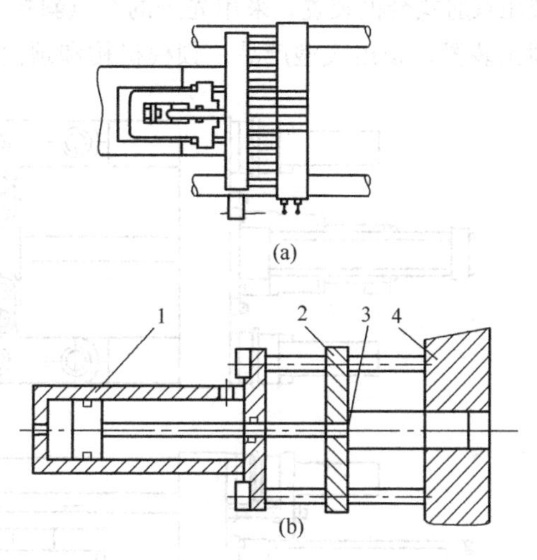

图 2-8　液压式顶出装置

1—顶出油缸；2—顶板；3—顶杆；4—动模板

2.2 机械各部分装配关系

注塑机机械传动中最重要的机构是锁模装置和射胶装置。常用的普通型注塑机的锁模装置有调模机构、双曲肘机铰传动机构、顶出机构拉杆与模板及滑动机构等，均由锁模油缸、顶针油缸、调模电机或调模液压马达等油压执行元件进行驱动。油缸活塞带动或推动锁模机械机构，以实现注塑成型工艺要求，协调各个动作来完成锁模开模顶出产品等工作内容。射胶装置有塑化机构、移动射台机构、射胶和熔胶机构等。分别由射胶油缸、射移油缸、熔胶油马达等油压执行元件进行驱动、油缸活塞带动或推动塑化机构、射台机构，以实现注塑成型工艺要求，协调动作来完成射胶、计量等工作内容。

机械传动装置包括锁模装置和射胶装置。锁模装置有调模齿轮、齿轮压板、齿轮支柱或者调模链轮、调模链条、撑紧轮等调模机构零件，有动模板、静模板、哥林柱、十字头、曲肘连杆、机铰导杆、滑脚等机架机构零件，有锁模油缸、顶针油缸、调模油马达等油压执行元件。射胶装置有射嘴及法兰、过胶头及过胶圈、射胶螺杆、熔胶筒等塑化机构零件，有射胶前板、射胶后板、射胶油缸活塞杆及导杆、活塞杆固定螺母等射胶机构零件，有射移拉杆、固定座、射移油缸活塞杆、射移导杆与支架等射移机构零件，有熔胶电机转动轴、止推滚杆轴承、径向滚珠轴承等传动机构零件，有射胶油缸、射移油缸、熔胶油马达等油压执行元件。

2.2.1　锁模装置

如图 2-9 所示，锁模装置中主要有固定模板（也称作头板和尾板）、移动模板（也称作活动板或二板）、哥林柱（也称作拉柱或拉杆）、调整螺母（也称追母）、哥林柱螺母及压板。注塑机由 4 根哥林柱、4 个调整螺母及动静模板组成锁模装置的整体机架。调模机构的传动方式有链轮式和大齿轮或星形轮式 2 种。链轮式调模机构由 4 个链轮螺母、撑紧轮、主动链轮及链条等组成；大齿轮或星形轮调模机构由大齿轮和4个后螺母齿轮、主动齿轮等组成。锁模机构种类很多，常用的液压双肘式合模装置，采用先进的5点斜排式连杆机构来驱动模板动作。顶出机构采用液压式顶出装置来顶出成型产品。锁模机构和顶出机构是由锁模缸、顶针油缸来驱动动作的。

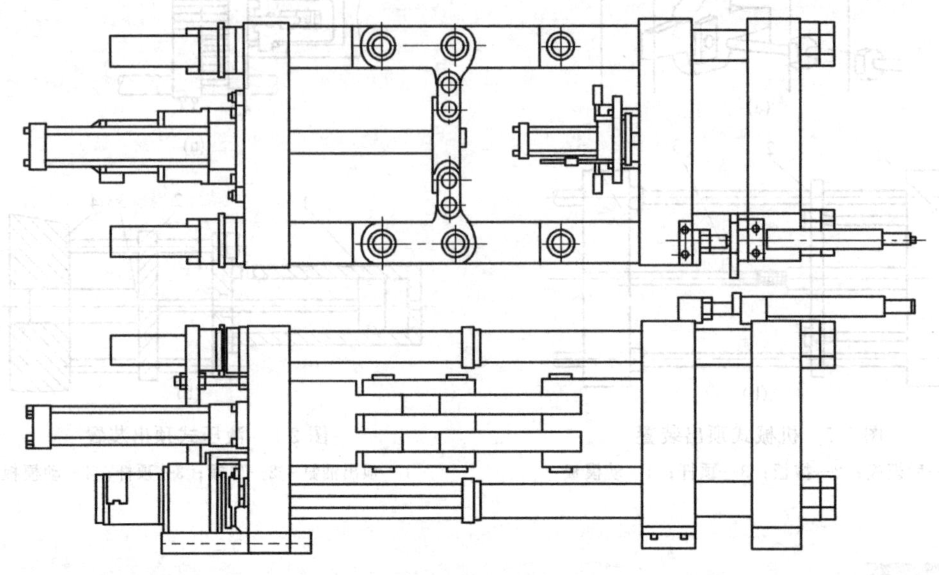

图 2-9 震雄注塑机锁模部分结构

(1) 锁模装置部件

锁模装置结构装配示意如图 2-10 所示。

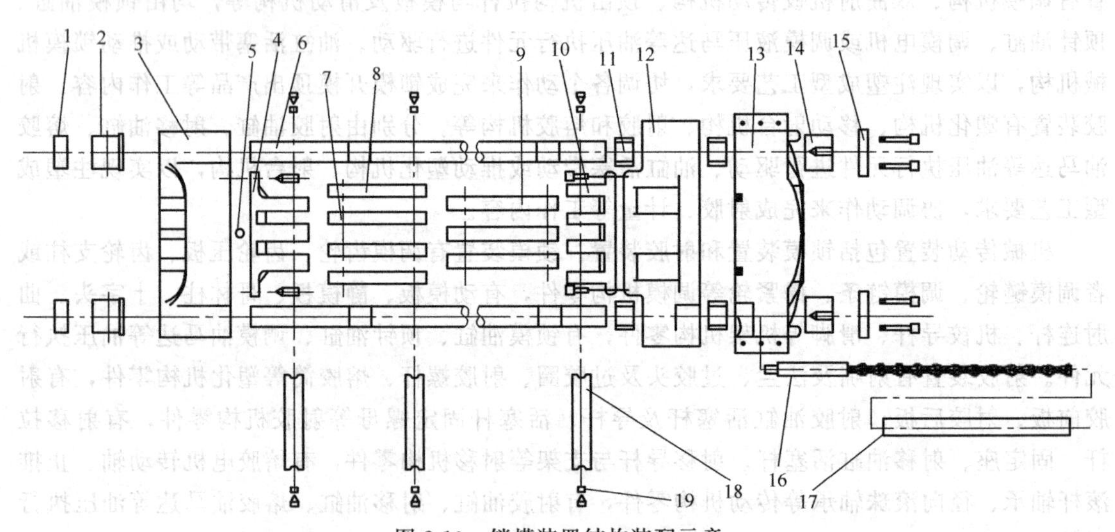

图 2-10 锁模装置结构装配示意

1—哥丝压板；2—调模螺母；3—尾板；4—钩铰耳；5—定位销；6—哥林柱；7—钩铰；8—傍钩铰；9—长铰；10—长铰耳；11—二板铜丝；12—活动板；13—固定板；14—哥林柱螺母；15—螺母压板；16—安全止动棒；17—安全止动棒护筒；18—大铰边；19—大铰边压板

(2) 调模机构

调模机构结构装配示意如图 2-11 所示。

具体常用的拉杆螺母式调模装置有星形轮和链轮式调模机构，图 2-12 是星形轮调模机

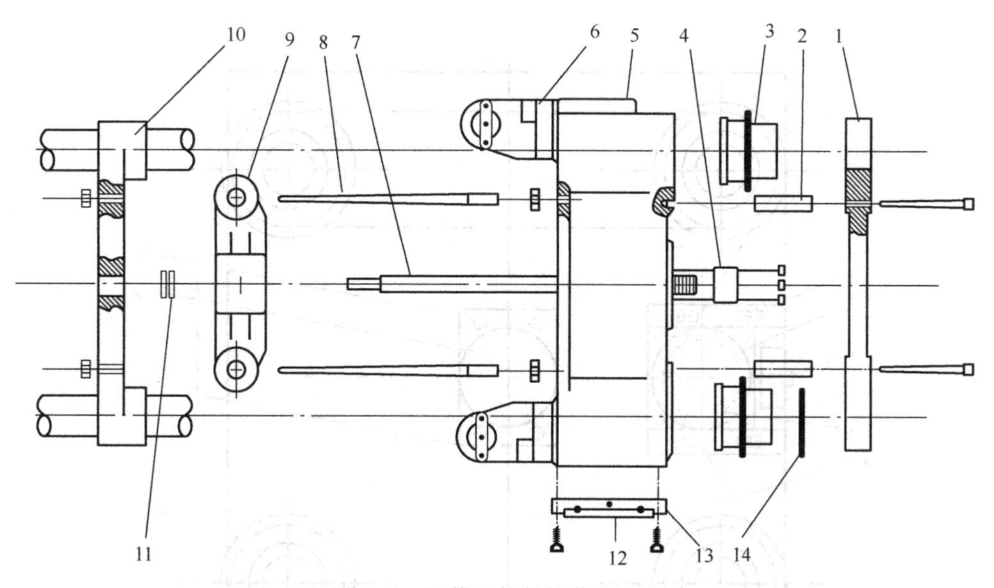

图 2-11 调模机构结构装配示意

1—哥丝压板；2—哥丝压板垫管；3—调模螺母；4—十字头导杆螺母；5—尾板；6—钩铰耳；7—十字头导杆；8，9—十字头；10—上下支板；11—螺母；12—尾板滑脚铜板；13—尾板滑脚；14—调模计量齿轮

构示意图。图 2-13 是链轮式调模机构示意。图 2-14 是锁模机械连杆驱动机构装配示意。图 2-15 是锁模油缸结构示意，图 2-16 是锁模油缸装配示意。图 2-17 是锁模装置的顶针油缸结构示意，图 2-18 是顶针油缸装配示意。

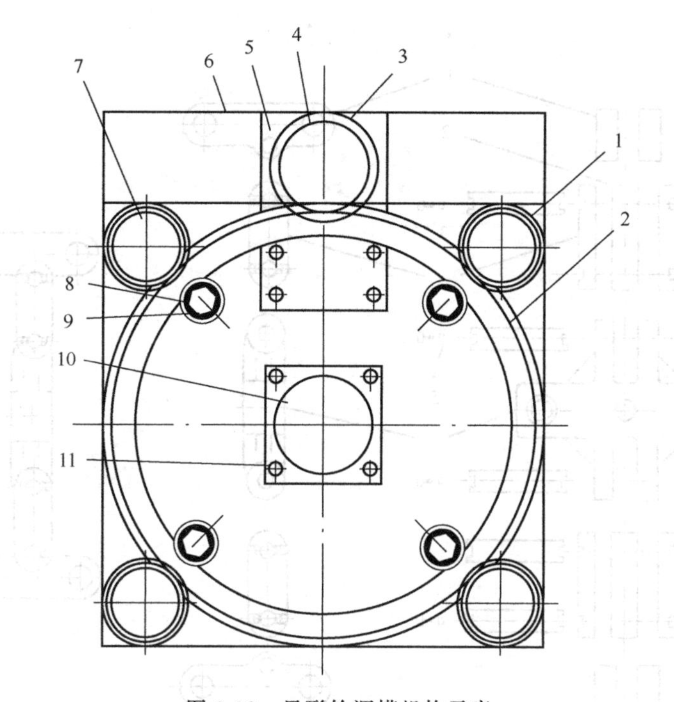

图 2-12 星形轮调模机构示意

1—调模螺母；2—大齿轮；3—调模油马达；4—调模齿轮（驱动齿轮）；5—固定支架；6—后模板（固定尾板）；7—哥林柱；8—定位导轮；9—定位导轮固定螺母；10—锁模油缸；11—固定螺钉

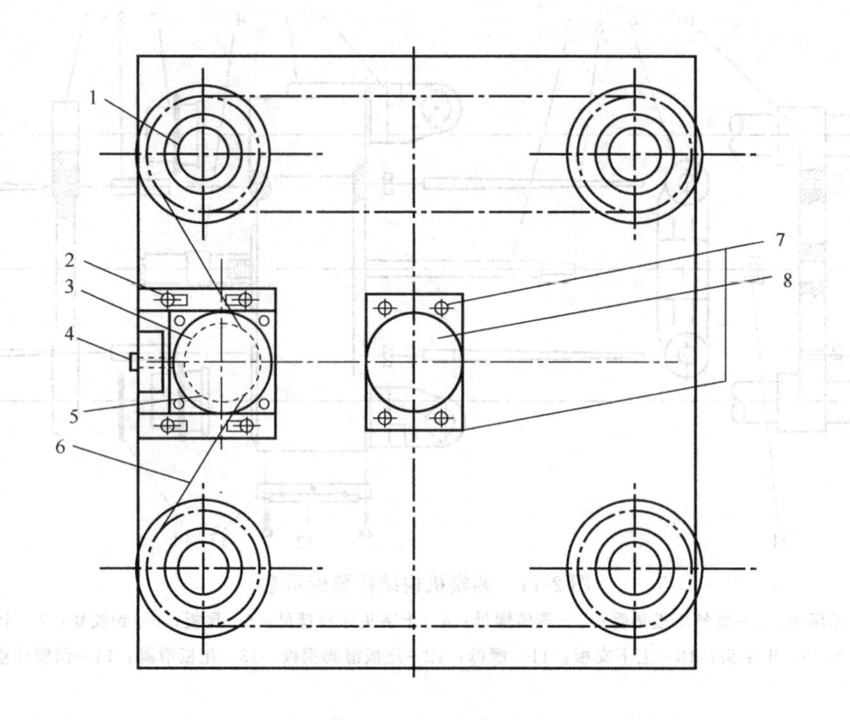

图 2-13 链轮式调模机构

1—链轮螺母；2—调节螺栓；3—驱动主链轮；4—撑紧螺钉；
5—油马达；6—链条；7—锁模油缸座及螺钉；8—锁模油缸

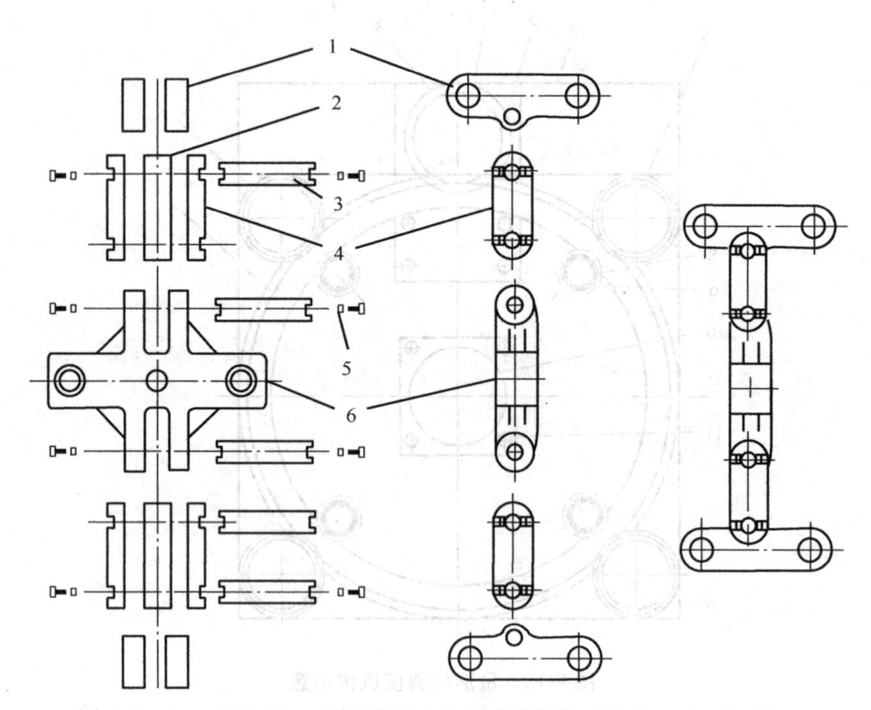

图 2-14 锁模机械连杆驱动机构装配示意

1—钩铰；2—小铰（内）；3—小铰边；4—小铰（外）；5—小铰边压板；6—十字头

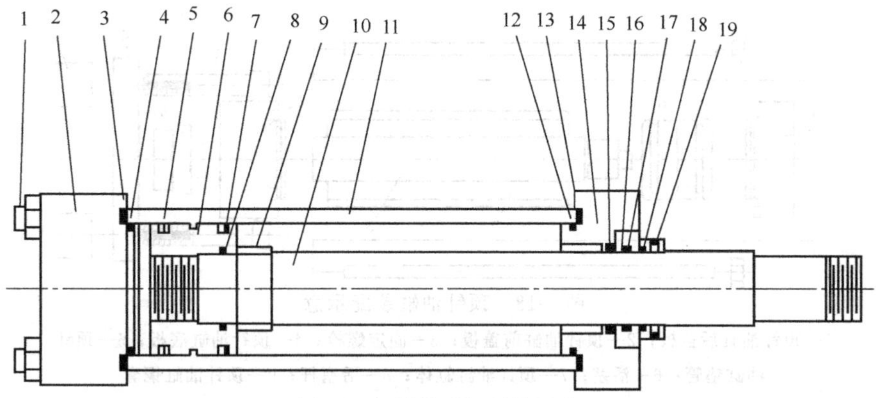

图 2-15　锁模油缸结构示意

1—锁紧螺栓；2—锁模油缸后盖；3，4，8，12，13— O 形密封圈；5，7，15—Y 形油封；6—活塞；9—缓冲套；10—锁模活塞杆；11—油缸缸体；14—锁模油缸前盖；16—锁模油缸铜套；17，18—耐磨环；19—尘封

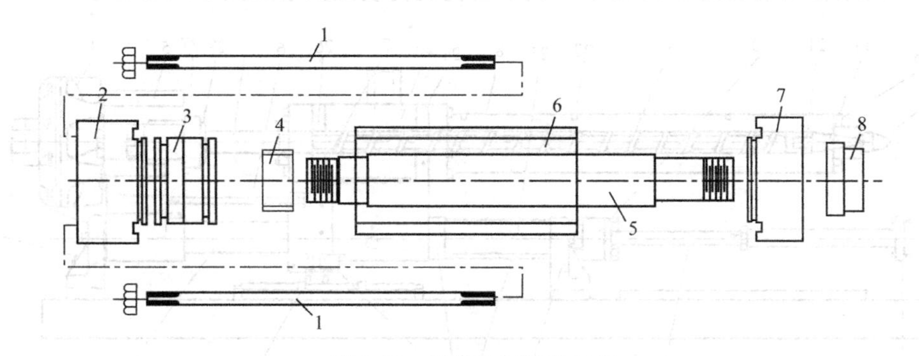

图 2-16　锁模油缸装配示意

1—锁紧螺栓；2—锁模油缸后盖；3—活塞；4—缓冲套；5—锁模活塞杆；6—油缸缸体；7—锁模油缸前盖；8—锁模油缸铜套

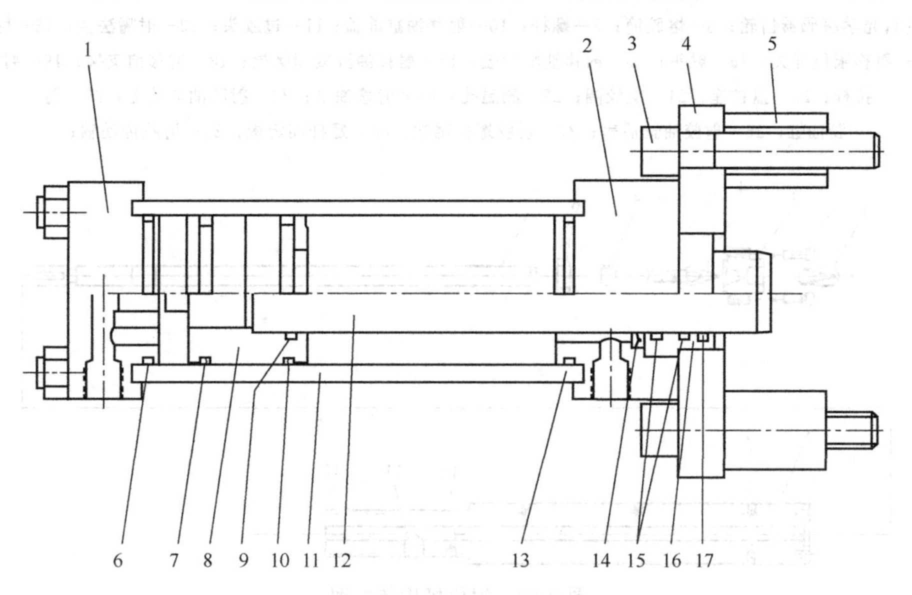

图 2-17　顶针油缸结构示意

1—顶针油缸后盖板；2—顶针油缸前盖板；3—固定螺栓；4—顶针油缸底板；5—顶针油缸垫管；6，9，13—O 形密封圈；7，10，14—Y 形油封；8—活塞；11—顶针油缸缸体；12—活塞杆；15—耐磨环；16—顶针油缸铜套；17—尘封

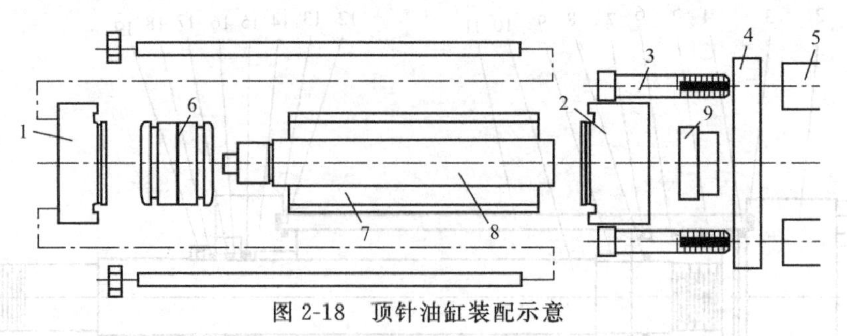

图 2-18 顶针油缸装配示意

1—顶针油缸后盖板；2—顶针油缸前盖板；3—固定螺栓；4—顶针油缸底板；5—顶针油缸垫管；6—活塞；7—顶针油缸缸体；8—活塞杆；9—顶针油缸铜套

2.2.2 射胶装置部件

射胶装置结构示意如图 2-19 所示，其中塑化机构装配关系如图 2-20 所示。

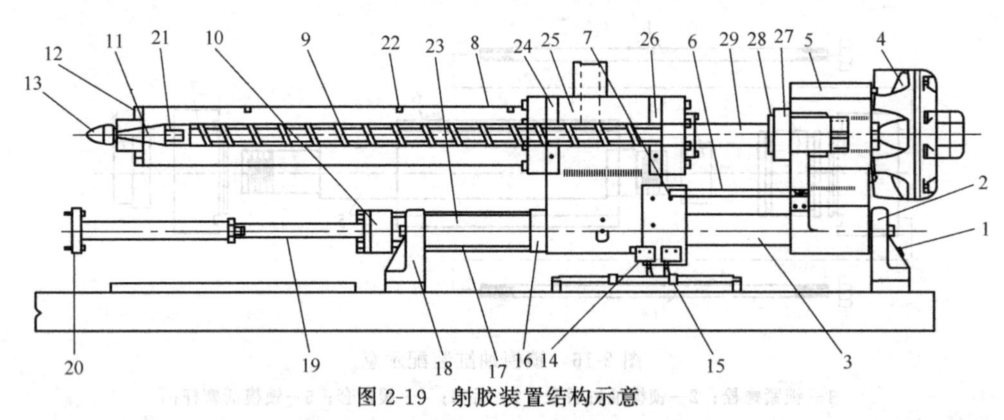

图 2-19 射胶装置结构示意

1—射台高度调节螺钉；2—射移后支架；3—射移导杆；4—熔胶电机；5—射胶二板；6—射台光学解码器齿条；7—射台光学解码器齿轮；8—熔胶筒；9—螺杆；10—射移油缸前盖；11—过胶头；12—射嘴法兰；13—射嘴；14—射移限位开关；15—触头；16—射移油缸后盖；17—射移油缸紧固螺栓；18—射移前支架；19—射移拉杆；20—盘铰座；21—支铰圈；22—测温孔；23—射移油缸；24—射胶油缸前盖；25—射胶油缸；26—射胶油缸后盖；27—射胶螺杆尾端；28—螺杆固定板；29—熔胶传动轴；

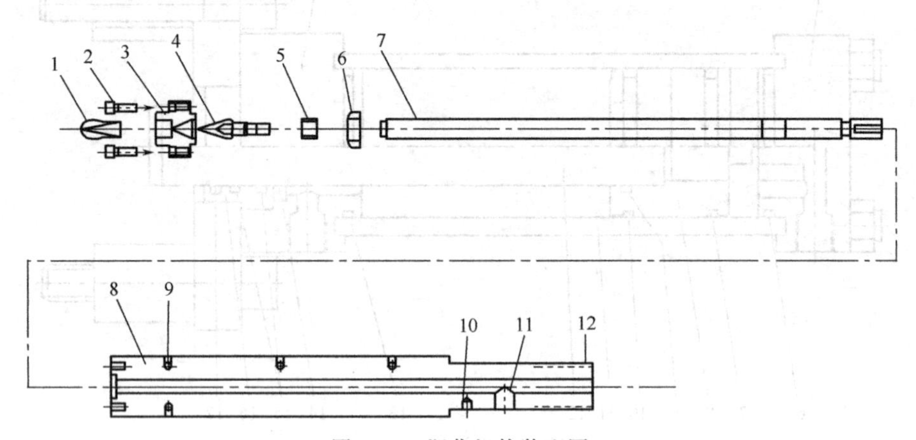

图 2-20 塑化机构装配图

1—射嘴；2—固定螺栓；3—射嘴法兰；4—过胶头；5—过胶圈；6—过胶介子；7—射胶螺杆；8—熔胶筒；9—测温孔；10—冷水套；11—出料口；12—尾螺铰

射胶油缸结构示意如图 2-21 所示，其装配关系如图 2-22 所示。

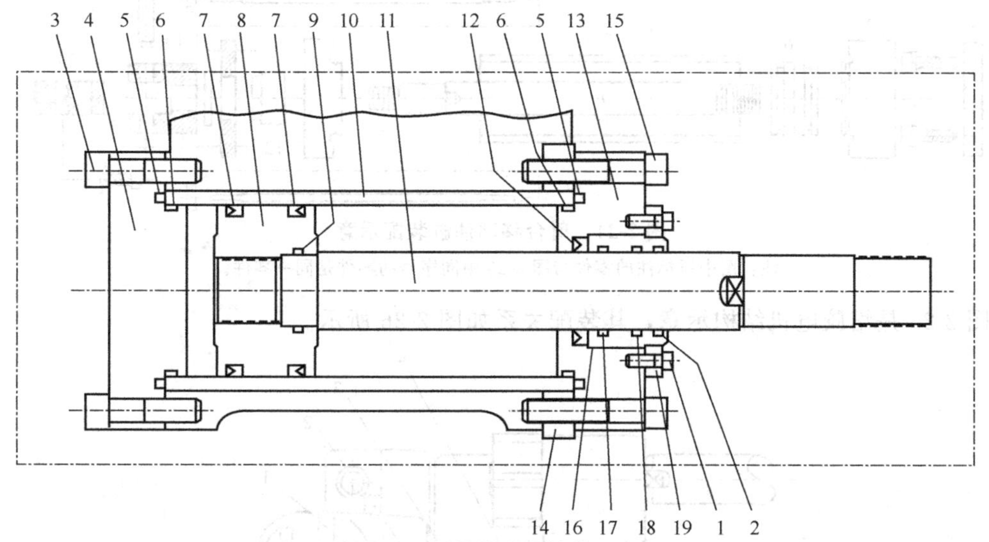

图 2-21　射胶油缸结构示意

1，3，15—螺钉；2—尘封；4—射胶油缸后盖；5，6，9—O 形密封圈；7，12—油封；8—活塞；10—油缸缸体；11—活塞杆；13—射腔油缸前盖；14—射胶油缸垫块；16—射胶油缸铜套；17，18—耐磨环；19—铜套压板

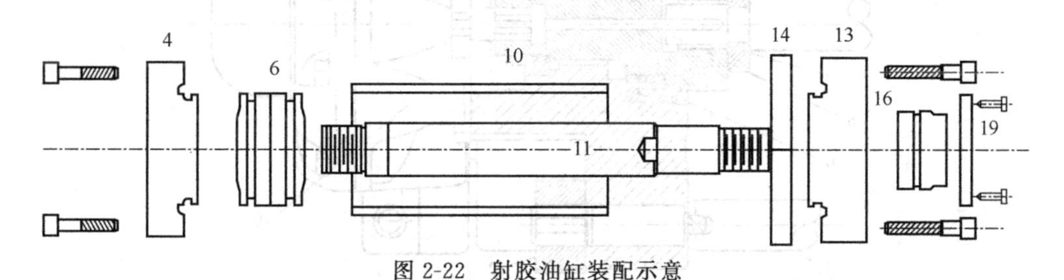

图 2-22　射胶油缸装配示意

注：图中所标注的零件与图 2-21 中同序号的零件是同一零件。

图 2-23 是射台移动油缸结构示意图，其装配关系如图 2-24 所示。

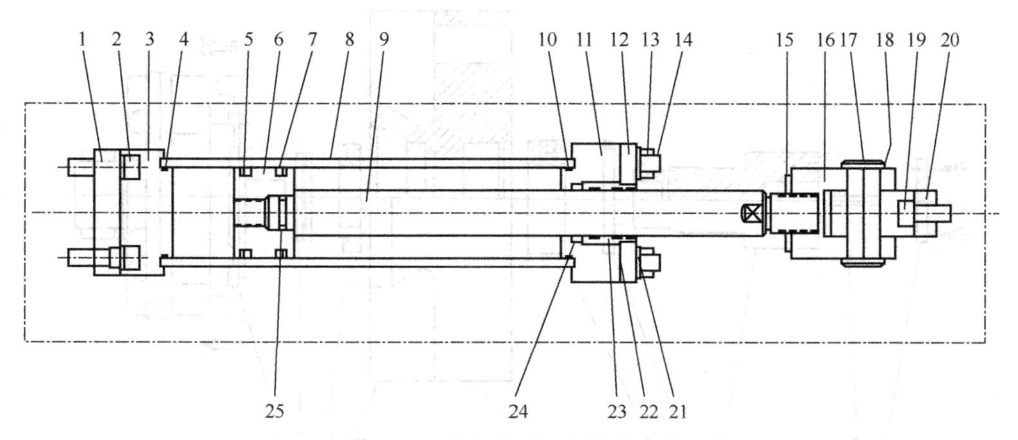

图 2-23　射台移动油缸结构示意

1—射移油缸固定板；2，19—螺钉；3—射移油缸后盖；4，10，25—O 形密封圈；5，7，24—油封；6—活塞；8—油缸缸体；9—活塞杆；11—射移油缸前盖；12—射移油缸压板；13—螺母；14—射移油缸螺栓；15—锁紧螺母；16—射移拉杆；17—射移拉杆固定销；18—外锁介子；20—射移拉杆座；21—尘封；22—耐磨环；23—射移油缸铜套

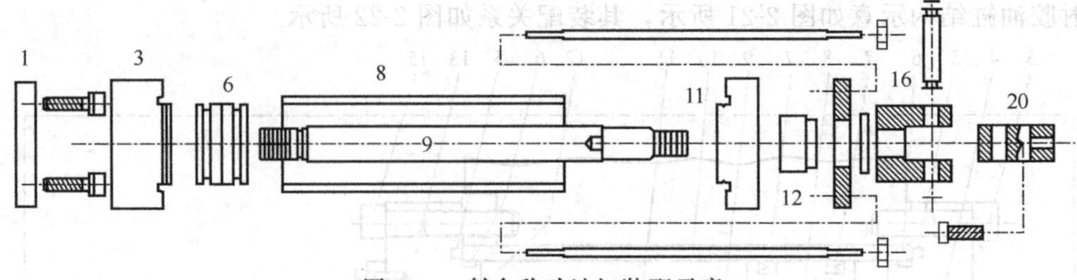

图 2-24 射台移动油缸装配示意

注：图中所标注的零件与图 2-23 中同序号的零件是同一零件。

图 2-25 是熔胶电机结构示意，其装配关系如图 2-26 所示。

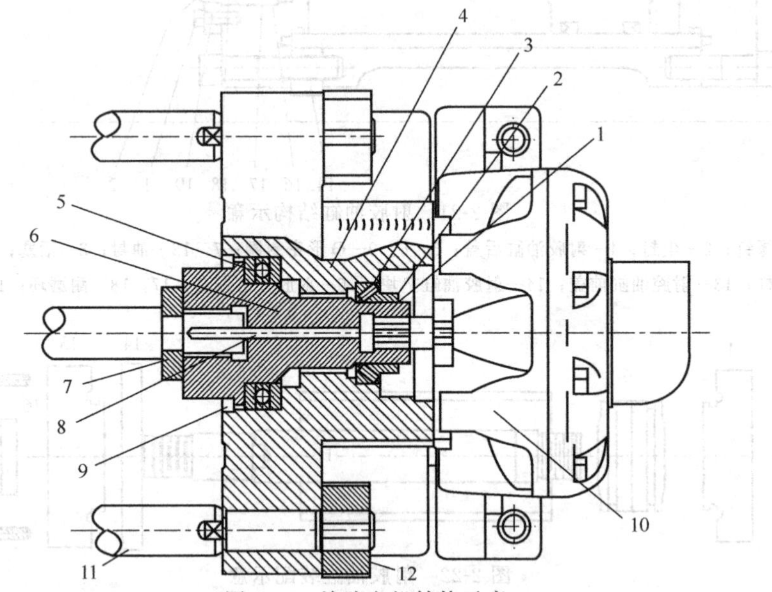

图 2-25 熔胶电机结构示意

1—外锁介子；2—迫母（螺母）；3，5—啤呤（轴承）；4—射胶二板；6—传动轴；7—射胶螺母压板；8—键；9—弹簧油封；10—油压电动机；11—导杆；12—固定螺母

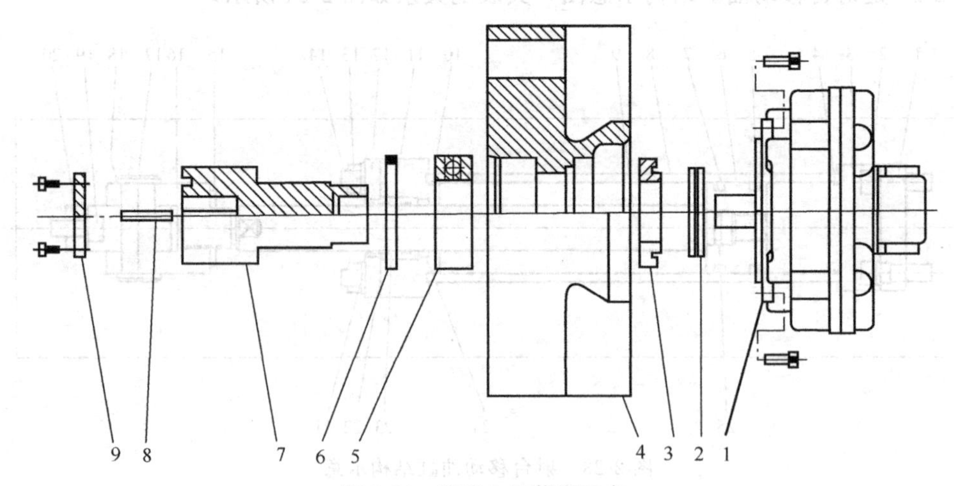

图 2-26 熔胶电机装配示意

1—油压电动机；2—锁紧螺母；3—径向滚轴轴承；4—射胶尾板；5—止推滚珠轴承；6—传动轴油封；7—传动轴；8—螺栓键；9—半圆环

2.3 机械传动各部分的拆装

通过对机械传动基础知识的学习及钳工实习，并对注塑机机械装置的结构构造熟悉了解后，可以对注塑机机械装置进行拆卸和装配。具体的拆卸和安装要求有如下几点。

① 首先阅读装配图、结构图等技术资料，了解和熟悉结构部件，并且做好装拆前的准备工作，如准备拆装的机台装备、拆装工作所需要的工具和材料等。

② 按照技术资料或拆卸图样，进行拆卸或装配工作，按照先拆卸外部、后拆卸内部；先拆卸上部，后拆卸下部；先拆卸部件或组件，后拆卸零件或器件的原则进行。

③ 拆卸后按照装配方法进行检测或修复，通过各种量具、仪器进行检测，对于超过标准的零件进行修理；对于损坏的零件进行更换处理。

④ 按照装配图或总装图进行装配或安装，其步骤和拆卸步骤相反，装配时要利用工具仪表进行校正，如用游标卡尺、千分尺、百分表、内外径百分表、水平仪等工具仪表进行检测，对零件的公差与配合，安装装配的平面度，零件间的平行度、垂直度、同轴度等进行校核，使得每个组件的每个零件达到其技术标准要求。

⑤ 装配完成后应对设备或机器进行试机运行，以检测和评估维修情况。通过运行试验检测其设备维修和实际投入生产的动作情况，并且记录装拆或更换、维护和保养等情况，以作为第一手技术资料和设备档案存档，为设备的技术改造、维护保养、更新换代提供依据。

2.3.1 锁模装置的拆卸步骤

以力劲 PT－80 型注塑机为例，讲解拆卸步骤如下。

(1) 柱架组件拆卸步骤

图 2-27 是柱架组件结构，图 2-27 (a) 是柱架组件结构装配示意，图 2-27 (b) 是柱架组件外形。

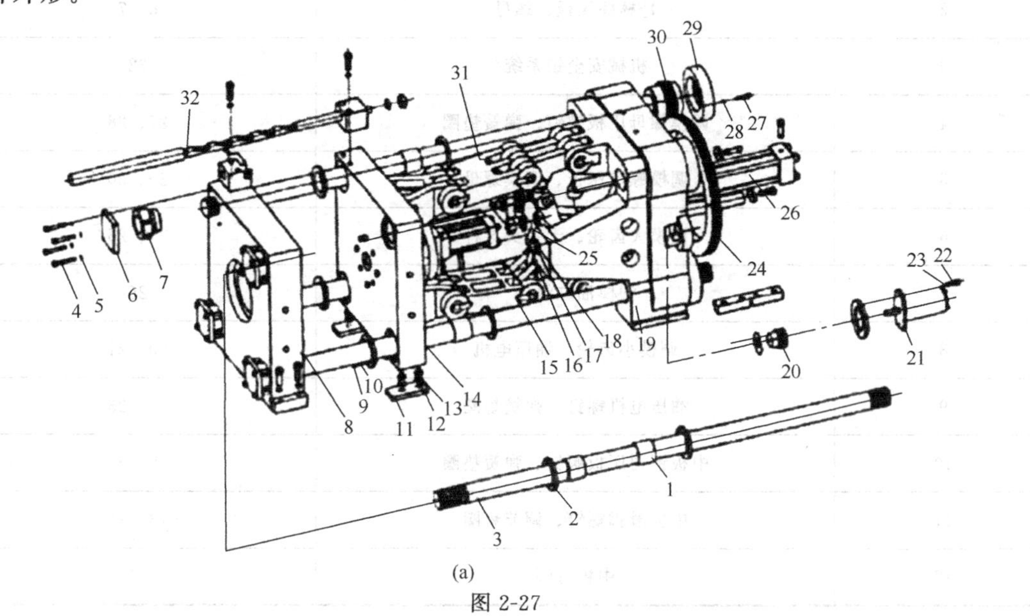

(a)

图 2-27

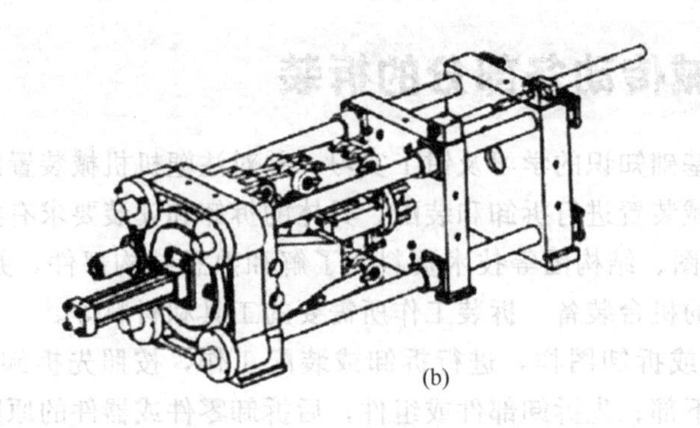

(b)

图 2-27　柱架组件结构示意

1—中板铜司；2—铜司压板；3—哥林柱；4，9，16，22，27—杯头螺钉；5，10，17，23，28—弹簧垫圈；6—哥林柱压板；7—哥林柱螺母；8—夹板；11—中板滑脚；12—调节垫圈；13—中板滑脚螺钉；14—中板；15—顶针油缸组件；18—十字头导杆压板；19—尾板；20—调模小齿轮；21—油压电机；24—调模大齿轮；25—十字头导杆；26—锁模油缸组件；29—调模螺母压板；30—调模螺母；31—机铰组件；32—机械安全锁系统

柱架组件拆卸要按照工序要求进行，拆卸工序是按照机械结构特征，结合维修工艺要求进行编制的科学实用的方法，它给出拆卸工艺先后次序和序列，给出拆卸部件的名称和装配图中的具体编号，使维修操作人员清楚明了。表 2-1 列出了柱架组件拆卸工序。

表 2-1　柱架组件拆卸工序

拆卸工序	拆卸部件名称	图 2-27 中编号
1	哥林柱压板螺钉、弹簧垫圈	4、5
2	哥林柱压板、螺母	6、7
3	机械安全锁系统	32
4	调模螺母压板螺钉、弹簧垫圈	27、28
5	调模螺母压板、调模螺母	29、30
6	调模大齿轮、十字头导杆	24、25
7	锁模油缸组件	26
8	调模小齿轮、油压电机	20、21
9	油压电机螺钉、弹簧垫圈	22、23
10	中板铜司压板螺钉、弹簧垫圈	9、10
11	中板滑脚螺钉、调节垫圈	13、12
12	中板滑脚	11

续表

拆卸工序	拆卸部件名称	图 2-27 中编号
13	顶针油缸组件、压板螺钉	15、16
14	十字头导杆压板、弹簧垫圈	18、17
15	机铰组件	31
16	中板铜司、铜司压板	1、2
17	哥林柱	3

(2) 顶针油缸拆卸步骤

图 2-28 所示为顶针油缸组件结构装配图。

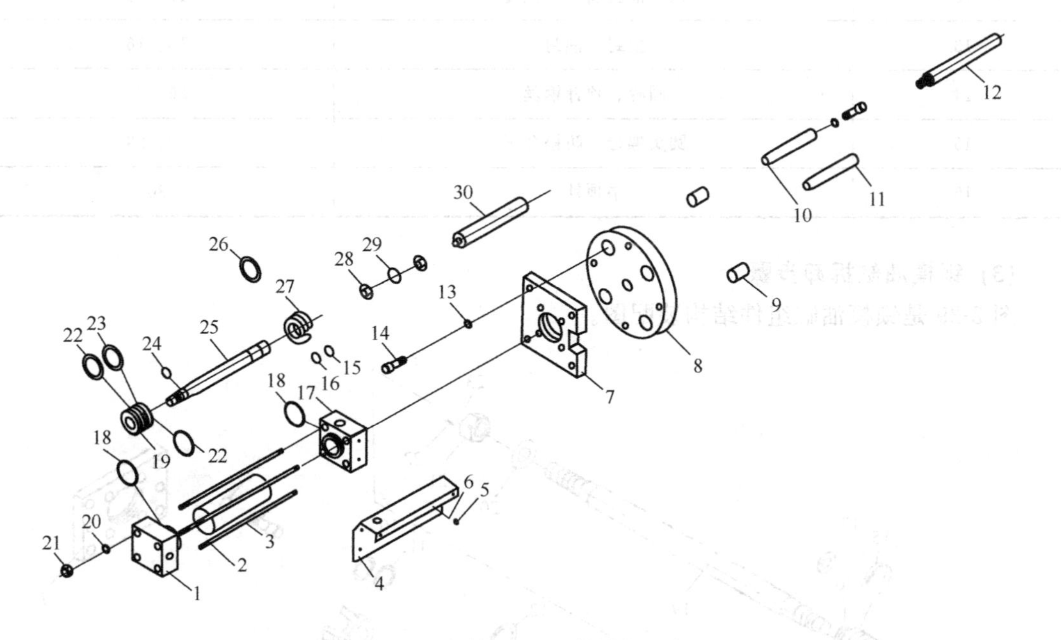

图 2-28　顶针油缸组件结构示意

1—顶针油缸后盖；2—顶针油缸导杆；3—顶针缸体；4—电子尺座；5，14，21—杯头螺钉；6，13，20—弹簧垫圈；7—顶针油缸法兰；8—顶针板；9—轴承；10，25—顶针活塞杆；11—顶针油缸拉杆；12—外顶针；15—尘封；16，23—油封；17—顶针油缸前盖；18，24，26—圆呤；19—顶针活塞；22—轴承带；27—顶针钢丝；28—圆头螺母；29—防松介子；30—中顶针

顶针油缸拆卸工序如表 2-2 所示，可根据拆卸工序步骤进行拆卸工作。

表 2-2　顶针油缸拆卸工序

拆卸工序	拆卸部件名称	图 2-28 中编号
1	外顶针	12
2	顶针活塞杆、顶针油缸拉杆	10、11
3	弹簧垫圈、杯头螺	13、14

续表

拆卸工序	拆卸部件名称	图 2-28 中编号
4	顶针油缸法兰、顶针板	7、8
5	弹簧垫圈、杯头螺钉	20、21
6	顶针油缸压盖、顶针缸体	1、3
7	顶针油缸导杆	2
8	电子尺座螺钉、弹簧垫圈	5、6
9	电子尺座	4
10	顶针活塞、轴承带、油封	19、22、23
11	顶针圆呤、顶针活塞杆	24、25
12	顶针油缸前盖、圆呤	17、18
13	尘封、油封	15、16
14	圆呤、顶针钢丝	26、27
15	圆头螺母、防松介子	28、29
16	中顶针	30

(3) 锁模油缸拆卸步骤

图 2-29 是锁模油缸组件结构装配图。

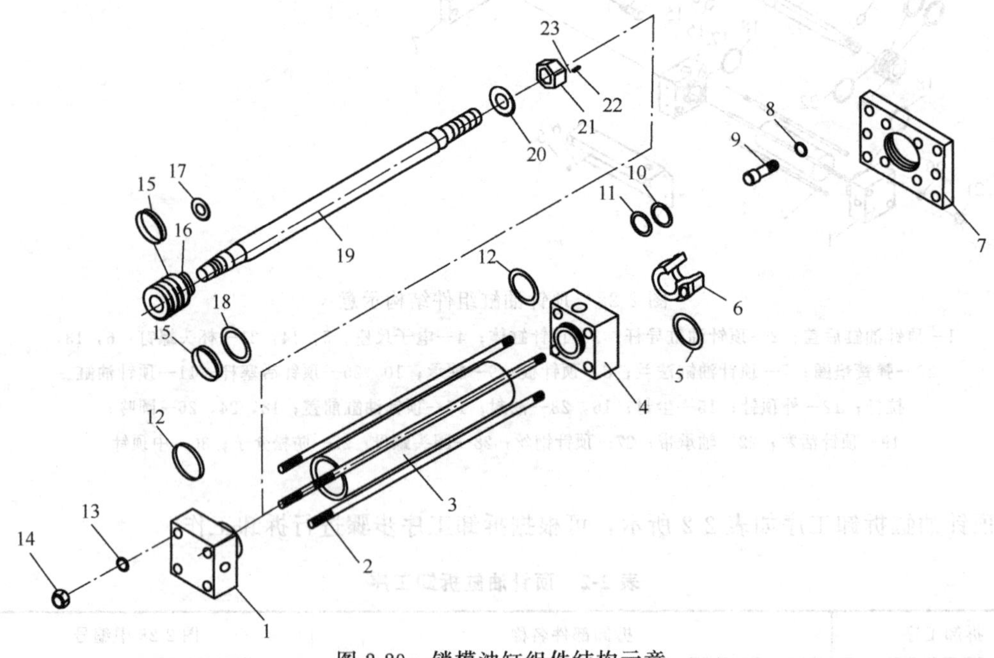

图 2-29 锁模油缸组件结构示意

1—锁模油缸后盖；2—锁模油缸拉杆；3—锁模缸体；4—锁模油缸前盖；5，12，17—圆呤；6—锁模钢丝；7—锁模油缸；8，13，23—弹簧垫圈；9，22—杯头螺钉；10—尘封；11，18—油封；14—螺母；15—轴承带；16—锁模活塞；19—锁模活塞杆；20—垫圈；21—锁模活塞杆螺母

锁模油缸拆卸工序如表 2-3 所示，可根据拆缸工序步骤进行拆缸工作。

表 2-3　锁模油缸拆卸工序

拆卸工序	拆卸部件名称	图 2-29 中编号
1	弹簧垫圈、杯头螺钉	8、9
2	锁模油缸	7
3	锁模油缸后盖螺母，弹簧垫圈	14、13
4	锁模油缸后盖	1
5	锁模油缸拉杆，锁模缸体	2、3
6	锁模油缸前盖，圆呤	4、12
7	圆呤、锁模钢丝	5、6
8	尘封，油封	10、11
9	轴承带、锁模活塞	15、16
10	圆呤、油封	17、18
11	锁模活塞杆螺钉、弹簧垫圈	22、23
12	锁模活塞杆，垫圈	19、20
13	锁模活塞杆螺母	21

(4) 锁模机铰组件拆卸步骤

图 2-30 是锁模机铰组件结构装配图。

锁模机铰组件拆卸工序如表 2-4 所示，可根据工序步骤进行拆卸工作。

表 2-4　锁模机铰组件的拆卸工序

拆卸工序	拆卸部件名称	图 2-30 中编号
1	长铰耳、下钩铰	1、2
2	调模到位顶针	3
3	铰边压板、十字头	4、5
4	杯头螺钉、弹簧垫圈	6、7
5	小钢司、止动圈	10、11
6	小铰、小铰边	8、9
7	钢司、尘封	12、13
8	杯头螺钉、弹簧垫圈	14、15
9	大铰边压板、钢司	16、17
10	上钩铰、大铰边	18、19
11	长铰、杯头螺钉	20，21
12	弹簧垫圈、定位销	22、23

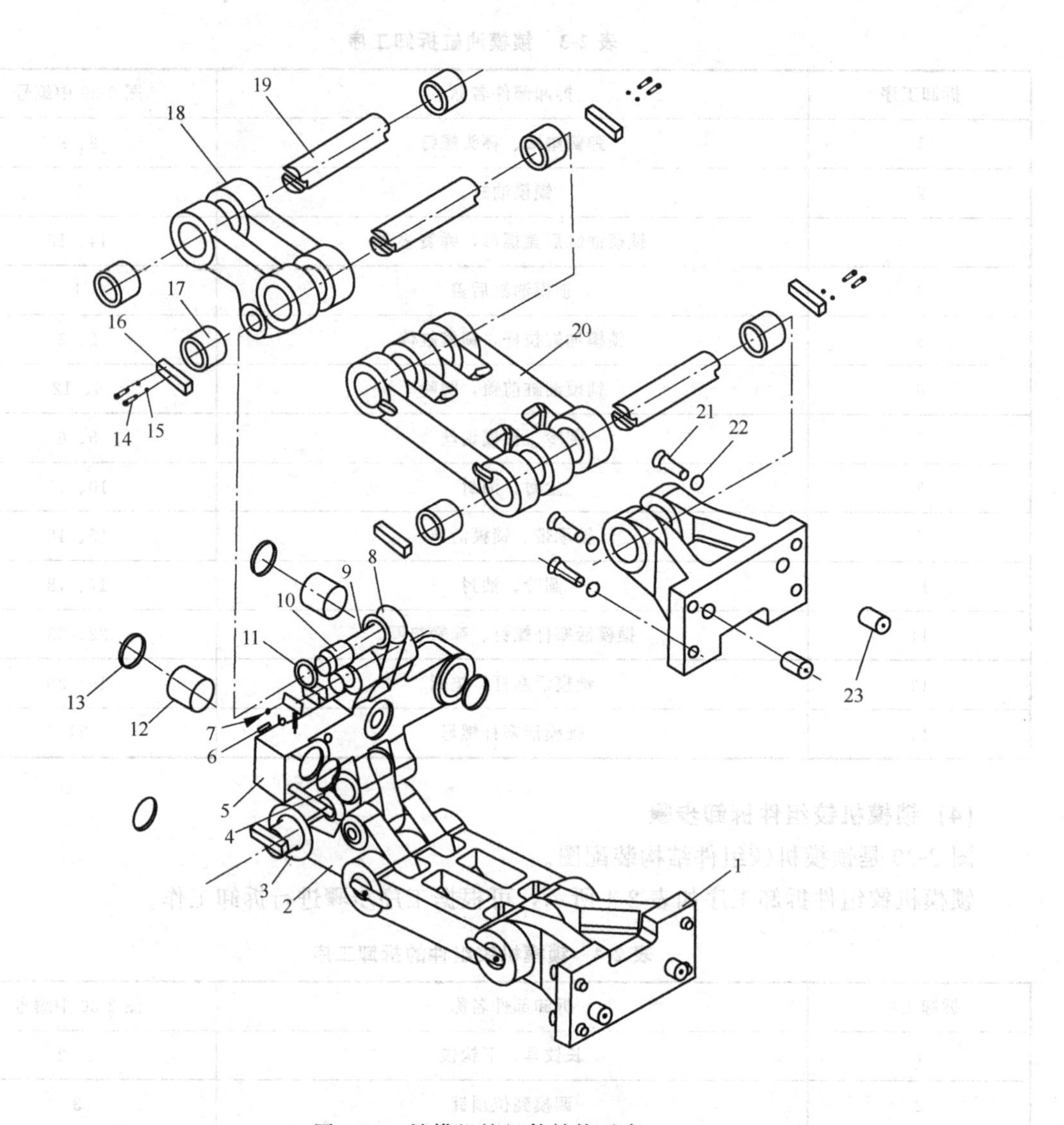

图 2-30 锁模机铰组件结构示意

1—长铰耳；2—下钩铰；3—调模到位顶针；4—铰边压板；5—十字头；6，14，21—杯头螺钉；7，15，22—弹簧垫圈；8—小铰；9—小铰边；10—小钢司；11—止动圈；12，17—钢司；13—尘封；16—大铰边压板；18—上钩铰；19—大铰边；20—长铰；23—定位销

2.3.2 射胶装置的拆卸步骤

以力劲 PT-80 型注塑机为例进行拆卸，其具体步骤如下。

(1) 射胶组件拆卸步骤

图 2-31 是注塑机射胶组件结构示意。

射胶组件拆卸工序如表 2-5 所示。

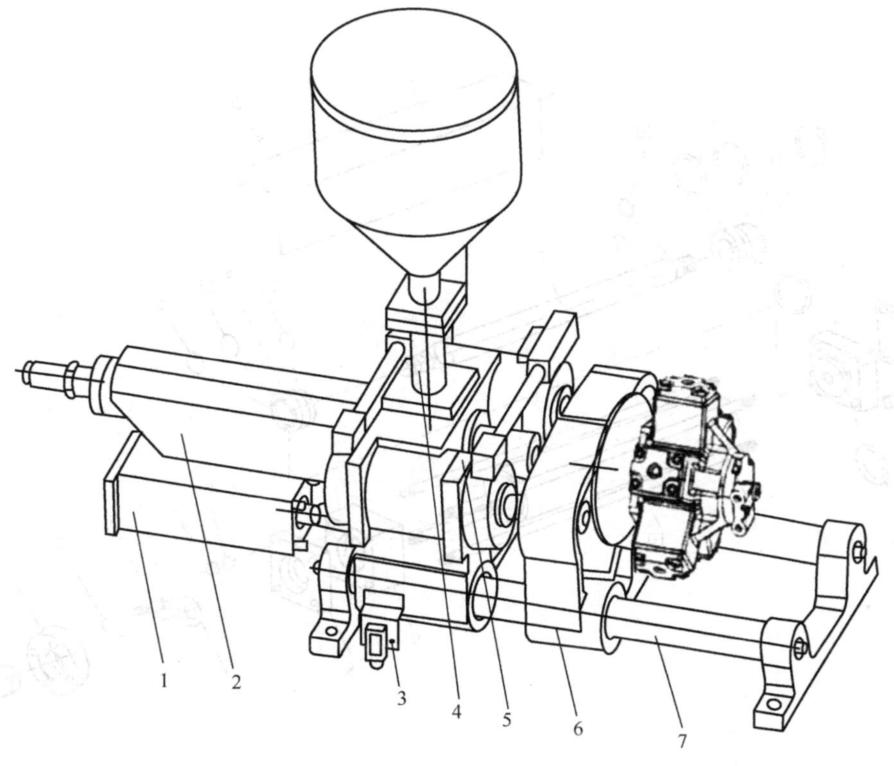

图 2-31　射胶组件结构示意

1—射移油缸组件；2—射胶筒组件；3—射台行程开关底座；
4—料斗组件；5—射胶头板组件；6—射胶尾板组件；7—射台组件

表 2-5　射胶组件拆卸工序

拆卸工序	拆卸部件名称	图 2-31 中编号
1	射移油缸组件	1
2	射胶筒组件	2
3	射台行程开关底座	3
4	料斗组件	4
5	射胶头板组件	5
6	射胶尾板组件	6
7	射台组件	7

具体拆卸过程中还应注意：①将射台各组件分别、分类进行拆卸；②将各分类组件再进行二次拆卸成各类组件；③将各类组件分类进行零件拆卸，同时拆卸后检查零件的使用状况，按照维修方法、技术标准进行有关操作。

(2) 射移油缸组件拆卸步骤

图 2-32 是射移油缸组件结构装配图。

射移油缸组件拆卸工序如表 2-6 所示，可以根据拆卸工序步骤进行拆卸工作。

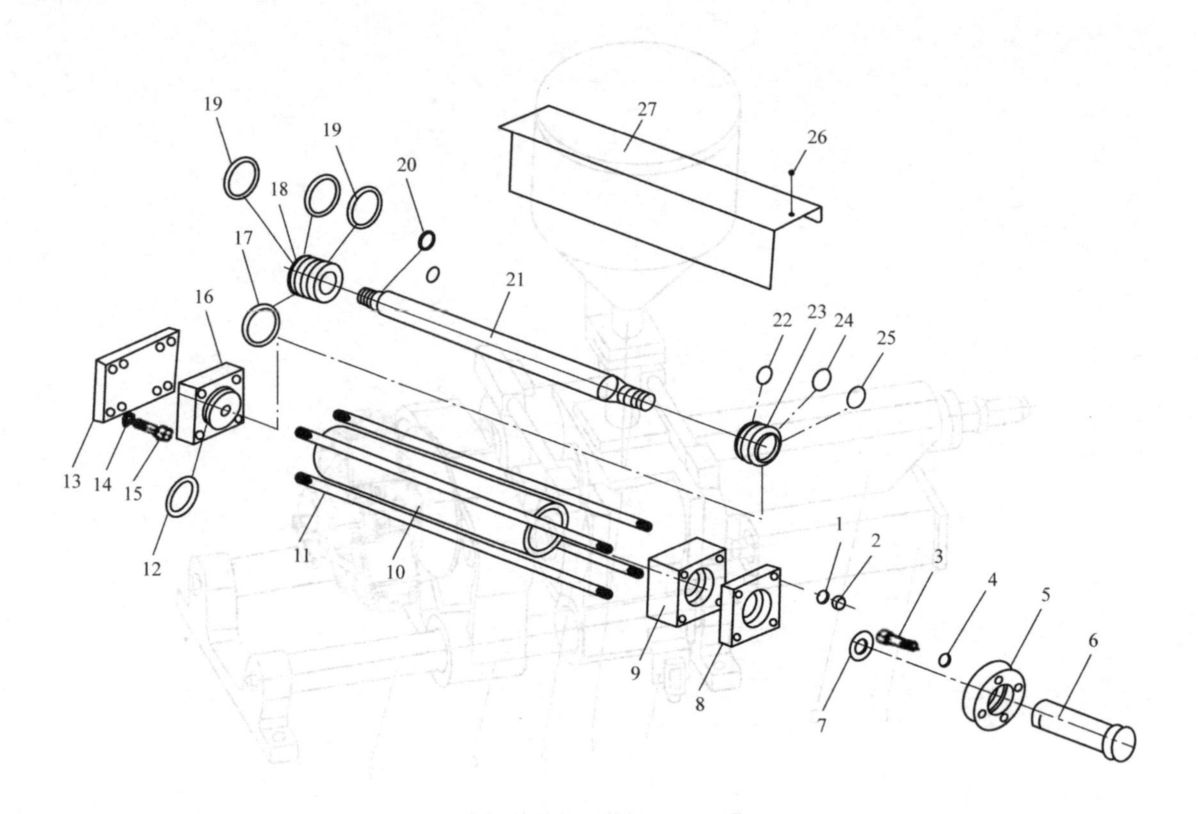

图 2-32 射移油缸组件结构示意

1，4，14—弹簧垫圈；2—螺母；3，15，26—杯头螺钉；5—射移连接压板；6—射移油缸连接杆；7—圆头螺母；8—射移铜司压板；9—射移油缸前盖；10—射移缸体；11—射移油缸导杆；12，20，22—圆呤；13—射移油缸法兰；16—射移油缸后盖；17，24—油封；18—射移油缸活塞；19—轴承带；21—射移活塞杆；23—射移油缸铜司；25—尘封；27—射移油缸盖

表 2-6 射移油缸组件拆卸工序

拆卸工序	拆卸部件名称	图 2-32 中编号
1	射移油缸连接杆	6
2	射移连接压板、杯头螺钉	5、3
3	油缸导杆螺母、弹簧垫圈	2、1
4	射移铜司压板、射移油缸前盖	8、9
5	油缸法兰，弹簧垫圈、杯头螺钉	13、14、15
6	圆呤、射移油缸铜司	22、23
7	油封、尘封	24、25
8	油封、射移油缸活塞	17、18
9	轴承带、圆呤	19、20

(3) 射胶螺杆组件拆卸步骤

图 2-33 是射胶螺杆组件结构装配图。

射胶螺杆组件拆卸工序如表 2-7 所示，可按工序步骤进行拆卸工作。

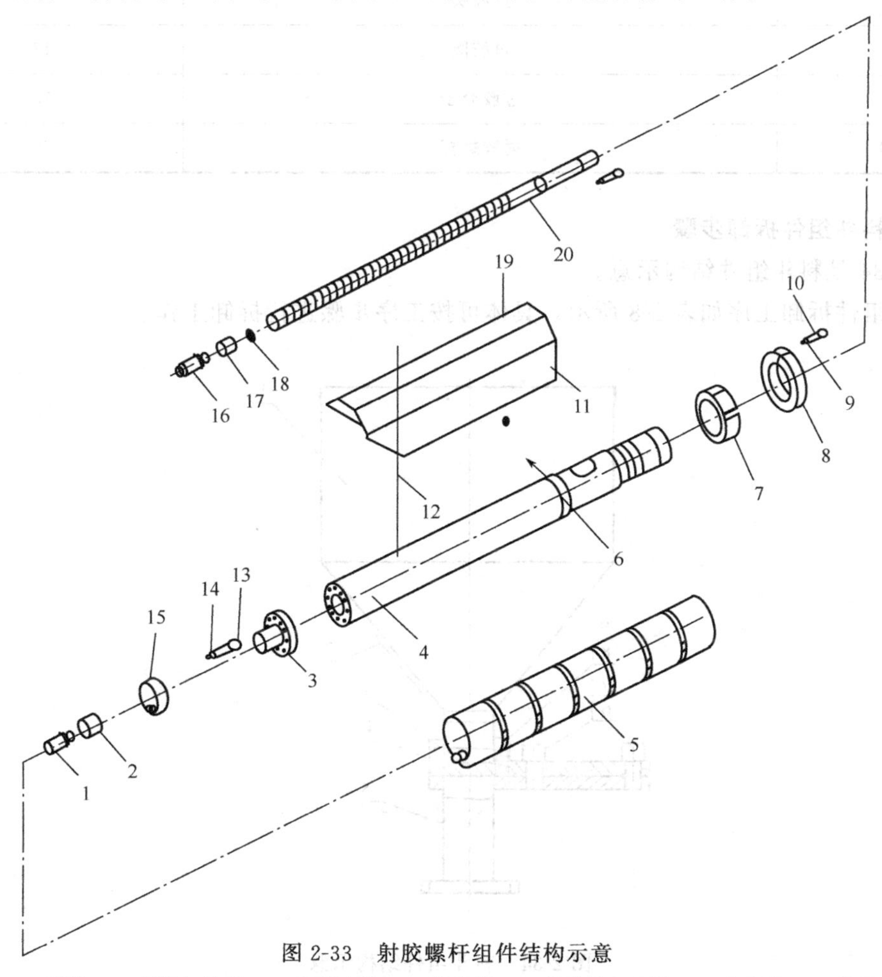

图 2-33　射胶螺杆组件结构示意

1—射嘴；2—射嘴加热圈；3—射嘴法兰；4—熔胶筒；5—熔胶筒加热圈；6—定位销；7—熔胶筒螺母；8—熔胶筒；9，13—弹簧垫圈；10，14，19—杯头螺钉；11—熔胶罩；12—熔胶罩支撑杆；15—法兰加热圈；16—过胶头；17—过胶圈；18—过胶介子；20—射胶螺杆

表 2-7　射胶螺杆组件拆卸工序

拆卸工序	拆卸部件名称	图 2-33 中编号
1	熔胶筒加热圈	5
2	射嘴	1
3	射嘴加热圈	2
4	射嘴法兰弹簧垫圈、螺钉	13、14
5	射嘴法兰	3
6	熔胶筒螺母、熔胶筒	7、8
7	定位销	6

续表

拆卸工序	拆卸部件名称	图 2-33 中编号
8	过胶头	16
9	过胶圈	17
10	过胶介子	18
11	射胶螺杆	20

(4) 料斗组件拆卸步骤

图 2-34 是料斗组件结构示意。

料斗组件拆卸工序如表 2-8 所示，具体可按工序步骤进行拆卸工作。

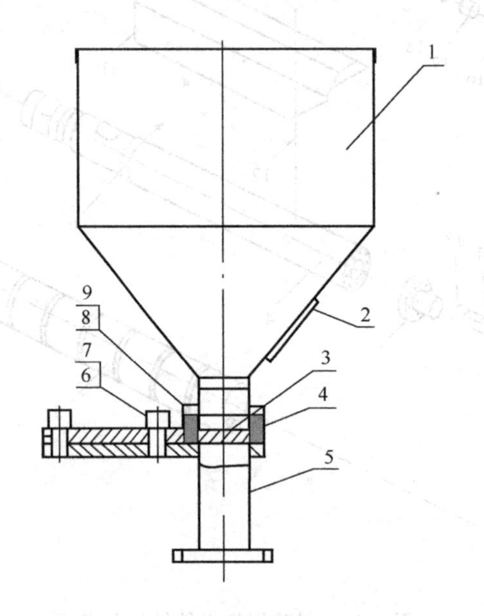

图 2-34 料斗组件结构示意

1—料斗和料斗盖；2—料斗塑料板；3—料斗压盘；4—料斗板；
5—料斗座；6，8—杯头螺钉；7，9—弹簧垫圈

表 2-8 料斗组件拆卸工序

拆卸工序	拆卸部件名称	图 2-34 中编号
1	料斗固定的杯头螺钉、弹簧垫圈	8、9
2	料斗板固定的杯头螺钉、弹簧垫圈	6、7
3	料斗座	5
4	料斗压盘、料斗板	3、4

(5) 射胶油缸组件拆卸步骤

图 2-35 是射胶油缸组件结构装配图。

射胶油缸组件拆卸工序如表 2-9 所示，具体可根据拆卸工序步骤进行拆卸工作。

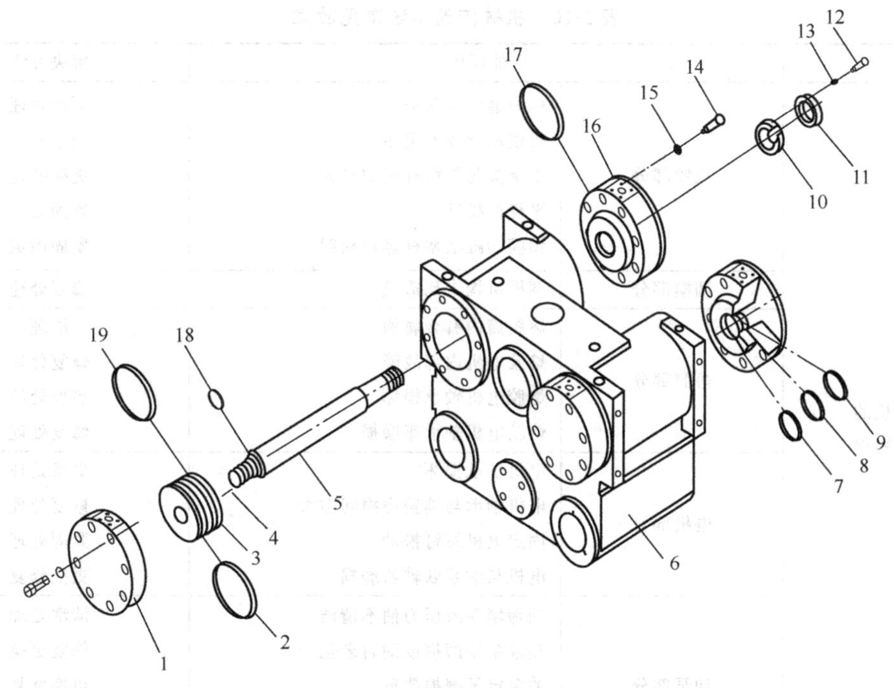

图 2-35　射胶油缸组件示意

1—射胶油缸后盖；2，7—轴承带；3—射胶活塞；4—无头螺钉；5—射胶活塞杆；6—射胶头板；8，19—油封；9—尘封；10，11—射胶活塞螺母；12，14—杯头螺钉；13，15—弹簧垫圈；16—射胶油缸前盖；17，18—圆吟

表 2-9　射胶油缸组件拆卸工序

拆卸工序	拆卸部件名称	图 2-35 中编号
1	射腔油缸后盖	1
2	轴承带、射胶活塞	2、3
3	圆吟、油封	18、19
4	无头螺钉、射胶活塞杆	4、5
5	杯头螺钉、弹簧垫圈	12、13
6	射胶活塞螺母	10、11
7	射胶油缸前盖螺钉、弹簧垫圈	14、15
8	射胶油缸前盖、圆吟	16、17
9	轴承带、油封、尘封	7、8、9

2.4 机械传动部分的检测与维修

2.4.1　机械传动系统常见故障及处理

注塑机机械传动系统常见故障主要有注塑机异常噪声、调模机构卡死、回胶严重、不良产品无法消除等故障，涉及机械零件、传动部件。具体常见故障、可能原因和解决方法如表 2-10 所示。

表 2-10　机械传动系统常见故障

常见故障	可能原因		解决方法
注塑机的异常噪声	机铰部分	机铰磨损或断裂	更换处理
		机铰锈死或不灵活	处理锈蚀
		十字头与平衡杆间隙过大	更换处理
		平衡杆松动	紧固处理
		锁模油缸活塞杆螺母松脱	紧固固定
	调模部分	调模机构卡死造成	修复处理
	熔胶部分	熔胶筒内有金属物	清理
		熔胶电机内部故障	修复处理
		熔胶电机轴承损坏	更换处理
		熔胶电机轴承座磨损	修复处理
	电机部分	电机轴承损坏	更换处理
		电机轴承与端盖磨损间隙大	修复处理
		固定电机螺钉松动	紧固处理
		电机与油泵联轴器磨损	更换修复
	油泵部分	油筛堵塞或压力油不清洁	清洗处理
		油泵泵轴磨损或油封老化	修复更换
		油泵定子磨损严重	更换修复
		油泵转子及叶片严重磨损	更换修复
		油泵轴承损坏	更换处理
调模卡死	哥林柱螺母锈死		清除处理
	哥林柱断裂或螺纹螺母损坏		清除处理
	调模螺母位置安装不正确		调整处理
	链条长度和松紧调节不当		重新调整
	调模螺母与固定板间隙过小		重新调整
	调模迫紧螺母松脱引起导柱转动		拧紧调整
回胶严重	射胶螺杆长期使用磨损严重		更换处理
	熔胶筒长期使用磨损严重		更换处理
	过胶圈、过胶介子磨损严重		更换处理
	射嘴与衬套口不同心		调整处理
注塑成型产品不良	模板不平衡或位置调整不当		重新调整
	哥林柱断裂或超差严重		更换处理
	机铰铰边松脱或有断裂		更换处理
	机铰铰边与钢套间隙过大		更换处理
	十字头铜套与平衡杆配合间隙过大		更换处理
	机铰存在裂伤		修复处理
	固定模板的固定螺母松动重新调整		拧紧固定
螺杆不转动	熔胶筒内有残料或温度低		升温处理
	有金属异物卡在熔胶筒内		排除异物
	轴链脱掉		装链
注射射台移动不平稳	油缸活塞泄漏严重无推力		更换油封
	移动导轨与油缸不平行		重新装配
	导轨润滑不良，摩擦阻力大		加强润滑
	活塞杆弯曲，油封阻力大		修复活塞杆

续表

常见故障	可能原因	解决方法
注射压力和注射流量不稳定	熔胶筒磨损严重，超过允许误差范围 螺杆磨损严重，超过允许误差范围 液压系统控制阀有故障 液压传动系统压力波动的影响	修复熔胶筒 更换新螺杆 清理维修 检查油泵溢流阀的工作情况
注射量不足	送料计量调节不当 射嘴堵塞或流涎过量 注射机注射量小于制品质量	调整计量 检修射嘴 更换机型
锁模不严	两模板不平行 锁模力调节太小 模具分型面结合部位有异物 模具分型面变形	调校模板 重新调整 清除杂物 修磨平面

2.4.2 机械传动系统部件与检测

(1) 哥林柱

哥林柱也称作拉杆或导柱，哥林柱在注塑机锁模装置中起十分重要的作用。哥林柱具有与模板组成刚性框架的功能，还有限制移动模板在哥林柱上滑动的导柱功能。哥林柱与模板滑动配合要承受锁紧模具时的巨大的拉伸应力和支撑模板和模具的弯曲力的作用。因此哥林柱应当具有如下特性。

① 哥林柱选用优质碳素钢、45 号钢等材质制造，以保证有足够的强度和刚度以及耐磨性。

② 哥林柱按圆柱体形状设计，其材质要经过毛坯锻造、调质处理、机械加工等工序来完成加工制造。

③ 哥林柱圆柱体表面粗糙度 Ra 不大于 0.63μm，为了提高圆柱工作的耐磨性，表面应进行淬火处理，表面镀硬铬层或硬度≥45HRC。

④ 哥林柱与模板采用滑动配合，常采用 H7/f7 或 H8/f7 配合制。

哥林柱的检测内容与步骤如下。

① 按照 2.3 节哥林柱拆卸步骤进行操作。

② 拆下哥林柱，将其放在工作平台的 V 形垫铁上，然后进行测量。

③ 按照图 2-36 所示，将磁性表架和百分表放在平台上，分别对哥林柱受力集中点进行测量。调整百分表头与哥林柱表面的距离，垂直轴心线并且刚接触到为适，用手转动百分表使百分表校正零点，再用手转动哥林柱，观察百分表上指针的跳动情况，以检验哥林柱弯曲变形或径向跳动情况和确定外径圆度公差。

④ 用千分尺测量哥林柱的直径，可分三段进行测量，以检验哥林柱外径圆度磨损情况，图中画出 A 段和 C 段的测量。

(2) 模板

模板常用固定模板和移动模板，固定模板又分为前模板（或头板）、后模板（尾板），模板的作用是与 4 根哥林柱组成刚性框架，形成容模空间。锁紧模具时，模板要承受弯曲应力和压缩变形的作用，因此，模板应当具有如下特性。

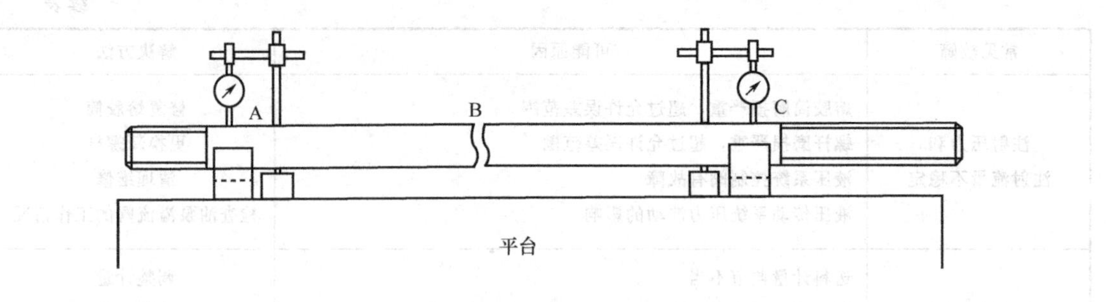

图 2-36 哥林柱的校验

① 模板应选用韧性好、刚性好的铸钢或球磨铸铁材料制造，以保证有足够的韧性和刚度以及耐磨性能。

② 模板的外形结构尺寸设计是将固定模板设计成两平行工作面。截面有支撑筋结构等，以克服工作时要承受的弯曲应力。模板的工作平面要经过退火，模板的机械加工的表面粗糙度不大于 1.25μm。机械加工时，应分粗加工和精加工两次进行，以减少机加工后的变形和保证各部位的相互位置的精度要求。

③ 模板与哥林柱装配是滑动配合，采用 H7/f7 配合制，同步精度要求较高，所以，模板上的 4 个装配孔和工作平面要求在镗床上一次装夹完成加工成型，以保证 4 个孔的中心线对称的精度要求。

④ 活动模板与滑板轨道之间采用滑脚结构，在滑脚与轨道之间，通过润滑油形成油楔效应，产生油膜，形成良好的滑动配合，而活动模板与滑脚的调节装置，可以进行适时的调节，有些机型还增加导轨钢带以防止机架之间的过度磨损，常见的滑脚有以下 4 种形式（如图 2-38 所示）：a. 调节装置在动模板底部，通过上部调节螺钉调节轨道滑板与滑脚的间隙；b. 调节装置也在动模板底部，通过上、下部调节螺钉调节轨道的滑板与滑脚的间隙；c. 调节装置在动模板侧面，通过调节螺钉调节轨道的滑板与滑脚的间隙；d. 调节装置在动模板的下面，通过调节滑脚斜铁来调节间隙。

模板的检测内容与步骤如下。

① 拆卸模板后用钢板尺对模板的外形尺寸进行测量，如固定模板、移动模板外形尺寸，模板导孔中心距，固定模具螺钉的最小距离，固定模板、移动模板的中心孔尺寸等。

② 用游标卡尺或千分尺对模板导孔直径进行测量。检测其磨损程度。模板导孔与哥林柱是滑动配合，采用 H8/f7 配合制，测量出导孔直径尺寸，可以通过查表计算 H8/f7 配合制的导孔尺寸的上下偏差和标准公差，再通过实际测量尺寸来核对模板导孔的磨损是否在公差范围以内，是否符合公差配合要求。

③ 固定模板与移动模板间两平面平行度公差的测量，工作量较大，并且要在注塑机锁模部分装配好、调试好的基础上进行。具体方法如下。

a. 开启注塑机，调整好各参数。用手动操作进行开模、锁模动作。通过几次往复动作，观察模板情况。正常情况应该是：固定模板稳定，螺母锁紧，移动模板往复滑动，开模、锁模动作正常，没有出现抖动、爬行、冲击、卡死等故障现象，并且压力表压力不大，约为总压力的 30%左右。

b. 继续手动操作，通过调模动作对模具锁模力进行微调，通过加大比例压力、比例流量参数，操作机器动作，观看模板运行情况。此时。动作应该继续保持平稳、灵活，不出现

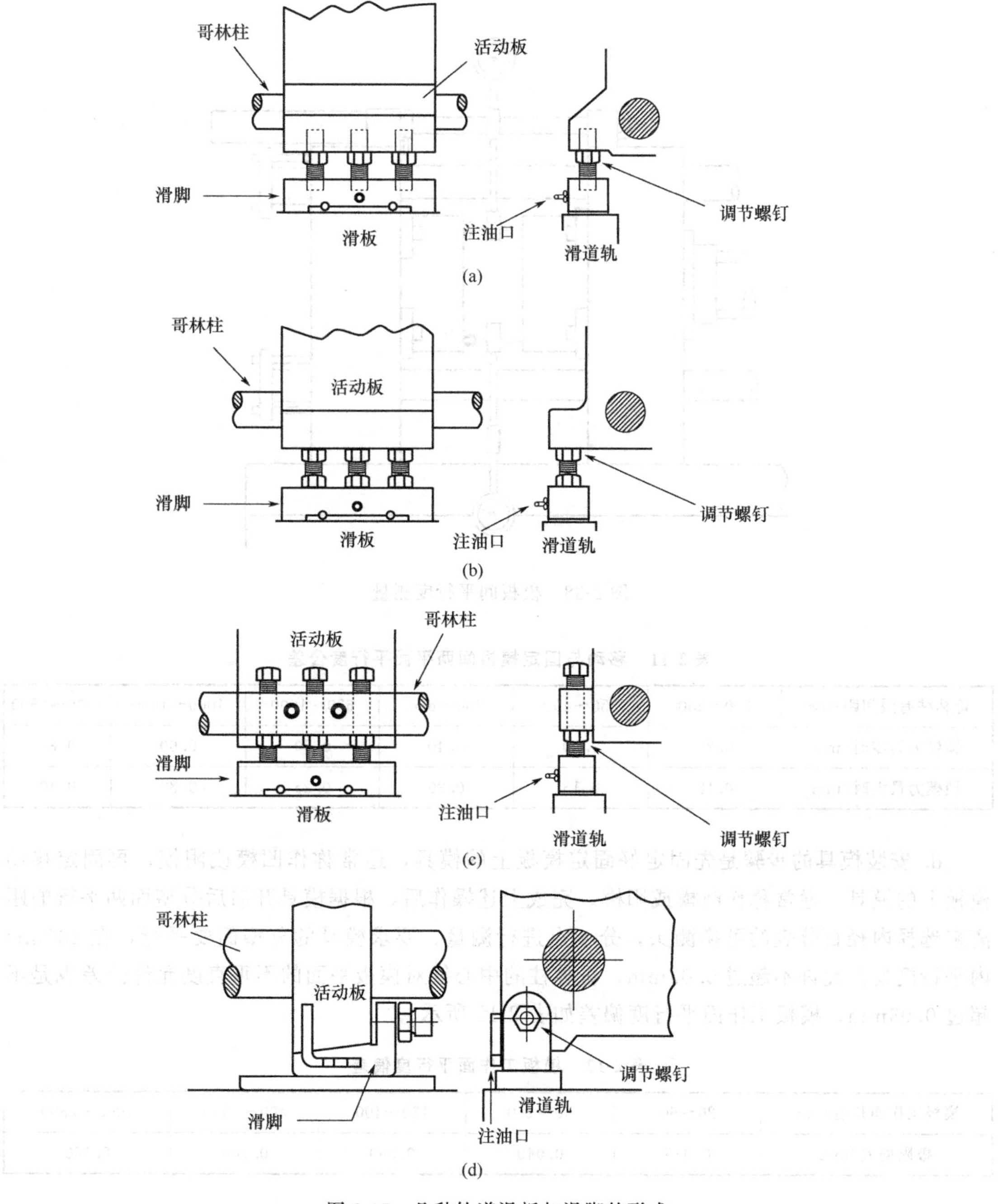

图 2-37　几种轨道滑板与滑脚的形式

上述异常情况。此时可初步判定哥林柱轴线与模板导孔中心线垂直度精度好，哥林柱与哥林柱之间平行精度好。

c. 手动锁模后，关掉机器电源，用标准垫块和内径百分表对固定模板和移动模板间的工作面平行度进行测量，具体根据两工作面的距离来确定标准垫块和内径百分表的可换测头。通过标准垫块和内径百分表一次调整后，可分别对平面的四个角或更多的点进行测量，综合测量后可判定移动模板与固定模板间两平面的平行度公差是否符合标准。具体测量如图

2-38 所示，移动与固定模板间两平面平行度公差如表 2-11 所示。

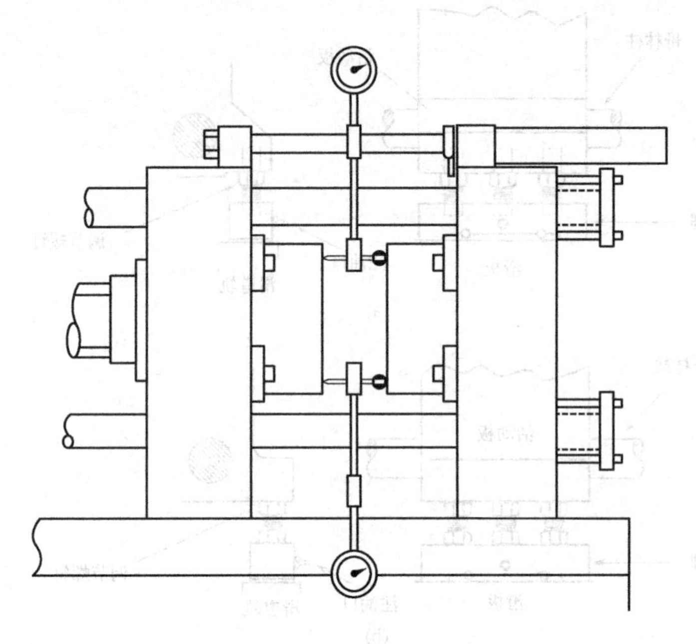

图 2-38 模板间平行度测量

表 2-11 移动与固定模板间两平面平行度公差

哥林柱有限间距/mm	200～250	250～400	400～630	630～1000	1000～1600	1600～2500
锁模力为零时/mm	0.25	0.30	0.40	0.50	0.60	0.80
锁模力最大时/mm	0.12	0.15	0.20	0.25	0.30	0.40

d. 安装模具的步骤是先固定好固定模板上的模具，通常称作凹模或阴模，再固定移动模板上的模具，通常称作凸模或阳模。完成上述操作后，根据模具开启后分型面两平行的距离来选择内径百分表的可换测头，分 4 点进行测量，要求模具的分型面要平行，在 100mm 内平行度公差允许不超过 0.03mm，哥林柱的中心线对模板平面的不垂直度允许公差也是不超过 0.03mm。模板工作面平行度偏差如表 2-12 所示。

表 2-12 模板工作面平行度偏差

模板工作面长度/mm	20～60	60～160	160～400	400～1000	1000～2500
极限偏差/mm	0.025	0.040	0.060	0.100	0.160

(3) 螺杆

螺杆的材质选择、加工处理、加工精度以及装配精度应符合以下要求。

a. 螺杆选用 40Cr 或 38CrMoAl 或日本进口的 SACM645 等合金钢材料加工制作。

b. 螺杆的加工工艺要经过毛坯锻造、机械粗加工、调质处理，精加工成型。

c. 螺杆表面粗糙度 Ra 不大于 1.60μm，为了提高螺杆的耐磨损、耐腐蚀性能，一般要进行镀铬处理工艺，镀铬前要进行高频淬火，氮化处理，然后进行镀铬处理。镀铬厚度在 0.03～0.05mm。对于特殊塑料材料的加工，采用不锈钢材料制造。

d. 螺杆与料筒的机械加工和机械装配按照国家部颁标准 JB/T 726—1994 规定执行。采用径向间隙来表示螺杆的外径与料筒的内径的差值。径向间隙是单面间隙，规定的标准基本符合经验公式，即：装配间隙=(0.002～0.005)×螺杆直径。径向间隙取值要合适，取值太大，会降低塑化能力，熔胶回流量增加，注射时间延长，影响注塑成型量的准确性；取值太小，会使螺杆和料筒装配安装困难，热膨胀加剧，能耗加大，甚至卡死螺杆。

① 螺杆的拆卸　以日钢机为例说明螺杆拆卸步骤，具体如下。

a. 开启机器，按倒索按钮开关，使螺杆回到倒索终止位置。

b. 开启射台前进/后退开关，使射台回到后退终止位置。

c. 关闭加热电源开关。

d. 将射嘴和熔胶筒上的加热圈和热电偶取下，并在熔胶筒头部绕上钢丝环。

e. 拆下固定转动底座的螺钉。

f. 擦净转动底座活动板的表面并封上润滑脂。

g. 拖动钢丝环转动射台。

h. 用扳手拆下射嘴，射嘴是右旋螺纹。

i. 移动料筒头。

j. 拆下螺杆与驱动轴之间的联轴器。

k. 将开关打在低压手动位置，手动打射胶使螺杆移到最前端，再按倒索开关进行倒索动作，使驱动轴与螺杆脱开，这时可将木块放在螺杆与驱动轴之间，再打射胶开关使螺杆移到最前端，这时的最前端就是上次最前端加上木块的距离。再按倒索开关，将驱动轴退回，再在螺杆与驱动轴之间加入更长的木块，直到能顶出螺杆一段距离为止，具体见图 2-39 顶出螺杆的示意。

l. 完成了上述顶出螺杆后，螺杆被顶到了料筒的最前端，然后用钢丝绳套在螺杆上，按照图 2-40 所示箭头方向将螺杆拖出。

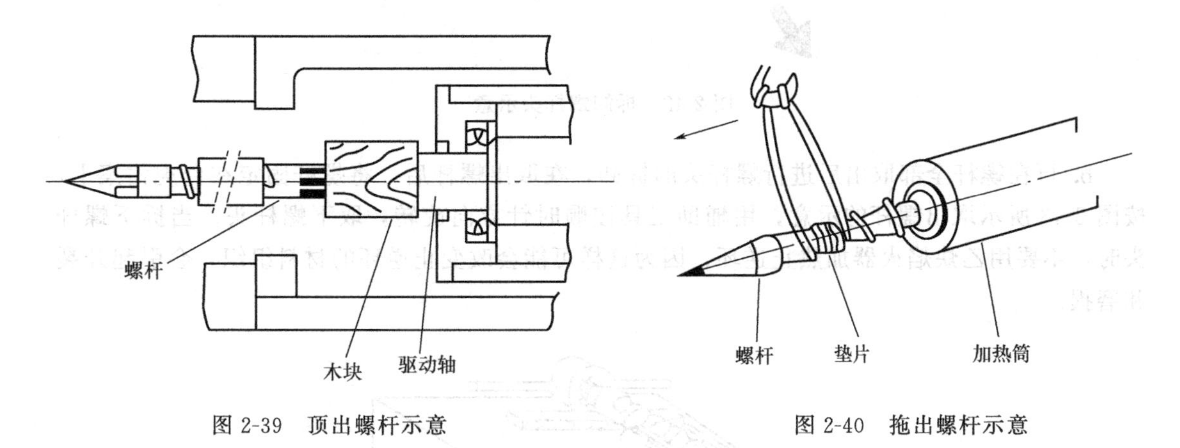

图 2-39　顶出螺杆示意　　　图 2-40　拖出螺杆示意

m. 螺杆拖出后，在拖到螺杆根部时，可以用另一钢丝环套将螺杆全部拖出，图 2-41 是全部拖出螺杆示意。

n. 趁螺杆还是热的时候，将剩余粘在螺杆上的塑胶胶料用钢丝刷刷净。

② 螺杆头的拆卸

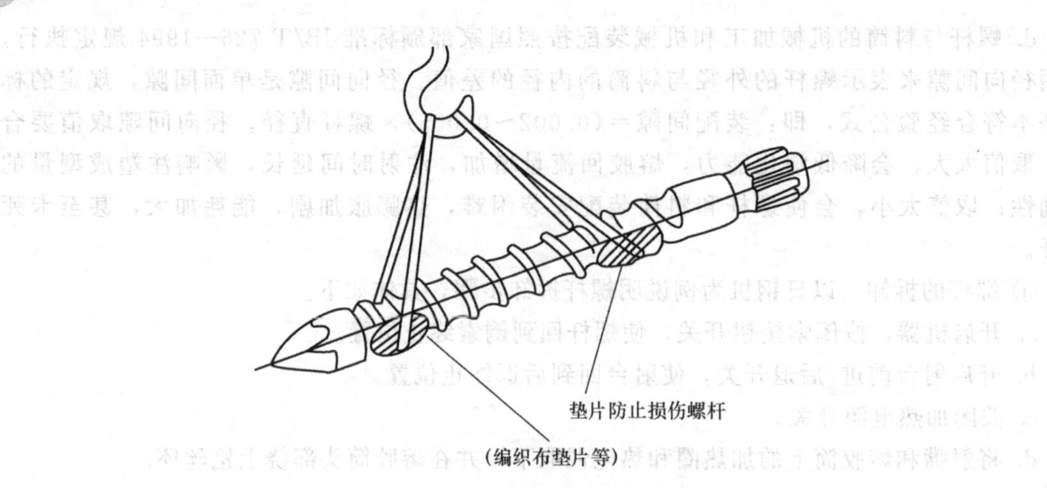

图 2-41　全部拖出螺杆示意

a. 可在取螺杆前进行螺杆头的拆卸。在取螺杆前，检查螺杆头确实离开料筒头后，螺杆与驱动轴是连在一起的，需要利用辅助工具转动螺杆头，螺杆头是左旋的，要顺时针方向旋转才能卸下来，如图 2-42 所示为拆卸螺杆头的示意。

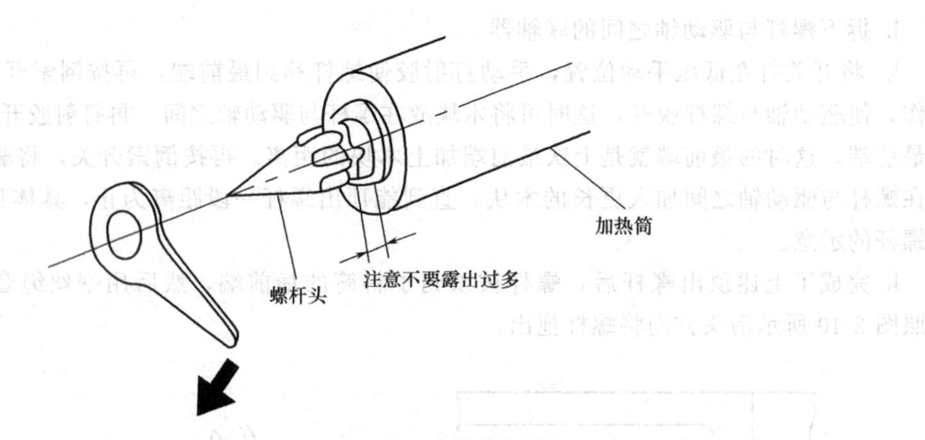

图 2-42　拆卸螺杆头示意

b. 可在螺杆全部取出后进行螺杆头的拆卸，在取出螺杆后，将螺杆固定在台虎钳案上，按图 2-43 所示取出螺杆的示意，用辅助工具按顺时针方向旋转，取下螺杆头。当拆下螺杆头时，不要用乙炔焰火器加热止逆环，因为这样可能会改变止逆环的材料组织，会引起开裂和磨损。

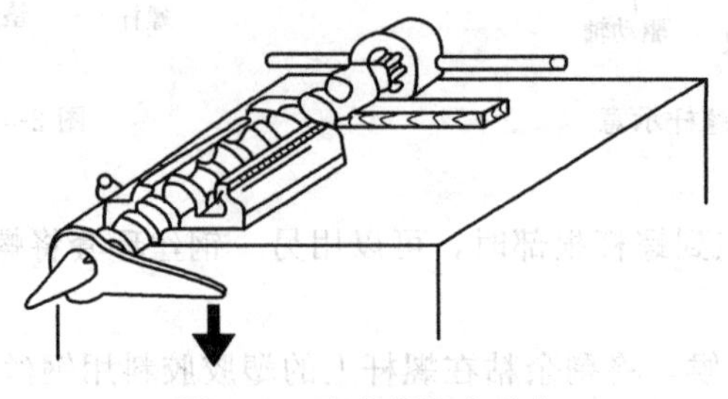

图 2-43　取出螺杆头示意

③ 螺杆的修复

a. 螺杆的工作表面有较严重的磨损伤痕沟时，先检查分析螺杆磨损划伤的直接原因：一般都是刀片或螺钉等钢器进入熔胶筒造成的，检查料斗上的天然磁铁是否放在合适位置，一般都放在下料口上方 10cm 以下，检查碎料机、搅拌机刀片或搅拌器是否完好。然后对螺杆的损伤处进行补焊修理和修复。

b. 螺杆工作表面有轻微的磨损或划伤痕，用细油石或细砂布研磨修复损伤部位。

c. 螺杆和熔胶筒配合有一定的间隙，对于螺杆有严重磨损，间隙超过规定标准的应当更换螺杆，尤其是一般普通螺杆啤塑纤维素胶料要特别注意，尽量采用专用螺杆和专用熔胶筒进行生产。通常螺杆的螺纹外径应按熔胶筒修复后的内孔直径进行配制，配合间隙按照规定标准范围内，其间隙超差不能超过标准规定的最大间隙范围。

④ 螺杆参数测量

a. 按上节螺杆拆卸方法步骤拆卸螺杆，放在工作台的木垫块上，再进行测量。

b. 用钢卷尺测量螺杆的总长度尺寸，用游标卡尺测量螺杆的直径尺寸、螺纹距离，用千分尺测量螺杆过胶头、螺杆尾部直径尺寸，并根据标准间隙来检验螺杆的实际情况。

(4) 料筒

料筒也称熔胶筒或机筒，它和螺杆一样是注塑机注射装置中十分重要的部件，它包容螺杆和塑料胶料，外部还受到加热圈的热量供给。塑料胶料的塑化、熔融胶料的射出等都是在熔胶筒内完成的，熔胶筒的作用与螺杆的作用相同，相互配合完成注塑成型工作，因此，熔胶筒应当具有如下特性。

a. 熔胶筒选用合金钢或 38CrMoAlAo 氧化钢材料制造，经过氮化处理、氮化层深 0.5mm。为了保证熔胶筒在高温、高压的条件下抵抗严重腐蚀和磨损，也可采用碳素钢制造筒体，然后在熔胶筒内孔浇铸高硬度的耐磨合金材料，如 Xaloy 合金。

b. 熔胶筒的几何尺寸、料口形状、熔胶筒的壁厚设计、冷却水口设计均要根据熔胶筒的工作强度和注塑成型工艺温度控制来综合设计，表 2-13 是国产注塑机料筒壁厚。

c. 熔胶筒内孔表面粗糙度 Ra 不大于 1.60μm，硬度值是≥940HV。

表 2-13 注塑机料筒壁厚

螺杆直径/mm	35	42	50	65	85	110	130	150
料筒壁厚/mm	25	29	35	47.5	47	75	75	90
外径与内径之比	2.46	2.5	2.4	2.46	2.1	2.35	2.15	22

① 料筒的拆卸

a. 拆除料斗与熔胶筒法兰上的固定螺栓。

b. 拆除冷却水套和进水、出水口胶管。

c. 拆除热电偶及加热圈的导线及接线。

d. 将锁紧联轴器螺栓松开，并将联轴器滑出来，去掉轴套。

e. 用扳手松掉熔胶筒法兰盘上的紧固螺钉，使熔胶筒上射台座分离。

f. 吊起熔胶筒到临界点，一点一点地退出射台驱动轴。

g. 将熔胶筒吊放到平台上，趁热进行螺杆的拆卸。

h. 立即进行熔胶筒内残料清理，在对熔胶筒内壁清理时，要用铜质刷或砂布清理，不允许用钢件硬物清理黏料。

② 料筒的清理

a. 拆下料斗，用盖板盖住熔胶筒的下料口，按图 2-44 清理熔胶筒从熔胶筒的一端清理毛刷，往复运动刷清熔胶筒内壁，清除杂物及粉尘。

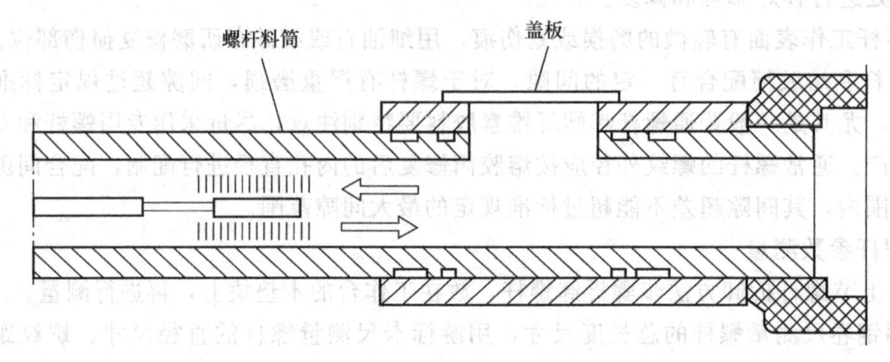

图 2-44 清理熔胶筒示意

b. 清除黏附的树脂胶料后，用清洁布卷在钢丝刷上，再次放入料筒内，擦去所有的存留物。

c. 采用从进料口吹入压缩空气的方法清除料筒内的残余污渣，具体如图 2-45 所示。可以用同样的方法，对射嘴、过胶头、螺杆等进行清理。

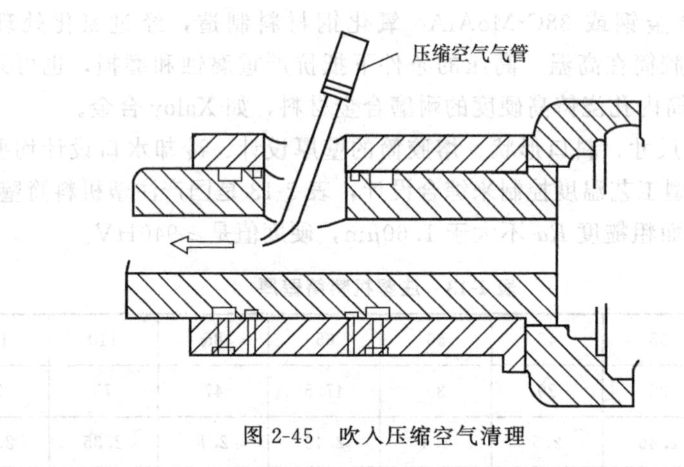

图 2-45 吹入压缩空气清理

③ 料筒的安装

a. 按照料筒的拆卸步骤的相反顺序进行安装。

b. 装上料筒及射嘴法兰后，用固定螺栓，一般采用加力杆锁紧螺栓，锁紧时要避免锁紧过头，否则会损坏螺栓，螺栓锁紧加力杆的使用方法如图 2-46 所示。加力杆一般有 400mm，锁紧扭矩大约为 11kgf·m（约 110N·m）。

c. 锁紧料筒端面的固定螺栓应当按照图 2-47 所示的路径进行，在第一圈循环时，轻轻锁紧螺栓，在第二、第三圈循环时逐渐加力，使全部螺栓同步逐渐锁紧。

d. 按照加热圈的顺序，将加热圈逐一插入料筒，放置到位后，顺时针方向锁紧加热圈。

e. 再将热电偶旋入温度探测孔，旋入前要将探测孔底彻底清理干净。

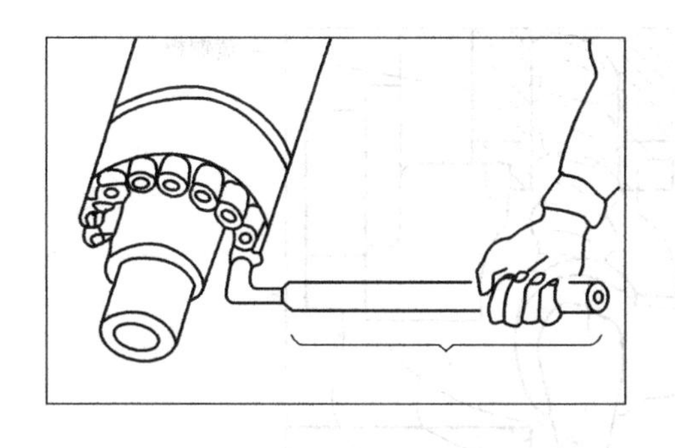
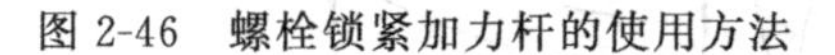

图 2-46　螺栓锁紧加力杆的使用方法

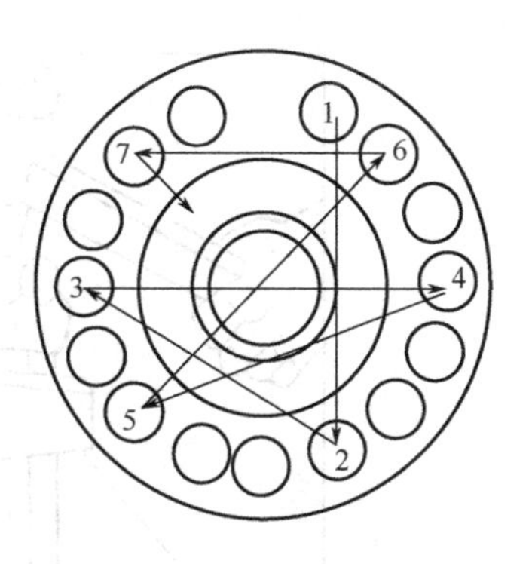

图 2-47　锁紧顺序

f. 固定射嘴，先打开射嘴，将射嘴旋入料筒的头部顶端，最后利用辅助带孔扳手，轻轻将扳手套在开孔夹爪上，紧迫射嘴，再固定弹簧、弹簧垫和中间连接件，注意不要将中间连接件的方向搞错，再将针阀旋入阀体内固定，最后可用手旋入射嘴，当旋不动后，再用 SVN 扳手拧紧，整个安装顺序如图 2-48 所示。用同样的方法紧固阀体，阀体要比射嘴坚固得更牢些，否则取射嘴时可能会将阀体和射嘴同时取下。

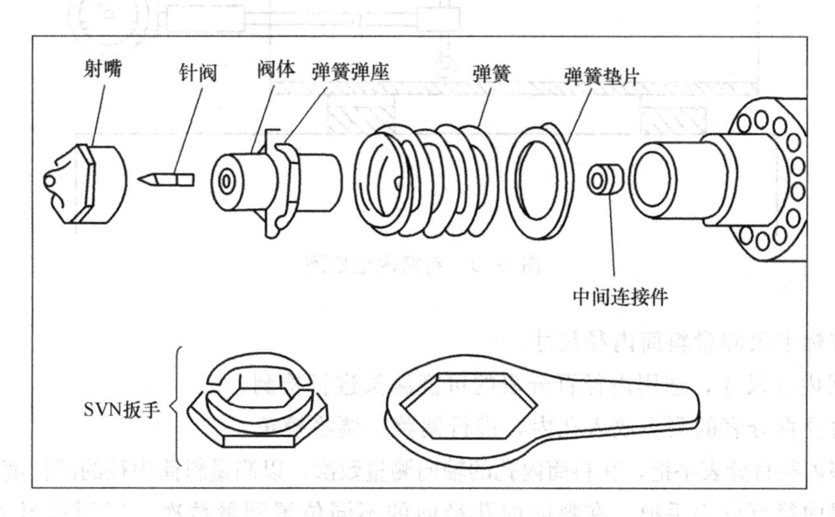

图 2-48　射嘴装配

g. 螺杆头的安装。图 2-49 是螺杆头安装的示意，将螺杆夹在台虎钳、螺杆两侧用黄铜板夹着，以免虎钳挤伤螺杆，固定好螺杆后就可以对螺杆进行拆卸和安装操作，安装时，带好止回环，螺杆头是左旋螺纹，按照顺时针方向旋转，直到转不动为止，然后用木锤轻轻敲击套在螺杆头上的特殊扳手的手柄部，直到螺杆头上紧为止。

h. 将喷嘴加热圈套在喷嘴上并固定，将导线与相应的终端线相连接。

i. 加上加热罩。

④ 料筒的检测　料筒的检测，一般是将料筒放在平台上，拆卸螺杆后就可以检测，可以用游标卡尺对料筒前后内孔进行测量，可根据内孔的标准尺寸及内孔与螺杆的配合间隙标准，来判断熔胶筒的实际磨损情况。另一方面对料筒内孔表面状况进行检查，看有无明显磨损或划伤痕迹。检测方法如图 2-50 所示，具体步骤如下。

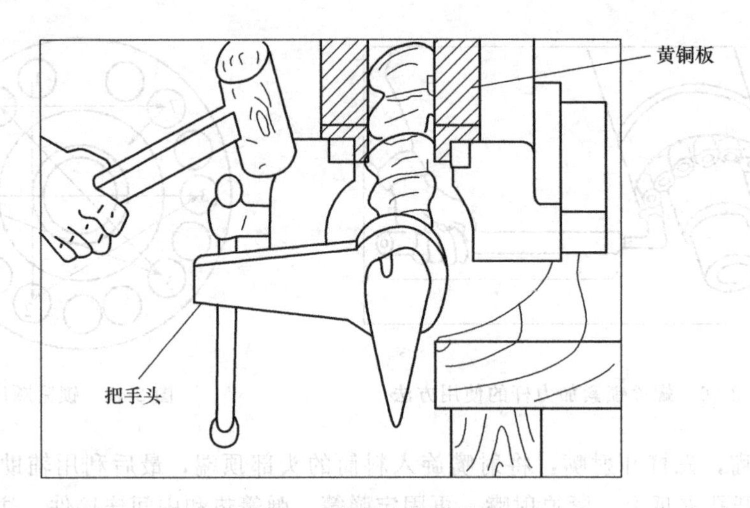

图 2-49 螺杆头安装示意

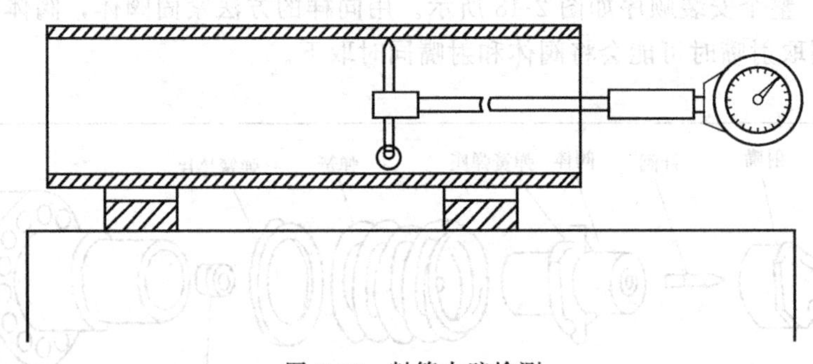

图 2-50 料筒内壁检测

a. 用游标卡尺测量料筒内径尺寸。

b. 根据内径尺寸，选用内径百分表的可换测头进行检测。

c. 将内径百分表的测头放入孔内，进行调整、调零校正。

d. 手握内径百分表手把，在料筒内孔的轴向测量数次，以测量料筒内径的圆柱度误差尺寸。

e. 手握内径百分表手把，在料筒内孔径向的不同位置测量数次，以测量料筒内径的圆度误差尺寸。

f. 通过上述测量，来判断料筒内径磨损情况，结合表面光洁度进行综合判断分析。

⑤ 料筒的修复

a. 料筒内孔表面有磨损或划痕时，可以用油石或砂布进行修复，也可以用车床珩磨头进行研磨抛光。

b. 采用车床珩磨头形式研磨时，把料筒夹在车床的卡盘上，将珩磨头支杆固定在车床刀架拖板上，再进行研磨操作。图 2-51 是珩磨头的结构示意。

c. 料筒内径表面磨损严重时，可对内径表面进行修磨，去掉磨损层，进行珩磨，以保持其表面粗糙度 Ra 不大于 1.60mm，最后再进行热处理或渗碳。

d. 料筒内径尺寸与螺杆尺寸间隙超差严重时，可以用合金套在料筒内径上，采用离心浇铸法，在料筒内壁浇铸一层硬质合金层，再经过机械加工，研磨处理后方可使用。

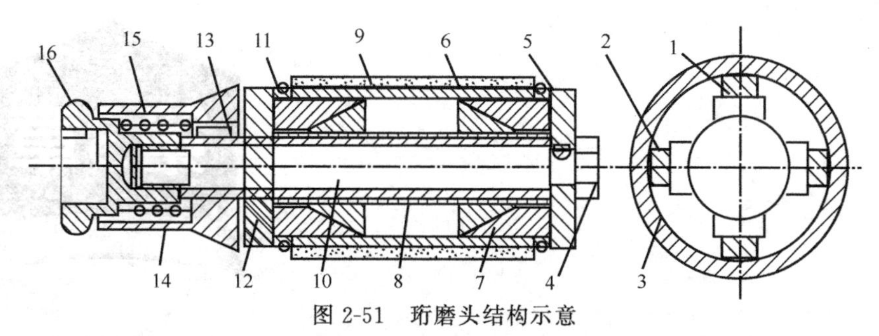

图 2-51　珩磨头结构示意

1—硬木块；2—油石；3—缸体；4—螺母；5—压板；6—锥体；7—外锥体；8—螺纹套；9—油石座；10—固定轴；11—弹簧圈；12—固定板；13—键；14—套；15—弹簧；16—接头

图 2-52 是用游标卡尺测量位置示意，在实际生产过程中，射嘴与衬套口的配合是在料筒和模板装配的前提下来保证的。料筒的射嘴中心孔，固定模板的内孔要重合，要保证一定的同心度，料筒一般没有调校机构，而是在射移支架上可进行调整，通过一定角度的旋转和支架前后高度的调整来保证射嘴中心与固定模板的内孔中心能重合。

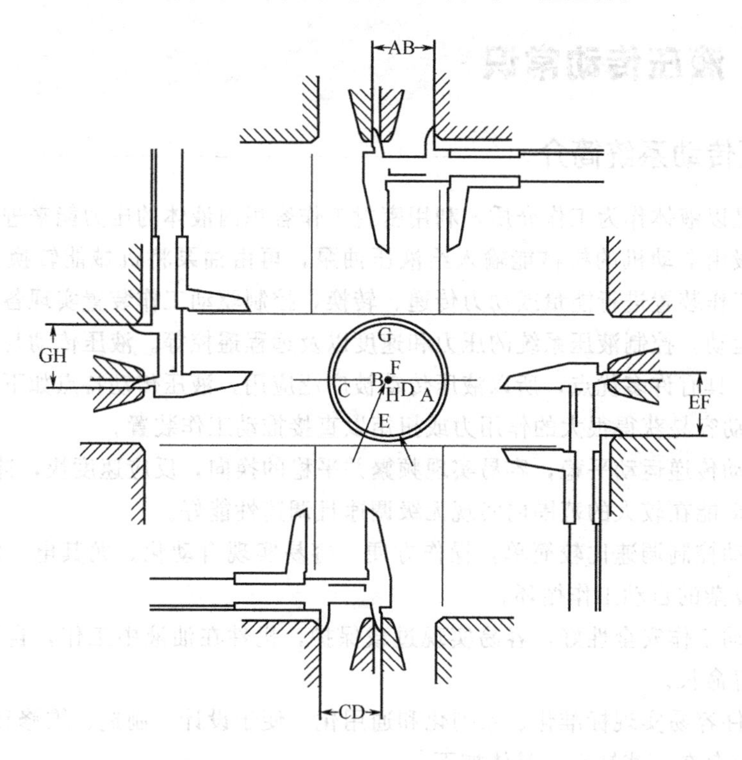

图 2-52　用游标卡尺测量位置示意

注塑机的液压传动部分维修

3.1 液压传动常识

3.1.1 液压传动系统简介

液压传动是以液体作为工作介质，利用密封工作容积内液体的压力能来进行能量传递的传动方式。一般由电动机的机械能输入给液压油泵，再由油泵将机械能转换为液体的压力能，然后再向工作装置进行能量或动力传递、转换，控制驱动工作装置实现各种运动，如直线运动或回转运动，控制液压系统的压力和速度以及远程遥控等。液压传动与机械传动、电气传动相比较，具有许多优点，所以液压传动被广泛应用，液压传动特点如下。

① 液压传动容易获得很大的作用力或扭矩以直接推动工作装置。

② 液压传动传递运动平稳，容易实现频繁并平稳的换向，反应速度快，冲击小。

③ 液压传动能在较大的范围内实现无级调速且调速性能好。

④ 液压传动控制调速比较简单，操作方便，容易实现自动化。尤其电、液动联合应用时，容易实现复杂的自动工作循环。

⑤ 液压传动工作安全性好，容易实现过载保护，机件在油液中工作，自行润滑运动表面，器件使用寿命长。

⑥ 液压元件容易实现标准化、系列化和通用化，便于设计、制造、维修和推广使用。

液压传动也存在一些缺点，具体如下。

① 液压传动的传动比不如机械传动精确。

② 油温变化时，引起油的黏度变化，会影响系统的稳定工作。

③ 油液中含有空气，容易产生振动和噪声。

液压传动系统由 5 个部分组成，具体如下。

① 动力部分——油泵。作用是将电动机输入的机械能转换为油、液的压力能，供给液压系统压力油。

② 执行部分——油缸或油马达。作用是将油液的压力能转换为机械能，带动工作机件运动。

③ 控制部分——各种控制阀，包括压力阀、流量阀和方向控制阀。作用是控制油流的压力、流量和方向以保证工作机构以一定的力和一定的速度，按所要求的方向运动。

④ 辅助部分——辅助装置如油箱、冷水器、滤油器、蓄能器、油管路、压力表、压力开关等。作用是供压力油储存，冷却散热、过滤杂质、能最存储、连接油路及指示压力和保护等。

⑤ 传动介质——液压油。作用是传递动力和能量。

3.1.2　液压油

注塑机液压传动是以液压油作为工作介质来传递能量或动力或信号的。液压油的好坏，直接影响液压系统的工作，因此有必要对液压油的特性、对液压油的要求以及选择进一步了解，以便更好地理解液压传动基本原理。

(1) 液压油的特性

液压油的主要物理特性有密度、可压缩性、液体的黏性。

① 可压缩性。液压油受到压力作用后发生体积变化的性质称为可压缩性。液体的可压缩性大小一般用体积弹性模量 K 来表示。对于一般的液压系统，当压力不大时，液压油的可压缩性很小，可认为液压油是不可压缩的。在压力变化较大的高压系统中，必须考虑液压油可压缩性的影响。在实际中，常用体积弹性模量 K 值来表示液体抗压缩能力的大小，液压油的 K 值与温度、压力有关，温度升高，K 值减小，压力增加，K 值增大。

② 液体的黏性。液体在外力作用下流动时，由液体分子间的内聚力阻止分子间相对运动而产生内摩擦力，这种性质叫做液体的黏性。液体黏性的大小用黏度来表示，液压油液稠，液层间内摩擦力就大，黏度就大；液压油液稀，液层间内摩擦力小，黏度就小。在液压系统中，液压油选用是根据黏度来选择的，而黏度表示方式有三种，即动力黏度、运动黏度和条件黏度。通常用动力黏度和运动黏度来表示液体黏性的大小。液压油的黏性可用动力黏度 η 来表示，也就是衡量液压油黏性的比例系数，动力黏度的法定计量单位是 Pa·s（帕·秒）。在实际工程中，常采用运动黏度 ν 作为液压油黏度的标志，运动黏度是动力黏度 η 与液压油密度 ρ 的比值即 $\nu=\eta/\rho$。

运动黏度的法定计量单位为 m^2/s 或 mm^2/s。液压油的黏度是以温度为 40℃时的运动黏度的平均值来表示的。46 号液压油是指这种液压油在温度 40℃时的运动黏度平均值为 $46mm^2/s$。32 号液压油就是指这种牌号液压油在温度 40℃时的运动黏度平均值为 $32mm^2/s$。

液压油黏度与压力、温度有如下关系：温度升高，黏度下降；压力升高，黏度增加。

(2) 液压油的选择

液压传动对液压油的要求如下：适当的黏度和良好的黏温性能；良好的润滑性能和防腐、防锈性能；良好的化学稳定性能，在储藏和工作过程中不易氧化成为胶质；良好的抗泡沫性和空气释放性；良好的抗磨性；凝固点要低，燃点要高。

液压油最重要的性能指标是黏度，选用时主要确定液压油的黏度范围、品种及系统工作条件如压力高低、环境温度等。具体方法如下。

① 根据油泵和液压系统的要求，选择适当黏度的液压油，表 3-1 列出了油泵推荐用油黏度。

② 根据液压系统工作环境选择液压油的黏度。工作环境温度较高时，选用黏度较高的液压油；工作环境温度较低时，选用黏度较低的液压油。

表 3-1 各种油泵用液压油推荐值

油泵类型	运动黏度 ν/mm²·s⁻¹	
	环境温度 14～38℃	环境温度 38～80℃
叶片泵（压力≤7MPa）	18～27	25～42
叶片泵（压力＞7MPa）	32～38	36～53
柱塞泵	38～53	53～150
齿轮泵	18～38	53～150

③ 根据液压系统工作压力选择液压油的黏度。系统工作压力较高时，选用黏度较高的液压油；系统工作压力较低时，宜选用黏度较低的液压油。

④ 液压传动系统用油。一般均采用液压油，液压油品质要好，主要指标是具有较好的抗氧化、抗磨损、抗泡沫、防锈蚀性能及高黏度指数等特点。

我国主要液压油品种的黏度等级和用途如表 3-2 所示。

表 3-2 我国主要液压油品种的黏度等级和用途

类型	名称	代号	黏度等级	特性和用途
矿物型	普通液压油	L-HL	15、22、32、46、68、100、150	抗氧防锈，适用于一般中、低压系统
	抗磨液压油	L-HM	15、22、32、46、68、100、150	抗氧防锈、抗磨，适用于工程机械车辆液压系统
	低温液压油	L-HV	15、22、32、46、68、100	抗氧防锈、耐磨，黏温特性好，适用于低温环境系统
	液压导轨油	LHG	32、46、68	抗氧防锈、抗磨，适用于机床液压、导轨润滑系统
	高黏度指数液压油	L-HR	160、170	抗氧防锈、黏温特性好，适用于数控机床液压系统
乳化型	水包油乳化液	L-HFA	7、10、15、22、32	难燃、黏温特性好，防锈润滑性差，适用于抗燃、要求流量大的系统
	油包水乳化液	L-HFB	22、32、46、68、100	防锈、抗磨、抗燃，适用于抗燃要求的中压系统
合成型	水-乙二醇液	L-HFC	15、22、32、46、68、100	难燃，黏温特性好，抗蚀性好，适用于抗燃要求的中低压系统
	磷酸酯液	L-HFD	15、22、32、46、68、100	难燃，润滑、抗磨抗氧化性好，有毒，适用于抗燃要求的高压精密系统

3.1.3 液压传动系统的元器件及图形符号

液压传动系统是由 5 个部分组成，其功能是将电动机的机械能转换为压力能，然后进行传输和控制，最后转换成能量或动力的机械能。图 3-1 是注塑机液压系统结构原理和图形符

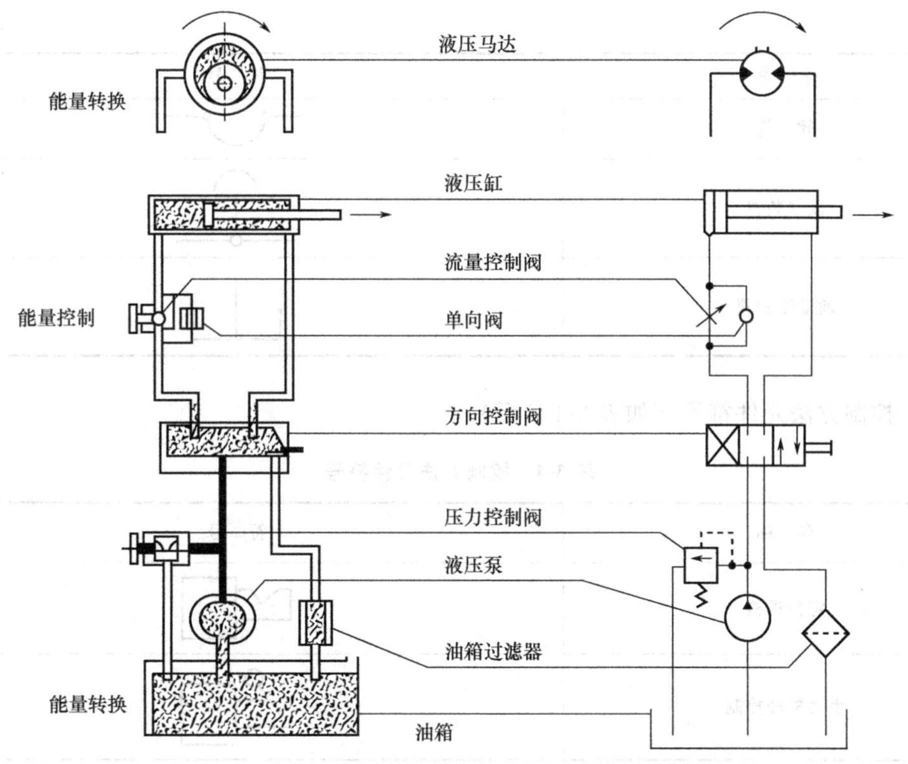

图 3-1　注塑机液压系统结构原理和图形符号对照示意

号对照示意。在实际工程应用上，为了简化结构原理图的绘制，图中各元件采用图形符号来表示，国家标准 GB/T 768.1—1993 制定了液压系统中液压图形符号的标准，为工程应用上的制图和读图带来了极大的便利。

注塑机常用液压元件符号具体如下。

(1) 液压管路及连接元件符号（如表 3-3 所示）

表 3-3　液压管路及连接元件符号

名　称	符　号
工作管路	
控制管理	
泄漏管路	
连接管路	
堵头	
压力接头	
伸缩接头	
交错管路	

续表

名　称	符　号
软　管	
放气装置	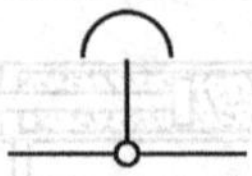
通油箱管路	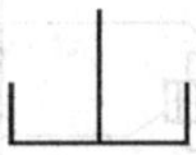

（2）控制方法元件符号（如表 3-4 所示）

表 3-4　控制方法元件符号

名　称	符　号
定位机构	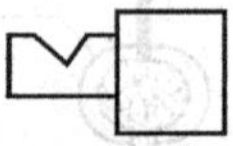
手动横杆控制	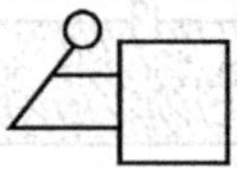
脚踏控制	
弹簧控制	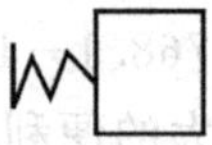
机械控制	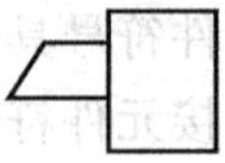
直接液压控制	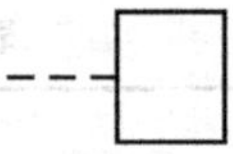
先导液压控制	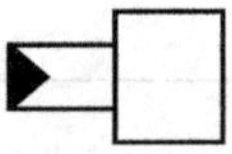
电磁控制	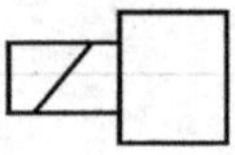
比例电磁控制	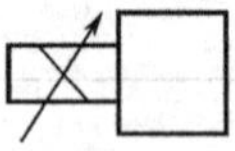
电液控制	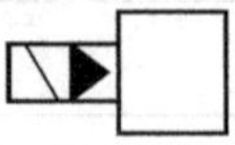

（3）油泵、油马达、油缸元件符号（如表 3-5 所示）

（4）控制元件符号（如表 3-6 所示）

（5）辅助元件符号（如表 3-7 所示）

表 3-5 油泵、油马达、油缸元件符号

名 称	符 号	名 称	符 号
单向定量油泵		双向变量油马达	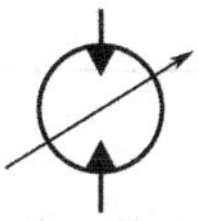
双向定量油泵	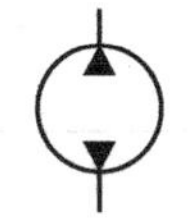	双联定量泵	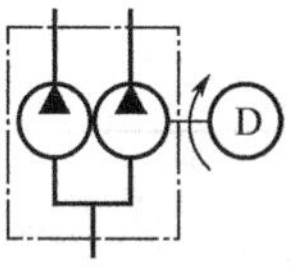 D
单向变量油泵	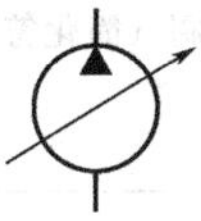	双级定量泵	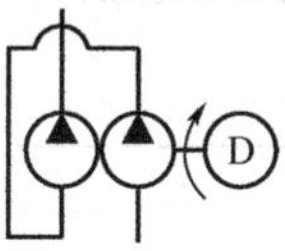 D
双向变量油泵	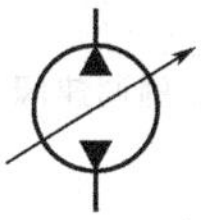	单作用柱塞油缸	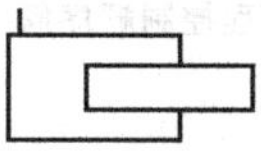
单向定量油马达	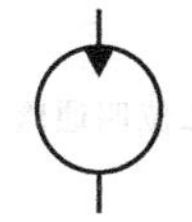	双作用活塞杆式油缸	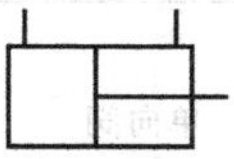
双向定量油马达	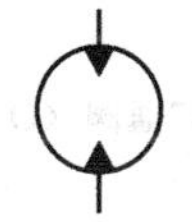	双作用单面带不可调缓冲式油缸	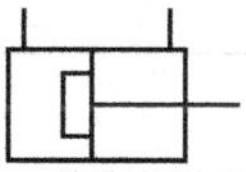
单向变量油马达	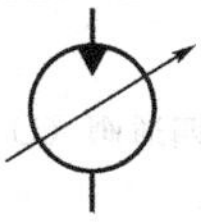	差动油缸	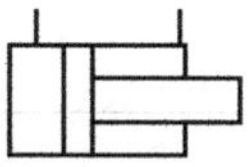
		反作用双活塞杆油缸	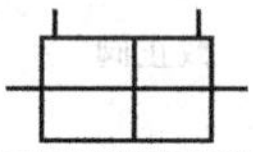

表 3-6 控制元件符号

名 称	符 号	名 称	符 号
压力控制阀		流量控制阀	
直接控制溢流阀（压力阀、安全阀）	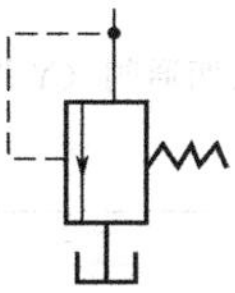	固定节流元件	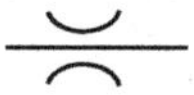
远程控制溢流阀	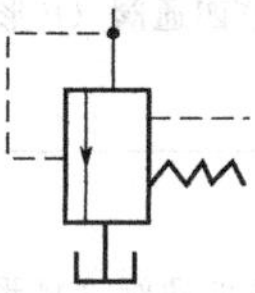	可变节流元件	
比例溢流阀	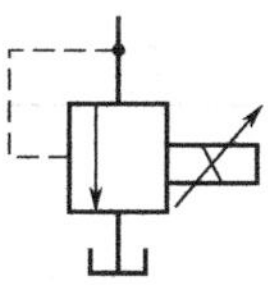	不可调节流元件	

续表

名　称	符　号	名　称	符　号
压力控制阀		流量控制阀	
定压减压阀		可调节流阀	
直接控制顺序阀		调速阀（简化符号）	
远程控制顺序阀		比例调速阀	
单向阀		二位四通阀	
液控单向阀		三位四通阀（O形）	A B P O
截止阀		三位四通阀（U形）	A B P O
二位二通转阀		三位四通阀（H形）	A B P O
三位四通转阀		三位四通阀（Y形）	A B P O
二位二通阀（常闭）		三位四通阀（P形）	A B P O
二位二通阀（常开）		三位四通阀（M形）	A B P O
二位三通阀			

表 3-7 辅助元件符号

名 称	符 号	名 称	符 号
管路及连接		油泵、油马达、油缸	
充压油箱		粗滤油器及滤油网	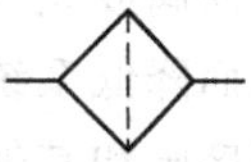
开式油箱		精滤油器	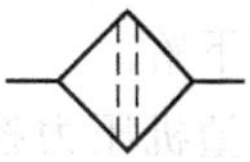
非隔离式蓄能器	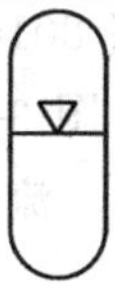	压力继电器	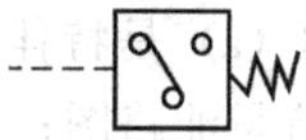
隔离式蓄能器	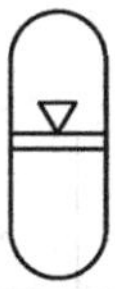	交流电机	 D ~
增压器	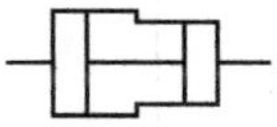	流量计	
冷却器	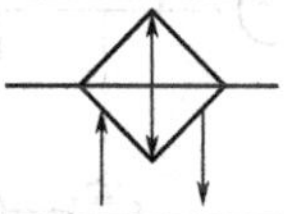	压力表	
管路加热器	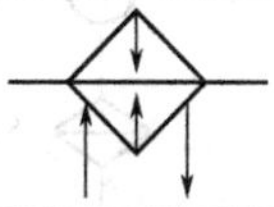	电接点压力表	

液压系统原理图是液压回路和液压元器件的基本组合和具体应用，也是油路设计工作的具体体现。所以，除了要熟悉了解液压元件外，还要熟悉了解基本的油路或液压回路，包括应用广泛的压力控制、速度控制和方向控制油路，借助液压系统原理图的识读，可以了解工作设备的工作性能和对液压系统的要求，可以了解工作循环动作及过程，还可通过液压系统组成结构分析图中的液压元件的功能、连接关系构成的具体油路、各执行元件的工作循环过程，为故障维修和故障判断提供依据。

3.1.4 液压油路图的识读

液压传动系统中应用比较广泛的压力控制、速度（流量）控制、方向控制油路，是液压传动系统的最基本组成。本节将简单介绍这 3 类控制油路的基本结构、工作原理及其能实现怎样的控制目标，至于油路中各元件的工作原理可参考本书中电气控制系统相关内容。

(1) 压力控制油路

压力控制油路是用以控制调节执行元件运动所需力和力矩的油路。这类油路包括调控压力、减压、保压、增压、卸荷、平衡油路等多种。常用的压力控制阀有溢流阀、减压阀、顺序阀等。

溢流阀或先导式溢流阀和其他液压元件组成调压油路可使液压系统压力保持稳定或在调

控压力下工作。

减压阀和其他液压元件组成减压油路可使液压系统中某一支路上产生低于系统压力的稳定的工作压力。

换向阀或先导式溢流阀与其他液压元件组成的卸荷油路可使液压泵不停止转动时功耗最小，从而降低系统发热，延长液压元件和电气元件的使用寿命。

顺序阀和其他液压元件组成平衡油路可防止垂直或倾斜放置的液压缸和工作部件因自重而自行下落。

注塑机压力控制油路一般采用溢流阀和先导式溢流阀组成，如图 3-2 所示，图 3-2（a）是 BY 型注塑机压力、流量油路图，图 3-2（b）是仁兴 8010 型注塑机压力、流量油路图；图 3-3（a）是特佳 T-180 型注塑机压力、流量油路图，图 3-3（b）是恒生 HS 型注塑机压力、流量油路图；图 3-4（a）是容声 PC 型注塑机压力、流量油路图，图 3-4（b）是震雄 JM 型注塑机压力、流量油路图。

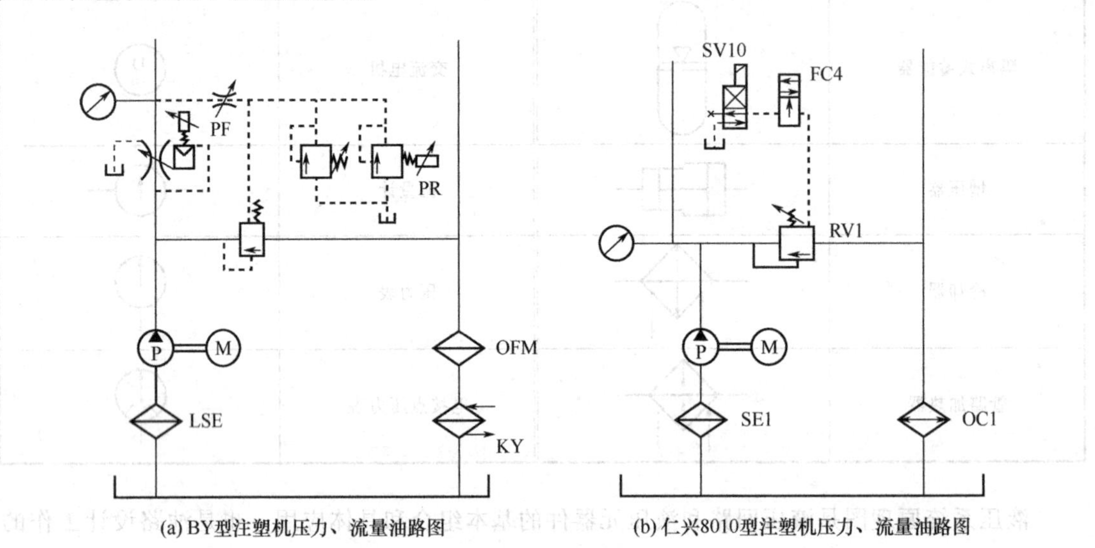

(a) BY型注塑机压力、流量油路图　　(b) 仁兴8010型注塑机压力、流量油路图

图 3-2　注塑机压力控制油路（一）

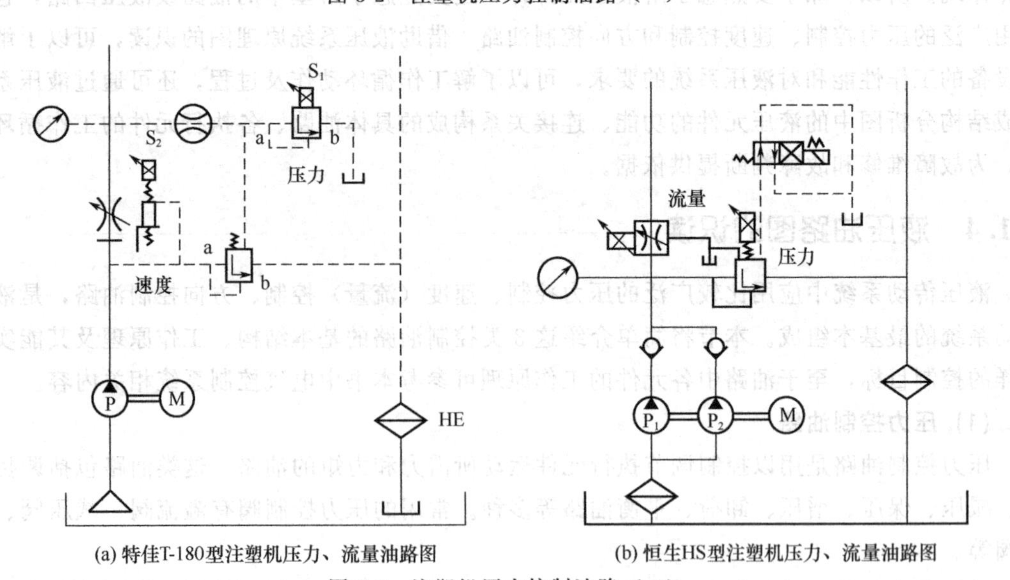

(a) 特佳T-180型注塑机压力、流量油路图　　(b) 恒生HS型注塑机压力、流量油路图

图 3-3　注塑机压力控制油路（二）

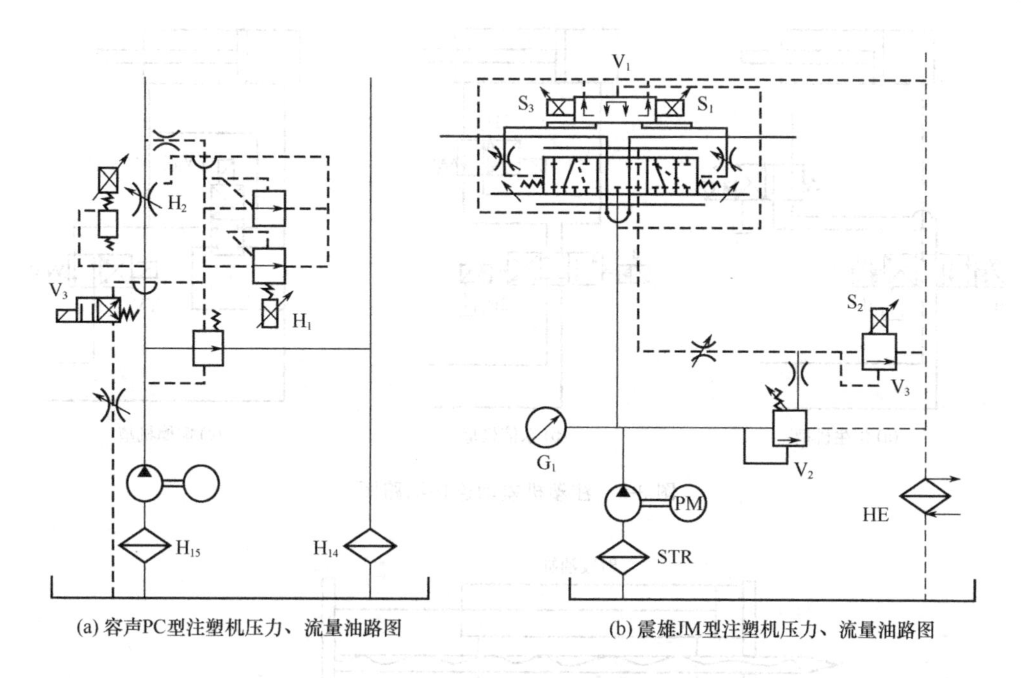

(a) 容声PC型注塑机压力、流量油路图　　(b) 震雄JM型注塑机压力、流量油路图

图 3-4　注塑机压力控制油路（三）

(2) 流量控制油路

流量控制油路是用以控制调节执行元件运动速度的油路，这类油路包括有调速油路、快速油路、速度换接油路等，常用的流量控制阀主要有节流阀、调速阀等。流量控制油路中广泛应用节流阀。

节流阀和定差减压阀或节流阀和其他液压元件组成节流调速油路或调速阀油路可使油路节流调速。

由变量泵和定量液压元件组成的容积调速油路、由变量泵和变量电机组成的容积调速油路、由定量泵和变量电机组成的容积调速油路，这 3 种基本形式的油路，依靠改变变量泵或变量电机来实现调速。

液压油缸差动连接油路及采用蓄能器的快速运动油路能使液压执行元件在回程时获得高速，提高工作效率。

采用有先导节流阀的比例流量方向控制阀与比例压力阀和总压力阀构成整机比例控制油路系统，可以替代手动调节。

注塑机流量控制油路一般采用具有先导节流阀的比例流量方向控制阀来控制流量，具体如图 3-4（b）所示。图 3-2（a），图 3-3（a）、(b)，图 3-4（a）均采用电磁比例流量阀进行流量拉制。液压油缸差动连接在注塑机锁模动作中广泛采用，差动连接后将形成快速锁模动作，图 3-5 是注塑机差动连接油路图，图 3-5（a）是恒生 HS 型注塑机快速锁模油路图，图 3-5（b）是东信 ATOS 型机快速锁模油路图，图 3-5（c）是震德 CJ 型机快速锁模油路图。

用蓄能器的快速射胶油路如图 3-6 所示，这种快速射胶动作采用蓄能器，使射胶油缸受到油泵和蓄能器同时供油，实现快速动作。图中电磁阀 3V 和 16V 动作，进行超快速射胶，电磁阀 15V 供储能用。

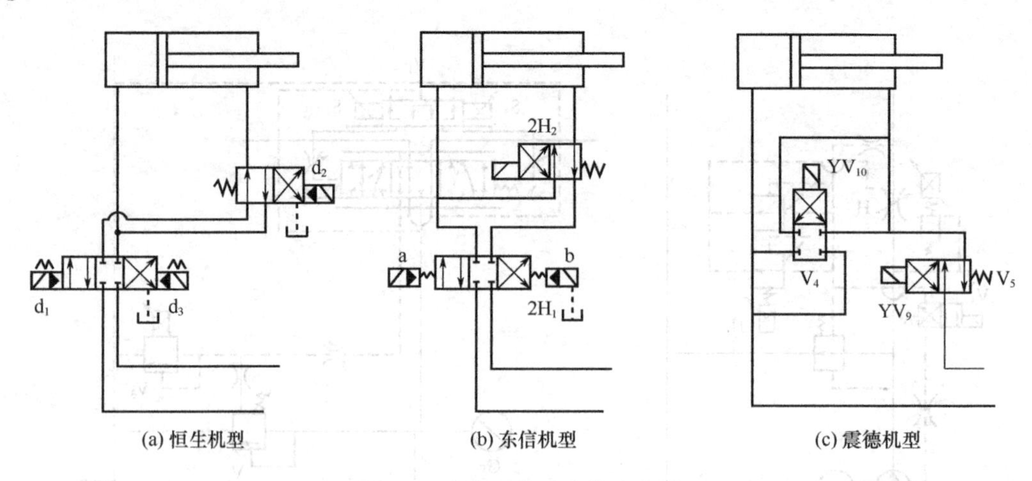

图 3-5　注塑机差动连接油路图

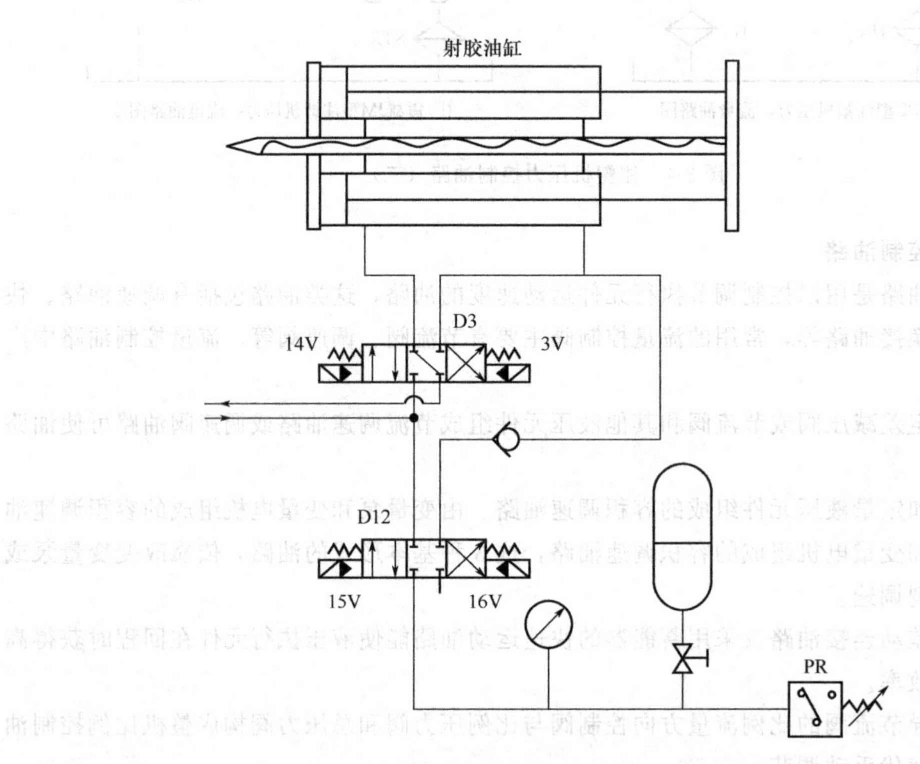

图 3-6　采用蓄能器的快速射胶油路图

(3) 方向控制油路

方向控制油路是用以控制执行元件的动作及运动方向的油路，这类油路包括有换向油路和锁紧油路等。

用换向阀来控制液压系统中执行元件的换向动作。可以采用二位四通、三位四通换向阀。图 3-7 是注塑机液压安全保护装置，采用滚轮机械式控制类型，采用二位四通换向阀进行系统压力安全保护。当系统压力过高，保护撞块压下滚轮使得换向阀阀芯移到另一个位置，通过移动阀芯改变连通方式，接通进油口与回油口，压力油全部从工作腔 A 口泄掉，起到安全油压保护作用。

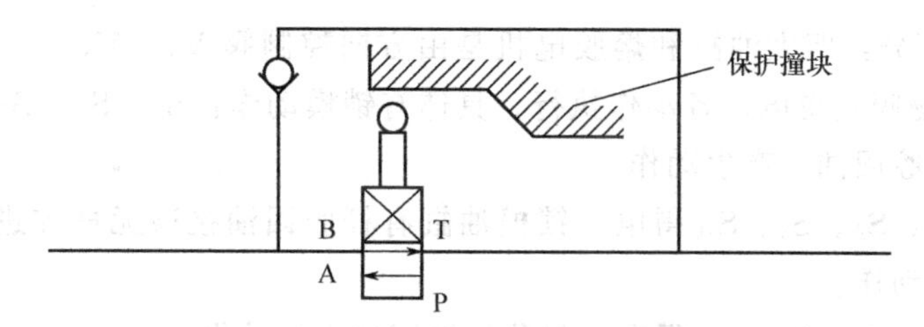

图 3-7　注塑机缩压安全装置油路图

用换向阀组成紧锁油路，如用 O 形换向阀的锁紧油路，可以防止执行元件在任意位置上停止动作或停止后前后窜动。一般采用换向阀如用 H 形阀、Y 形阀、M 形阀、O 形阀等组成各种类型的油路。

图 3-8 是注塑机液压系统原理图。通过液压系统图和液压阀动作图的识读，可以分析出油路控制原理如下。

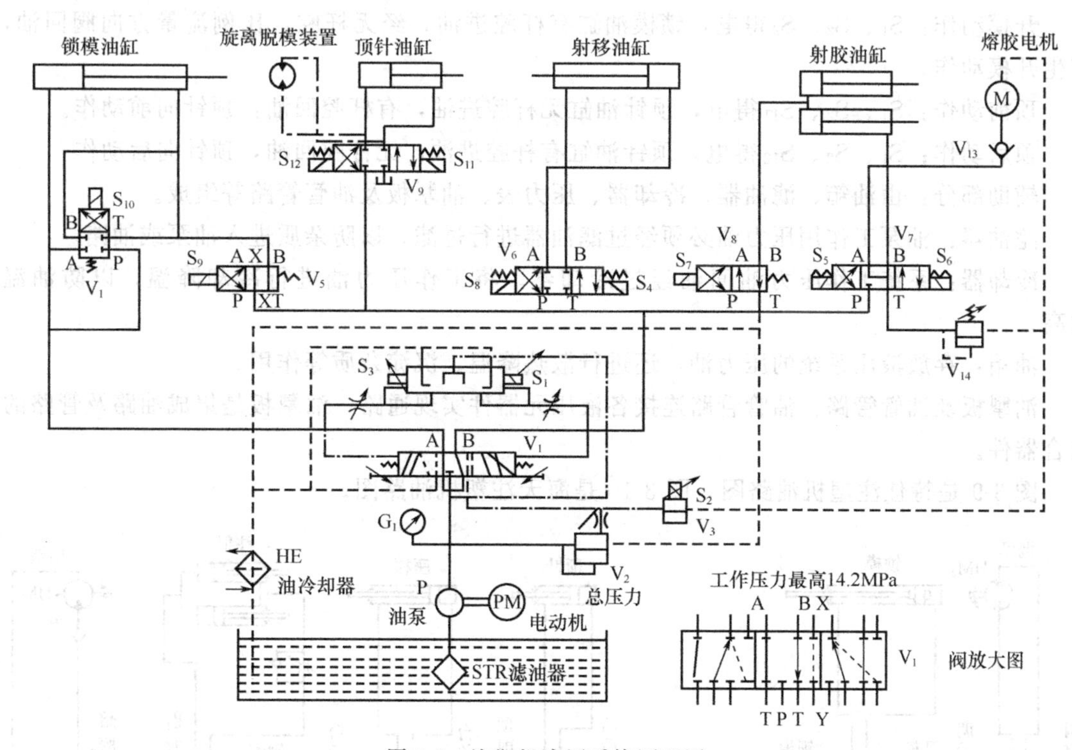

图 3-8　注塑机液压系统原理图

① 系统由电动机 PM 和油泵提供压力油。

② 比例控制部分是由比例流量方向阀 V_1、比例压力阀 V_3、总压力阀 V_2 构成整机比例控制部分。

比例流量方向阀 V_1 有对锁模动作和除锁模动作外其他所有动作的控制功能，电磁线圈 S_3 得电对锁模动作比例控制，电磁线圈 S_1 得电对其他动作比例控制。所有动作的启动快慢、平稳性能通过比例流量方向阀 V_1 来调整。

比例压力阀 V_3，同整机所有动作同步得电，总压力阀 V_2 是比例先导控制阀，对所有动作的压力进行比例控制，可以用电磁阀线圈 S_2 得电和手动总压阀来进行调整。

③ 方向控制部分：四大油缸和熔胶电机是由方向控制阀 V_4、V_5、V_6、V_7、V_8、V_9、V_{14}来控制的，电磁阀圈得电，各动作执行。具体有锁模动作：S_2、S_3、S_9 得电，锁模油缸无杆腔进油，有杆腔回油，产生动作。

特快锁模动作：S_2、S_3、S_{10}得电，锁模油缸有杆腔回油接通无杆腔进油，形成差动回路，实现特快锁模动作。

射台前进动作：S_1、S_2、S_4 得电，射移油缸回油产生动作。

射胶动作：S_1、S_2、S_4 得电，S_5 得电射胶油缸回油产生动作。

熔胶动作：S_1、S_2、S_6 得电，熔胶电机产生动作，螺杆在熔融胶料作用下向后退，推动射胶油缸回油，通过调节 V_{14}阀来调节熔胶时背压。

倒索动作：S_1、S_2、S_7 得电，射胶油缸进油。回油腔经过 V_7 阀、V_{14}阀产生倒索动作，以减小熔胶压后射嘴处的压力，防止产生流涎。

射台后退动作：S_1、S_2、S_9得电，射移油缸进油产生动作。

开模动作：S_1、S_2、S_9得电，锁模油缸有杆腔进油，经无杆腔，比例流量方向阀回油，产生开模动作。

顶前动作：S_1、S_2、S_{11}得电，顶针油缸无杆腔进油，有杆腔回油，顶针向前动作。

顶后动作：S_1、S_2、S_{12}得电，顶针油缸有杆腔进油，无杆腔回油，顶针向后动作。

辅助部分：由油箱、滤油器、冷却器、压力表、油擎板及油管管路等组成。

滤油器：油泵工作用压力油必须经过滤油器进行过滤，以防杂质进入油泵或油路。

冷却器：系统工作压力油回油经过冷却器，将工作压力油进行冷却降温，以防油温过高。

油箱：存放液压系统的压力油，还进行散热降温、沉淀杂质等作用。

油擎板及油管管路：油管管路连接各液压元器件实现通路，油擎板是集成油路及管路的组合器件。

图 3-9 是特佳注塑机油路图，图 3-10 是海天注塑机油路图。

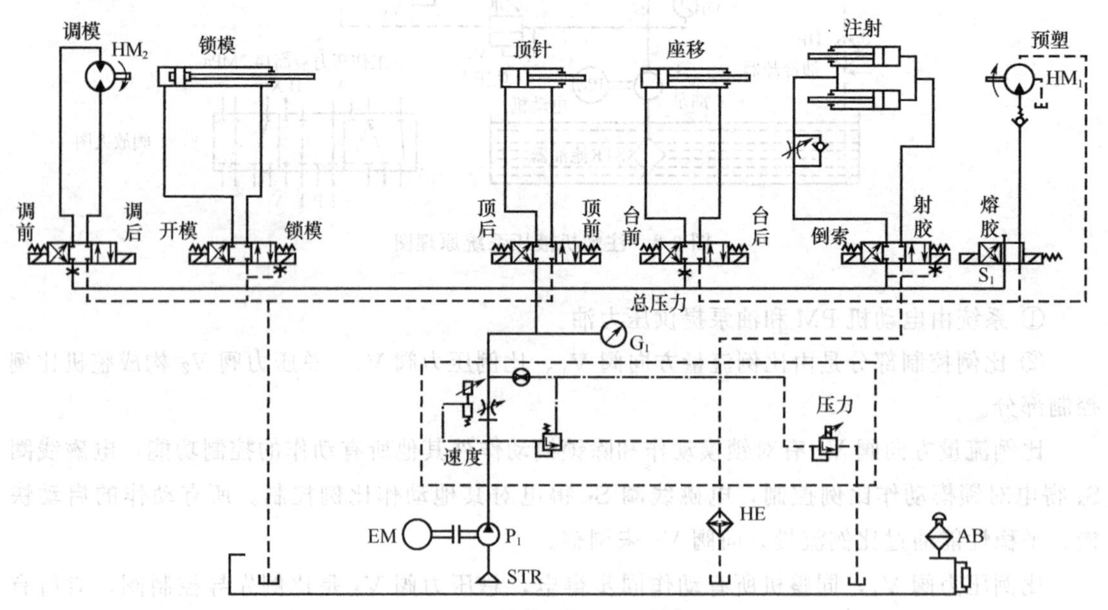

图 3-9 特佳注塑机油路图

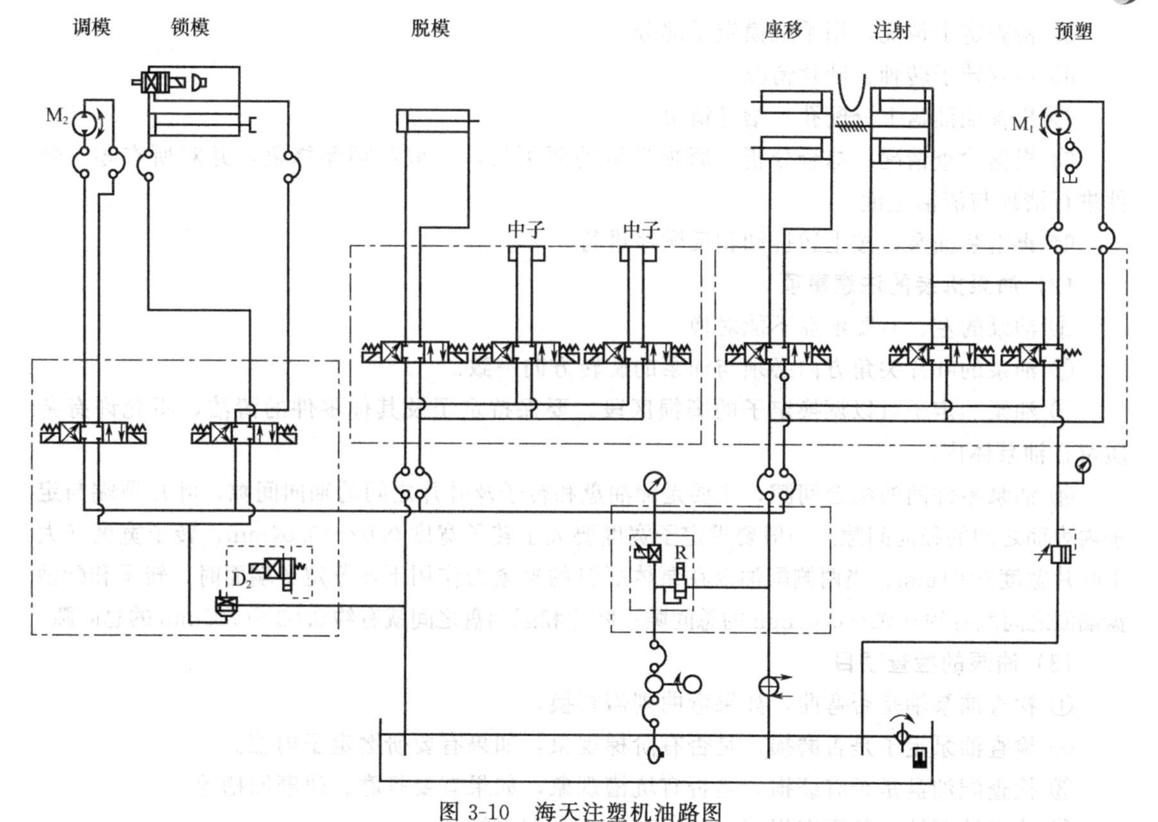

图 3-10　海天注塑机油路图

3.2 液压传动部分的拆装

注塑机液压系统器件的拆卸主要包括油泵、油缸、油封、油阀等器件的拆卸步骤及检查测量和维修方法。

3.2.1　油泵的拆装与检查

(1) 油泵的拆卸

油泵是注塑机液压传动系统的动力源，是重要的核心部件。通常油泵安装在注塑机油箱附近，与电动机同轴连接，具体装拆步骤如下。

① 关闭注塑机的进线总电源开关，打开注塑机下端侧门或侧板，松开联轴器上的固定螺钉。

② 松开与电动机联轴器相连接的连接套，使电动机转轴与油泵泵轴分离。

③ 拆卸油泵泵体上的进油管、回油管连接法兰螺钉或接头等。

④ 拆卸油泵与电机前盖上的连接护套或拆卸油泵底脚固定螺钉。

⑤ 将油泵泵体拆卸取出机台，放置在平台上进行分体。

⑥ 拆卸油泵泵体外壳端盖上的固定螺钉。

⑦ 用铜棒轻击端盖，拆卸后再拆配油盘。

⑧ 用同样方法拆后端盖及配油盘。

⑨ 轻取出转动轴及转子。

⑩ 检查定子情况，用手触摸定子部分。

⑪ 检查转子转轴、叶片情况。

⑫ 检查配油盘上分配孔、槽等情况。

⑬ 根据检查情况，综合分析，磨损严重的要更换，一般磨损要修复，并对所有零、部件进行清理与清洁上油。

⑭ 再组装油泵，按上述拆卸相反顺序进行。

(2) 油泵拆装的注意事项

① 油泵的左、右配油盘不能对换。

② 油泵的叶片尖角方向必须与油泵的旋转方向一致。

③ 油泵的定子可以调换定子的磨损区段，要保持定子及其他零件的清洁，不允许有杂质留在油泵体内。

④ 油泵零件间的配合间隙，主要是配油盘和转子及叶片之间的轴向间隙，叶片顶端与定子内表面之间的径向间隙。一般要求定子宽度要大于转子宽度 0.02～0.04mm，转子宽度又大于叶片宽度 0.01mm。当两侧配油盘在泵体螺钉的夹紧力作用下压紧定子端面时，转子和配油盘端面之间就有约 0.02～0.04mm 的总间隙；叶片和配油盘之间就有约 0.03～0.05mm 的总间隙。

(3) 油泵的检查项目

① 检查油泵轴是否弯曲，如果弯曲则需要换。

② 检查油泵定子是否磨损，是否有阶梯现象，如果有要研磨定子内腔。

③ 检查配油盘是否有磨损，是否有坑槽现象，如果有要打磨、研磨凹槽等。

④ 检查油泵轴承是否有损坏，如果有损坏立即更换。

⑤ 检查油泵轴向油封是否有损坏，如果有损坏立即更换。

(4) 油泵的维修

① 定子的修复。定子修复方法有磨削修复法和调换定子磨损区段两种方法。

a. 磨削修复法。定子磨损不严重时，可以用内圆磨床进行磨削修复，由于定子内腔表面是圆弧和曲线连接组成，这种圆弧和曲线可采用仿形靠磨进行修磨，修磨后表面粗糙度 Ra 应小于 0.63μm。

b. 调换定子的磨损区段。定子内腔表面有两段压油区和两段吸油区，由于转子上的叶片，受高速旋转离心力的作用，使叶片端面紧紧地压在定子内壁上滑动，尤其吸油段叶片工作时叶片的推油侧面全部承受油压作用力，无法克服转子转动时对叶片的离心力，在时片端面对定子内腔表面产生较大滑动压力，产生严重的磨损，长期工作会使定子的内腔吸油段磨损。可以采用调换定子的磨损区段办法改善油泵工作性能。定子内腔一般有定位销孔 2 个，互相对调一下即可，如果只有一个定位销孔 1，就应该在定位销孔的对称部位钻孔 2，重新加工一个新销孔，然后再将定子转 180°，将原压油段变为吸油区段。图 3-11 是定子零件示意。

c. 定子磨损严重且修磨后效果不良的需要更换定子，有条件的可以加工定子，定子的加工制造材料，一般多用高碳铬轴承钢 GCr15，表面经热处理，硬度可达 60～65HRC。

② 转子的修复。转子修复是用油石进行修复。对轻微的划痕如转子侧端面划痕、端面流槽划痕，可用抛光膏或细油石研磨修复，去掉划痕或毛刺，即可正常使用。对于严重磨损的转子，可用外圆磨床进行端面磨削修复，修磨后转子端面粗糙度 Ra 小于 0.63μm。端面与中心线垂直度允许误差在 0.01mm 以内。两侧端面的平行度允许误差在 0.008mm 以内，对于转子的叶片槽磨损，可用细油石修磨，磨损严重时，可在工具磨床上用薄片砂轮修磨，

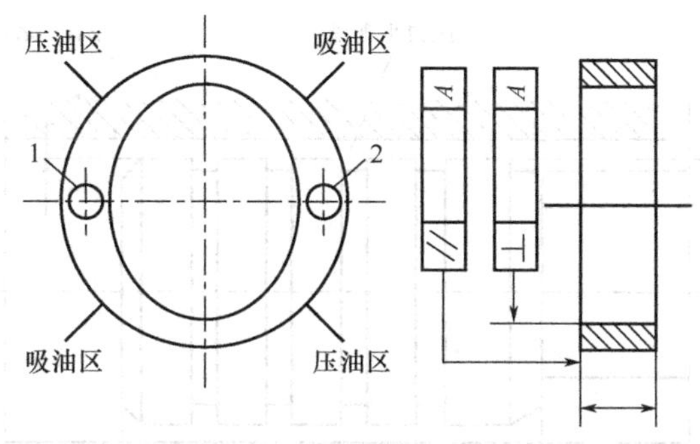

图 3-11 定子零件示意

然后换上新叶片。配合间隙应保证在 0.013～0.018mm 以内。

③ 叶片的修复。叶片的修复一般采用研磨叶片或修磨倒角的方法进行修复。叶片在转子工作时在转子槽内往复滑动，长期滑动产生滑动磨损，如果滑动不灵活或有卡住现象时，可判定叶片有磨损，用上述方法修复即可。

④ 配油盘的修复。配油盘的修复一般采用研磨方法和车削方法，对配油盘端面轻微划痕，可在钳工专用平板上研磨，修复后使用。对配油盘严重磨损的，应在车床上车削端面，车削加工后端面的平行度和端面与内孔中心的垂直度应小于 0.01mm，车削修复应当注意尽量不要影响配油盘的强度。

(5) 油泵的装配

① 清洗油泵的零件，如泵体、转子、定子、叶片、配油盘、转动轴、轴承、油封等，不允许有毛刺、粉尘及其他油污物。

② 检测叶片和转子上的叶片槽尺寸，叶片放入槽内，滑动灵活，保证叶片和叶片槽装配间隙在 0.013～0.018mm 范围内。

③ 装配时，叶片高度应当一致，其误差范围在 0.008mm。装入转子槽内，叶片高度应低于槽深，其误差范围在 0.05mm 左右。

④ 将转子与叶片装入定子空腔内，注意转子与叶片与油泵转轴旋转方向一致，即叶片导角与油泵转轴旋转方向一致。

⑤ 检测转子端面与配油盘端面的装配间隙，左右两侧间隙应当均匀，间隙应当在 0.04～0.07mm 范围以内。

⑥ 均匀紧固油泵体端面的固定螺钉，紧固时，一边紧固，一边转动转轴，用手感知转动力矩均衡，无卡紧、阻滞现象，最后均匀对称紧固。

3.2.2 油缸的密封与修复

(1) 油缸的密封

① 间隙密封。间隙密封是低压、小直径、快速运动的场合普遍采用的方法，常用于柱塞、活塞或阀的圆柱配合零件中。间隙密封是液压油缸依靠相对运动部件之间微小的间隙配合来进行密封的。图 3-12 是间隙密封示意，图中活塞表面开有几个环形沟槽，一般为 0.5mm×0.5mm，槽深 0.2～0.5mm，作用就是减少活塞移动时与油缸缸壁的接触面积和摩擦阻力，活塞和油缸缸壁间隙应在 0.02～0.05mm 范围内。

② 密封圈密封。密封圈密封是液压系统中最广泛应用的一种密封方法，常用于液压系

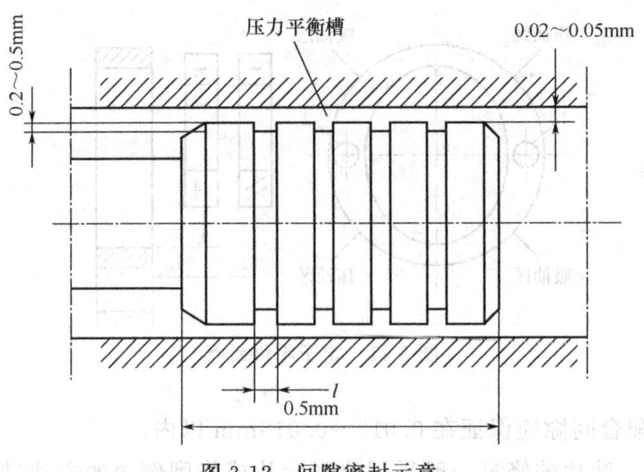

图 3-12 间隙密封示意

统中的密封部件，如油缸缸体与活塞密封，油阀的进油、出油孔及控制油口的连接密封等。密封圈的结构形式有O形密封圈、Y形密封圈、V形密封圈，都是以密封圈截面来定义的。密封圈常用油橡胶、尼龙等材料制成。通常习惯称O形密封圈为封圈，称Y形、V形密封圈为油封。密封圈有制造容易、使用方便、密封可靠、广泛使用等优点。

a. O形密封圈是一种圆形断面形状的密封元件。图 3-13 是O形密封圈结构示意，O形圈可以用于固定件的密封，也可用于运动件的密封。O形密封圈在使用时要正确使用，压力大小、沟槽尺寸要匹配，以及要放置挡圈等。图 3-14 是O形密封圈的正确使用。

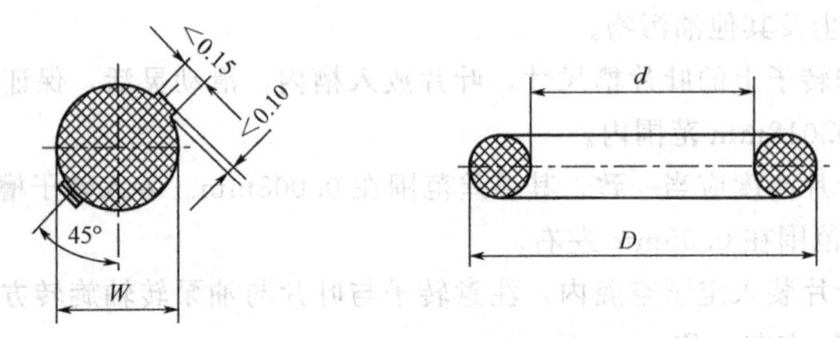

图 3-13 O形密封圈结构示意

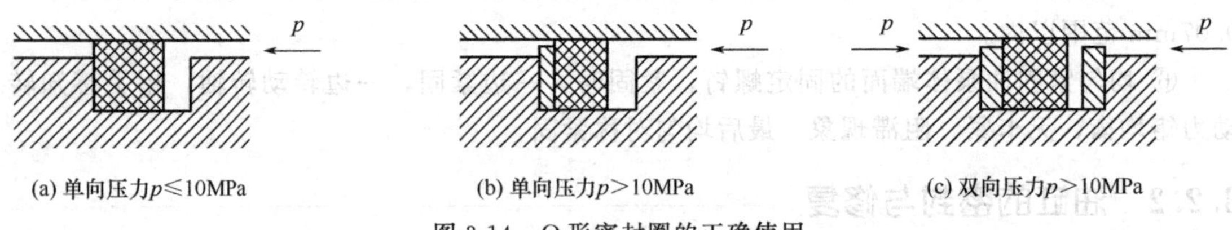

(a) 单向压力$p \leqslant 10$MPa (b) 单向压力$p > 10$MPa (c) 双向压力$p > 10$MPa

图 3-14 O形密封圈的正确使用

b. Y形和V形密封圈是断面形状类似Y和V的密封元件。图 3-15 是Y形密封圈示意，图 3-16 是V形密封圈示意。V形密封圈密封可靠、寿命长，主要用于大直径、高压、高速柱塞或活塞和低速运动的活塞杆的密封。Y形密封圈适应性强，密封性能随压力升高而提高，并且磨损后有一定的自动补偿能力，主要用在运动快速的油缸的密封、液压油缸和活塞密封以及液压油缸和活塞杆的密封。总之，Y形密封圈与V形密封圈的密封是通过压力油的作用，使Y形密封圈和V形密封圈的唇边张紧在密封表面而实现的。油压愈大密封性能

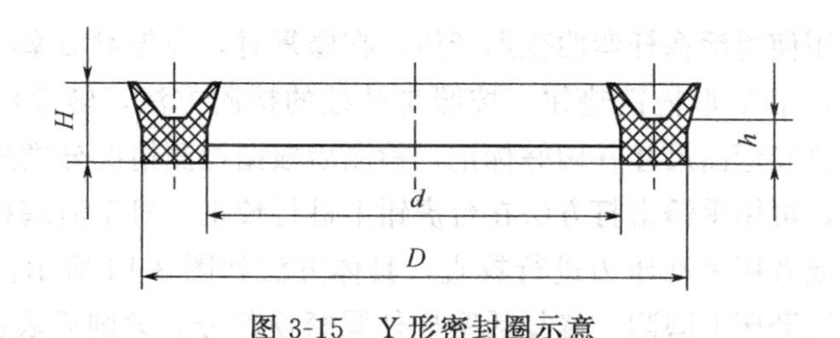

图 3-15　Y 形密封圈示意

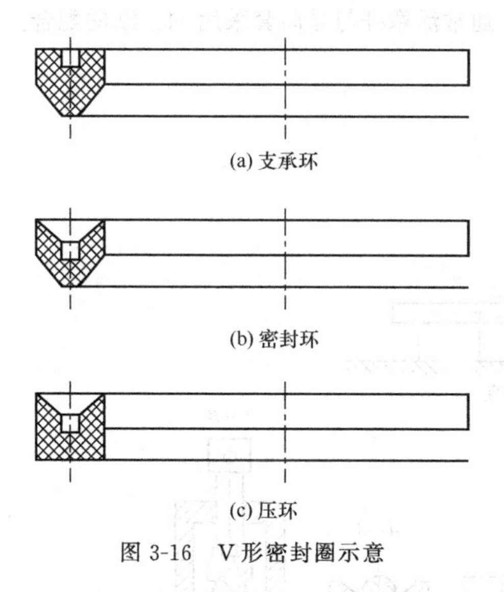

图 3-16　V 形密封圈示意

图 3-17　缸体内径检测方法示意

1—缸体；2—内径百分表；3—塞规

愈好。但是也存在摩擦力大、结构尺寸大、检修和拆卸更换不方便等缺陷。还要有安装方向，一般唇边面向压力高的一侧进行安装，但是对于差动连接方式的油缸管路，常采用背对背、面对面的方式安装密封圈，以保证油缸的推力和行程速度。

(2) 油缸的检修

① 油缸缸体修复的方法。油缸缸体修复的方法主要是采用研磨方法进行修复。造成油缸缸体的磨损原因主要是液压油中含有杂质或铁屑。活塞在缸体内长期的往复运动，密封环或油封与缸体内表面的摩擦等，使得缸体内表面粗糙逐渐被破坏，金属表面或镀层的一点点脱落造成缸体磨损。在修复时，应首先用仪器进行检测，油缸的检测常用内径百分表或塞规检测其磨损程度，具体检测如图 3-17 所示。通过上述方法的检测尺寸再与缸体内径圆度和圆柱度允许误差表进行对照，对照后再对缸体的超差情况进行修复，或采用研磨和珩磨方法进行处理。缸体内径圆度和圆柱度允许误差如表 3-8 所示。

表 3-8　缸体内径圆度和圆柱度允许误差

缸体内径尺寸/mm		<50	50～80	80～120	120～180	>180
油封密封误差/mm		0.062	0.074	0.087	0.100	0.115
活塞环密封	圆度误差/mm	0.019	0.019	0.022	0.025	0.029
	圆柱度误差/mm	0.025	0.030	0.035	0.040	0.046

② 活塞杆的修复方法。活塞杆的修复方法有校直和磨削修复法。造成活塞杆弯曲变形的原因是活塞杆及活塞在油压压力作用下，在油缸导向套内往复滑动，长期的往复工作摩擦磨损

及其他特殊情况的作用使得活塞杆弯曲变形产生。在修复时，应先对活塞杆进行检测。一般是将活塞杆放在平台上，用V形垫铁垫住，按照哥林柱的检测方法，转动活塞杆用带磁性表座的百分表检测弯曲部位和弯曲尺寸并做好标记。检测后根据检测情况分类进行修复处理。对于弯曲不大的细长轴杆，可用手锤击打方法在台虎钳上进行校正。对于活塞杆直径较大的，可以用油压机进行校直，或者用手动压力进行校直，具体方法如图3-18所示。对校直后的活塞杆的修复，一般是在外圆磨床上磨削，修复活塞杆外圆磨损部分。磨削后表面粗糙度 Ra 应小于 $0.63\mu m$。在重新更新导向套时应当注意配合间隙，通常活塞杆与导向套采用H8/f9的配合。

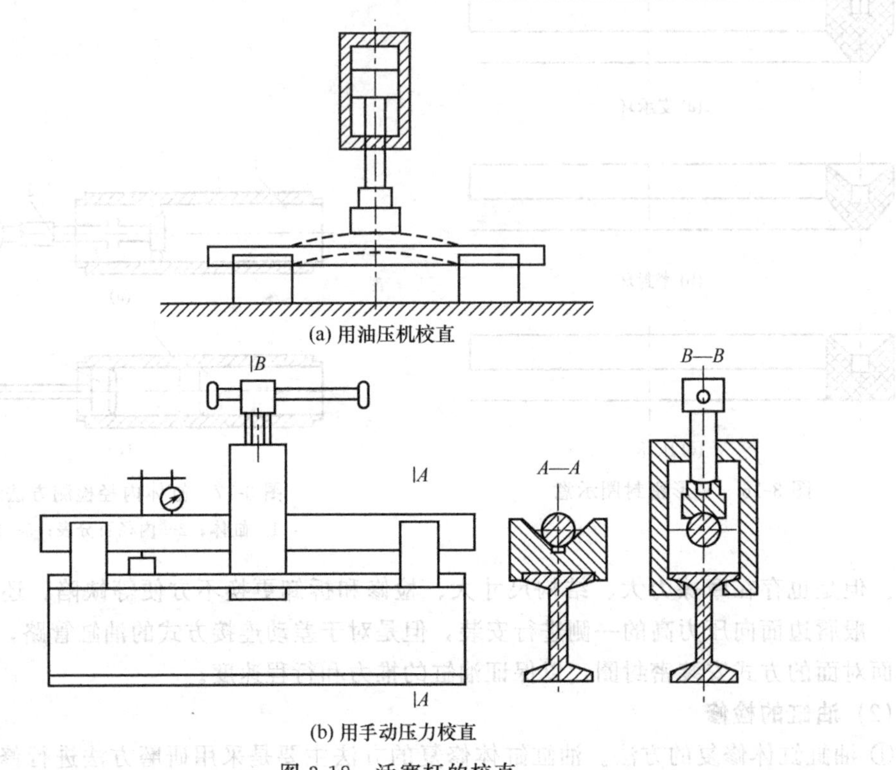

图 3-18 活塞杆的校直

(3) 油缸的装配及密封

① 清洗缸体、活塞、端盖、导向套等零配件。

② 检测缸体内径和活塞外径的尺寸，是否在H8/f8或H8/f9配合公差范围内。

③ 检测密封圈、油封尺寸是否与活塞槽尺寸匹配，油封装入活塞槽中应略有拉伸，油封直径应略小于活塞槽底径。油封装配时，应当采用“背对背”或“面对面”的方式进行安装（针对Y形和V形油封），对于O形油封有挡圈的同时装入挡圈。

④ 连接活塞杆与活塞，加密封圈，紧固活塞螺母，活塞端盖与活塞杆端头紧密连接并且锁紧。

⑤ 装配导向套端盖，应首先检测活塞杆外圆直径与导向套的配合公差尺寸是否符合范围，其公差配合是H8/f8。检测后进行装配，先装入导向套与活塞杆隔套，同时加入油封，然后紧固螺钉。

⑥ 将活塞以及导向套端盖装入油缸缸体内，可在活塞的油封圈上涂少许液压油，增加润滑，使活塞及活塞杆滑入缸体，也可用一字螺丝刀轻压油封圈，使活塞油封同步滑入油缸缸体，然后再拧紧固定螺钉，将其固定在油缸一侧。

⑦ 再固定油缸的另一侧，一般固定时也要检查密封圈是否合适，常采用 O 形密封圈，还要检查端盖与油缸是否接触良好，密封圈定位有无移动等后再进行紧固螺钉。

⑧ 紧固螺钉时应当注意按对称方式固紧，使紧固力均匀分布。边紧固，边转动或推动活塞杆在缸体运动，以滑动轻松、转动灵活、推力均匀为原则。

3.2.3　油阀的修复

注塑机的控制装置就是各种类型的电磁阀，其中液压控制系统中应用最广泛的是各种滑阀机能的换向阀，油阀就是各种阀的总称。

① 圆柱形阀芯一般采用研磨方法进行修复。轻微磨损的可用油石或砂布进行打磨阀芯；磨损严重的可以根据阀体内径情况重新选配制造阀芯（按照研磨后的阀体内径配制阀芯）。阀芯与阀体内径的配合间隙在 0.01～0.025mm 范围内，其圆度、圆柱度允许误差为 0.005mm。

② 锥形阀芯一般采用细油石修磨锥体磨损部位，对于锥形阀座磨损部件，可以用具有 120°锥角的细油石研磨。

③ 阀芯是钢球时，更换掉磨损后不圆的钢球，换上新的钢球。

④ 阀体中的弹簧、推杆、电磁铁线圈等部件。维修过程中要注意弹簧的弹力、电磁铁线圈的阻值、电磁铁推杆吸力及行程等技术参数，另外还要注意拆装过程中阀体结构和部件的装配顺序，尤其是不对称的换向阀滑阀阀芯的安装方向，具有主弹簧和副弹簧的阀芯要格外注意，弹簧弹力不均，可进行调换，电磁铁吸力不足，可维修解决。换向阀阀芯和阀座装配间隙要在 0.006～0.012mm 范围以内，磨损不严重的都可采用油石研磨方法解决。

3.3　液压传动部分的检测与维修

注塑机液压系统常见故障与处理见表 3-9。

表 3-9　注塑机液压系统常见故障与处理

故障现象	产生原因	排除方法
系统无压力	① 油泵转向接反 ② 油箱内压力油不足；滤油器堵塞不供油 ③ 泄压阀呈开放状态 ④ 压力阀调节不当或阀芯堵塞 ⑤ 电磁阀线圈烧坏或滑动不良 ⑥ 阀芯元件磨损严重或密封元件损坏泄漏严重	① 重新接线 ② 重新加油 ③ 清洗 ④ 调整使其正常 ⑤ 重新调整或检查阀芯 ⑥ 更换或检查
系统压力不稳	① 压力阀设定不当或整定调节不当 ② 油泵叶片有损伤 ③ 油泵定子磨损严重 ④ 油泵轴承损坏，轴向窜动量大 ⑤ 配油盘严重磨损 ⑥ 泵体内泄产生窜流 ⑦ 油路泄漏严重，供油量不足 ⑧ 阀芯被异物卡住或弹簧失效 ⑨ 冷水不畅或堵塞 ⑩ 滤油不畅或堵塞 ⑪ 蓄能器漏气造成的系统供应不足	① 重新设定或整定压力 ② 检修 ③ 检修或更换 ④ 更换轴承 ⑤ 修复研磨 ⑥ 堵漏或更换 ⑦ 检查密封，修复泄漏管路 ⑧ 清洗并检查更换 ⑨ 清洗疏通 ⑩ 清洗疏通 ⑪ 检查性能并修复

续表

故障现象	产生原因	排除方法
系统油液过热	① 系统压力调节不当，长期在高压下工作 ② 冷却系统有堵塞现象或冷却能力小 ③ 油箱液位过低造成散热性能降低 ④ 油路设计或铺设不当，如油管细长、变曲造成压力损失 ⑤ 系统中的机械磨损泄漏等造成功率损失	① 调整系统压力设定值 ② 清洗堵塞 ③ 加液压油 ④ 改进油路 ⑤ 检查润滑、改善密封、提高装配精度
系统振动及噪声	① 液压油泵与油泵电机底脚螺钉松动产生同轴度超差所致 ② 油泵定子内表面磨损严重 ③ 油泵轴承损坏 ④ 叶片损坏无法滑动 ⑤ 油泵电机基础振动 ⑥ 滤油器阻塞产生旋涡真空现象 ⑦ 油温过高或过低 ⑧ 油液位太低或黏度过高 ⑨ 回油管位置设置不当 ⑩ 油箱壁振动或连接件松动 ⑪ 油管和油路中混入空气 ⑫ 控制阀的阀芯、阀座之间严重磨损	① 检测电机与油泵的同轴度、紧固底脚螺钉 ② 检查更换 ③ 更换 ④ 更换 ⑤ 紧固底脚螺钉 ⑥ 清洗滤油器 ⑦ 降低油温 ⑧ 加足液压油 ⑨ 放置合适，避免油中混入空气 ⑩ 在油箱壁安装防振措施 ⑪ 检查排气阀进行排气 ⑫ 修配配合间隙或更换
系统振动及噪声	① 控制阀内的弹簧变形或损坏 ② 电磁阀接触不良或控制不良 ③ 控制阀内异物堵塞压力和流量调节不当，产生液压冲击现象 ④ 控制阀与其他阀门产生共振	① 更换 ② 检查并修理 ③ 清洗阻尼孔等，合理调节系统压力、流量参数 ④ 对阀进行分解检查或改进
漏油或泄漏	① 阀底座封闭口的O形密封圈老化磨损 ② 油缸端盖处的O形密封圈老化磨损严重 ③ 油缸活塞上的油封磨损严重造成内泄；管接头松动或密封损坏 ④ 油管接头松动或油管渗油	① 更换O形密封圈 ② 更换密封圈 ③ 更换密封，拧紧接头 ④ 拧紧接头，渗油严重则更换
系统工作不正常	① 液压元件故障造成主阀芯被异物堵塞 ② 阀芯与阀座变形 ③ 主阀弹簧损坏 ④ 电磁阀推杆卡死 ⑤ 电磁阀线圈烧坏和线圈绝缘不良 ⑥ 电磁阀线圈卷筒与可动铁芯卡住 ⑦ 阀套漏油使线圈造成损坏 ⑧ 电压变动太大 ⑨ 电磁阀换向频度过大 ⑩ 换向压力过高或流量超标 ⑪ 线圈内外连接螺钉松动 ⑫ 线圈引线焊接不良 ⑬ 电磁阀电气控制失灵或机板液压控制失灵	① 清洗 ② 检测磨损情况 ③ 更换 ④ 检查修复 ⑤ 更换 ⑥ 处理 ⑦ 处理漏油故障 ⑧ 稳定驱动电压 ⑨ 合理选用换向频度 ⑩ 采用大容量阀门 ⑪ 锁紧螺钉并定期检查 ⑫ 重新焊接 ⑬ 在几方面检查测量并处理

注塑机电气控制部分维修

4.1 电工常识

注塑机电气控制系统包括电气控制电路和电子控制电路两大部分。注塑机的电气控制电路涉及低压电气元器件，常用电气电路图来表述其功能及特征。注塑机的电子控制电路涉及常规元器件和新型的集成组合元件，常用电子电路图来表述。

注塑机电气电路图主要由电气原理图、布置图、接线图等组成。电气原理图用来说明注塑机电气控制系统的工作原理及控制功能，为接线图提供原始依据，也为电路特征的分析、电路故障的检测、维护、修理提供依据。接线图用来对注塑机控制电路的安装接线，线路检测、查询故障、更换维修器件等提供资料。布置图用来对注塑机的电气设备等安装就位、安装固定提供依据，还为设备的操作调校、设备的维修检测等提供依据。

注塑机电子技术图由电子电路图和工艺图组成。注塑机电子电路图用来说明系统的工作原理、工作过程及功能。工艺图是电子电路板系统加工、生产、制作、检验和调校的重要依据。注塑机电子控制电路形式多种多样：通用的继电器控制类型的机器，采用继电器线圈和触点进行动作顺序控制，采用时间继电器线圈和触点进行动作时序控制；通用的微机控制类型的机器，采用电子元器件、模拟集成元件、数字集成元器件进行动作控制和时序控制；通用的程控器（PLC）控制类型的机器的程控器、接口板都广泛使用电子元器件、功率元器件、驱动元器件等来进行动作和时序的程序控制。随着微机控制技术的普遍应用，主机电路板、I/O接口电路板、D/A转换电路板、A/D转换电路板、显示接口电路板、驱动电路板等经常用到。而电子电路图包括有系统图、功能图、原理图、逻辑图、流程图、方框图、技术操作说明书和明细表等，最常用的是电气原理图和技术操作说明书。工艺图包括有印制板装配图、实物装配图、安装工艺图、布线图、印制板图、机壳底板图、面板图等，最常用的工艺图主要有印制板装配图和实物装配图。电子技术图的核心部件是电子电路图，也称作电子原理图或电子线路图。电子电路图是用电子元器件的图形符号和辅助文字表达设计思想，描述电路原理及工作过程，它使用各种图形符号，按照一定的逻辑规则，表达元器件之间的连接及电路各部分的功能。

4.1.1 注塑机常用电子元器件的图形符号

注塑机电气控制系统常用到低压电气元器件和电子元器件及结构件。有常规的普通元件、分立元器件，也有组合一体化元器件或结构件，表4-1是注塑机常用电气元器件符号。

表4-1 注塑机常用电气元器件符号

名称	符号	名称	符号
电磁阀	YA	交流接触器（常开触点）	KM
电磁比例阀	YA	交流接触器（常闭触点）	KM
电阻器	*R*	行程开关（常开触点）	S
电容器	*C* +	行程开关（常闭触点）	S
二极管	V	拨盘开关	S
发光二极管	HL	光电开关	S
三极管	AD	接近开关	S
交流接触器（线圈）	KM ~	压力传感器	SP P
时间继电器（线圈）	KT	保险器	FU
直流继电器（线圈）	K −	指示灯	HL

续表

名　称	符　号
电热圈	EH
热继电器（热元件）	FR
变压器	220V_　20V_　20V_
三相五极插座	XS
三相断路器（三极自动开关）	QF
单相断路器	QF
固态继电器	SSR
时间继电器（触点）	KT
热保护继电器（触点）	FR
开关	SA
按钮	SB
急停按钮	SB
按钮开关	SA
旋转开关	SA
蜂鸣器	HA
排风扇	E
电流表	PA　A　+　-
计数器	PC
热电偶	ST　-　+
接插端子	X
电磁阀	YA

4.1.2 常用电子元器件的结构与功能

(1) 刀开关

刀开关是低压配电电气元器件中结构简单、用途广泛的电气元器件之一。刀开关常用在额定电压为380V以下的交流电，或额定电压为440V以下的直流电且额定电流在1500A以下的配电系统中，而且该电路不需要频繁的通断操作。常用作三相动力电源的进线控制，接通与分断电路，也作电路的隔离。刀开关有大电流刀开关、负荷刀开关和带熔断器刀开关。其符号如表4-1所示，选用时要按照负载容量选择类型，尽量合理选用，一般按1.5倍额定容量来选取。

(2) 自动空气开关

自动空气开关也称低压断路器。在注塑机电气控制系统中自动空气开关主要用来进行过载保护、短路保护和负电压保护，可以通过三相自动空气开关进行上述保护，还通过单相自动空气开关对小容量的电气控制部分如每一区的加热电路单独控制，工厂常用空气开关作为车间的总负载保护开关，常用塑料外壳或空气开关作为每台注塑机电源进线负载保护开关，也常采用单相空气开关作为电加热部分的每区控制或控制电源电路控制用负载保护开关，有许多工厂还采用具有漏电保护作用的自动空气开关和具有灭弧作用的自动空气开关。应用自动空气开关对系统电路进行过负载保护、过电流保护和负电压保护，要按照规定的断路器选择原则进行合理选择，经验选择自动空气开关容量按负载电流乘以1.5倍系数。

(3) 交流接触器

交流接触器是工厂电力拖动系统和注塑机电气控制系统中的主要电器器件，可以利用交流接触器去完成交流主电路的接通和断开，去完成小电流的控制电路去控制大电流主电路。交流接触器结构紧凑、使用安全、工作可靠，还可进行远距离控制，交流接触器还具有负电压、零电压保护作用。交流接触器结构是由电磁系统、触头系统、灭弧装置及其他装置等构成。交流接触器图形符号如表4-1所示，其中电磁系统图形符号简单易记，重点了解其电磁线圈的额定电压等参数即可。交流接触器选用时，要按照负载电流和电压来选择，具体按选择原则进行合理选择，主要是交流接触器触点电流、线圈额定电压需要特别注意。

(4) 继电器

继电器也称控制继电器。在控制系统中，能够根据某种物理量的变化而接通、断开控制电路的电器称为控制继电器。控制继电器在控制系统中起控制、保护、调节、传递信号的作用，还可起交流接触器的作用，用于小容量（一般小于3A负载）和其他控制范围。常用的继电器有交流继电器和直流继电器，触点容量均在3A以下。一般继电器结构简单，体积较小，不需要灭弧装置。继电器种类很多，根据触发的不同物理量，还可分为电流继电器、电压继电器、时间继电器、压力继电器、速度继电器、温度继电器等类型。它们的输入信号均不相同，但结构组成基本类似，都由感测部件、中间部件和执行部件组成，通过各种传感器或取样电路把感测到的各种物理量传递给中间部件。通过放大、比较后使中间部件输出信号，使执行部件动作，从而接通或断开控制电路来达到自动控制或自动保护的目的。常用的过电流继电器在使用设备的电流超过设定电流值后，电流继电器自行动作、切断设备使用电源，达到保护设备、安全运行的目的。常用时间继电器，当动作时间达到设定时间后，时间继电器自行动作，接通或断开其他动作，达到时间顺序控制的目的。

① 时间继电器。时间继电器是在继电器接受信号到执行动作之间有一定的时间间隔的继电器，应用在设备自动控制系统中进行延时断开或闭合状态的控制。时间继电器可分为通电延时和断电延时两种控制状态。时间继电器有电磁式和电子式两种类型，电子式时间继电器延时范围广、精度高，调节方便、功耗小、寿命长，被广泛使用。图 4-1 是 JST-A 系列时间继电器动作原理图。

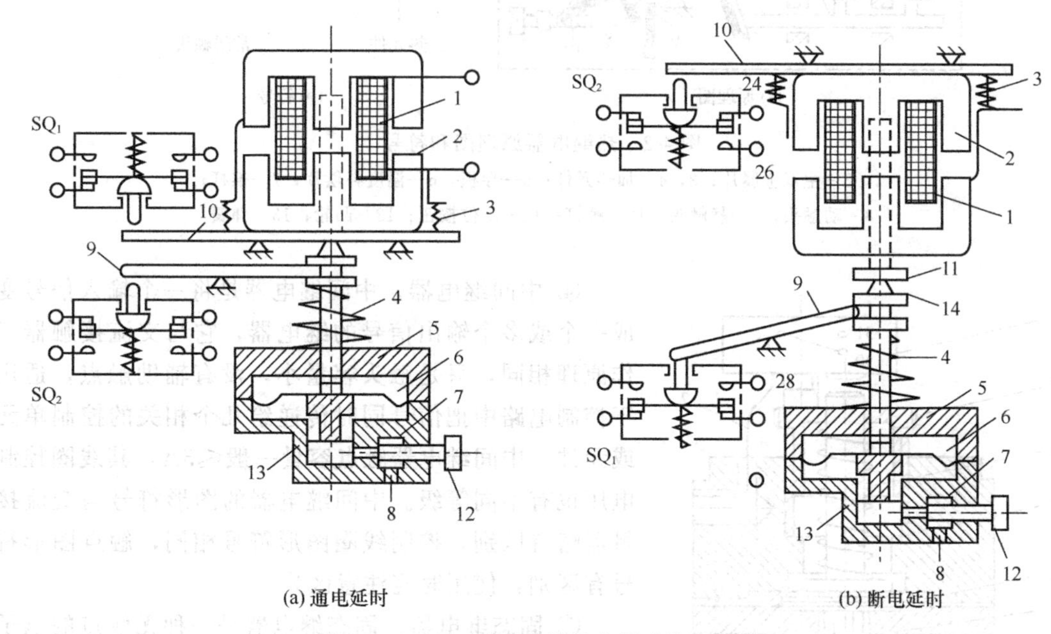

图 4-1　JST-A 系列时间继电器动作原理图

1—线圈；2—衔铁；3—复位弹簧；4，5—弹簧；6—橡胶膜；7—节流孔；8—进气孔；9—框杆；10—推板；11—推杆；12—调节螺钉；13—活塞；14—活塞杆

② 热继电器。热继电器是电动机过载保护电器元件，它由感温元件、动作机构、常闭触点、动作电流整体装置和复位机构组成。热继电器内感温元件在过载时，过载大电流使得其双金属片受热变形以推动动作机构，从而断开常闭触点，切断控制电路，使主电路断开，电动机停转，起到保护作用。再次启动，可按复位，冷却后启动。还可以通过调节装置调节电流限定值。热继电器额定电流要稍大于电动机额定电流，一般取 1.15～1.5 倍额定电流。热继电器上一般标有热元件编号和整定电流范围，可根据设计来选择具体型号。图 4-2 是热继电器原理图及符号。

③ 压力继电器。压力继电器是利用被控介质在波纹管或橡胶膜上产生的压力与反作用力平衡的一种继电器。当被控介质的压力升高时，波纹管或橡胶膜压迫弹簧推动顶杆移动，拨动微动开关，使其触点状态改变。压力继电器以此反映介质中压力达到的对应数值。

压力继电器在电力拖动中，主要用作设备的气压、油压和水压系统，根据压力源的变化发出相应的工作指令或信号。注塑机中压力继电器检测系统油液压力，以确保油压系统安全可靠运行。图中图形符号只用来表示触点的常开状态，具体压力继电器的连接是根据检测对象而定。测系统油压时安装在主油管路中，测气压则接在主气路管道中，测水压则接到系统水路管道中来进行检测和取样。图 4-3 是压力继电器结构。

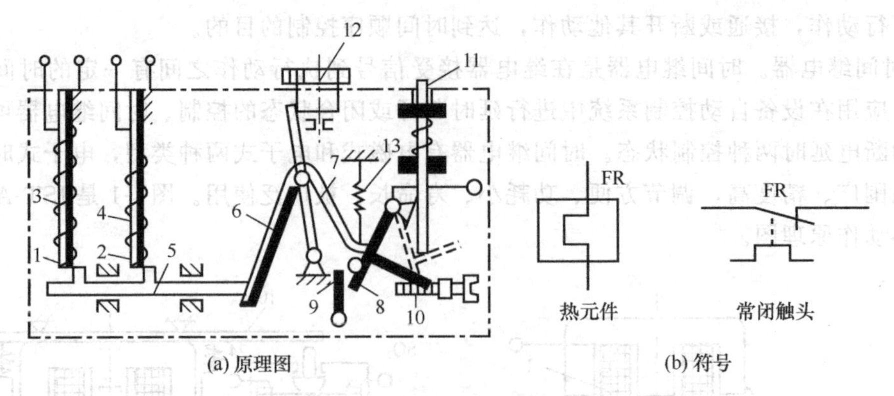

(a) 原理图 (b) 符号

图 4-2 热继电器原理图和符号

1，2—主双金属片；3，4—加热元件；5—导板；6—温度补偿片；7—推杆；8—动触头；9—静触头；10—螺钉；11—复位按钮；12—凸轮；13—弹簧

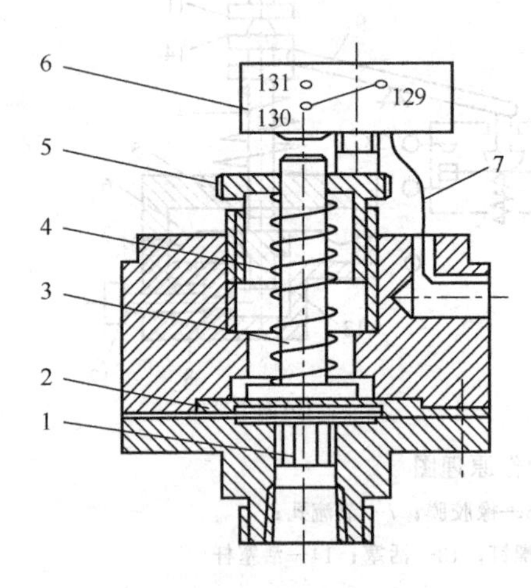

图 4-3 压力继电器

1—缓冲器；2—薄膜；3—顶杆；4—压缩弹簧；5—螺母；6—LXS-Ⅱ型振动开关；7—电线

④ 中间继电器。中间继电器是将一个输入信号变成一个或多个输出信号的继电器，它与交流接触器工作原理相同，只是触头容量小，没有辅助触点，适用于控制电路中把信号同时传递给几个相关的控制单元或元件。中间继电器触点容量一般≤5A，其线圈控制电压也有不同等级。中间继电器的图形符号与交流接触器略有区别，控制线圈图形符号相同，触点图形符号有区别，使用时应注意区分。

⑤ 固态继电器。固态继电器是一种无触点的电子开关器件，是分立元件和集成电路组合而成的一体化器件。常用英文缩写 SSR 来表示，其特点是小电流控制大电流。输入端输入小电流直流信号，控制输出端的接通或关断，再去控制负载电路。输入端还可以和集成电路兼容。如 TTL 门电路、CMOS 电路，可以十分方便地进行控制输入。固态继电器种类很多，按控制输出的负载电路来分，可分为交流固态继电器和直流固态继电器，表中图形符号基本相似，只是交流固态输出端是 AC 输出，而直流固态继电器则是直流输出，有“+”、“-”号和接地端。固态继电器的输入端均按直流电压控制信号画出，实际应用上，控制电压是一个重要的基本技术参数值。

交流固态继电器结构由输入电路、隔离电路、开关电路和驱动输出电路组成，以输入端输入直流小电流信号去控制输出端的交流大电流负载电路，注塑机常采固态继电器来作为加热部分的驱动器件，实现无触点加热控制。直流固态继电器结构与交流固态继电器类似，也是由输入电路、隔离电路、开关电路和驱动电路组成。以输入直流小电流信号去控制输出端的直流大电流负载电路。在选用中，要注意固态继电器的输出负载电压、输出负载电流以及输入电压、输入电流等技术参数。图 4-4 是固态继电器外形及接线图和输入端及输出端，交流固态继电器用 ACSSR 表示，直流固态继电器用 DCSOR 表示，输出端也有标志。

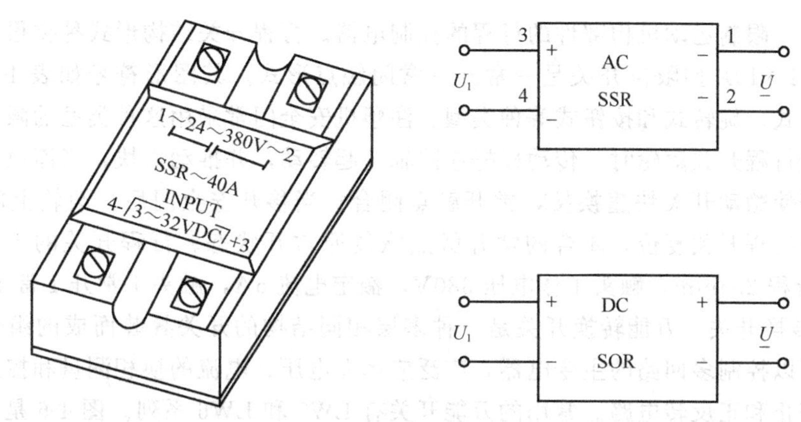

图 4-4　固态继电器外形及符号

(5) 主令电器类

主令电器是在自动控制系统中用来切断和接通控制电路，改变电路工作状态的一种发布命令的操作电器。主令电器类型较多，常用的有如下几种。

① 按钮开关。按钮开关是在自动控制电路中发出指令，以达到远距离控制接触器、继电器等线圈动作，再由接触器去控制主电路来驱动电动机启动与停止，控制电源的接通与断开。按钮开关结构示意和符号如图 4-5 所示，按钮开关可分启动按钮和停止按钮两类。启动按钮是常开触点，停止按钮是常闭触点，同时具有常开触点和常闭触点的按钮称复合按钮。按钮开关从 1 常开 1 常闭，直到 6 常开 6 常闭可进行拼装。按钮开关种类很多，有开成式，如 LA1O-2K 型；保护式，如 LA1O-2H 型；带指示灯式，如 LA19-11D 型；带钥匙式，如 LA18-22Y 型或 LA18-44Y 型等。由于按钮开关触头的工作电流较小，一般不超过 5A，因此不能直接控制主电路，在实际应用中，用常开触点来启动电气设备，用常闭触点来停止设备运行，复合按钮也利用常开触点来进行复位。注塑机控制电路中，常设有急停按钮，利用常闭按钮控制电路，在紧急情况下立即停掉机器。

② 行程开关。行程开关也叫限位开关，又称位置开关。行程开关是一种将机械信号转

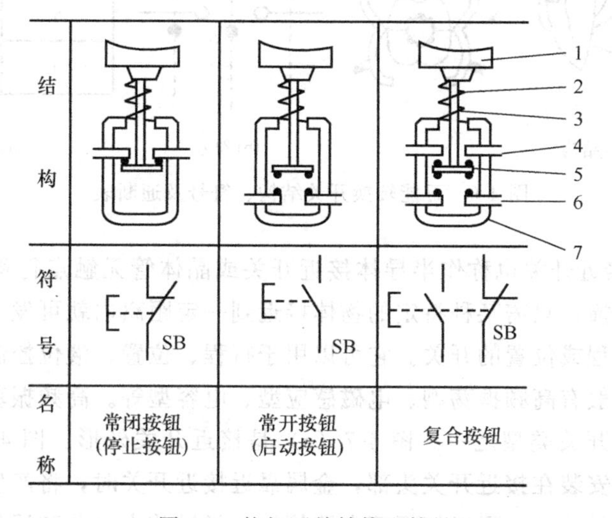

图 4-5　按钮开关结构和符号

1—按钮帽；2—复位弹簧；3—支柱连杆；4—常闭静触头；5—桥式动触头；6—常开静触头；7—外壳

换为电气信号，限制运动机构部件的行程的控制电器。行程开关结构形式种类很多，工作原理基本相同。LX19X 型限位开关是一常开一常闭触点形式。其图形符号如表 4-1 所示。行程开关分杠杆式、旋转式和按钮式等种类型。注塑机安全门常采用这种类型的限位开关，安全门挡铁压到行程开关滚轮时，传动杠杆连同轴一起转动，并推动撞块，当撞块压到相当位置时，推动杆使微动开关快速换接，常开触点闭合；当移开安全门后，滚轮上的挡铁也移开，弹簧使得行程开关复位，闭合的常开触点恢复原常开状态。行程开关的工作行程 1～2mm，极限行程 2.5mm，触头工作电压 380V，额定电流 5A，触头 1 常开 1 常闭。

③ 万能转换开关。万能转换开关是一种多层相同结构的开关叠装而成的组合开关。万能转换开关可以控制多回路的主令电器，广泛应用在电压、电流的换相测量和控制小容量负载的启动、停止和正反转电路。常用的万能开关有 LW5 和 LW6 系列。图 4-6 是万能开关的结构示意、开关符号及通断表。图中用“●”符号代表一路触头，用竖虚线表示手柄的不同位置，图中有 3 条竖虚线，代表开关有左、中、右 3 个位置，某一位置在一触头接通，就在该位置的这路触点用“●”符号代表。在开关通断表中，符号“●”用“×”来代替，即表示该触点在该位置是接通的。通断表可以明显表达触点在不同位置的通断状态。在注塑机控制电路中，也采用类似万能转换开关的组合开关来进行手动、半自动和全自动控制，给出组合开关状态分合表。

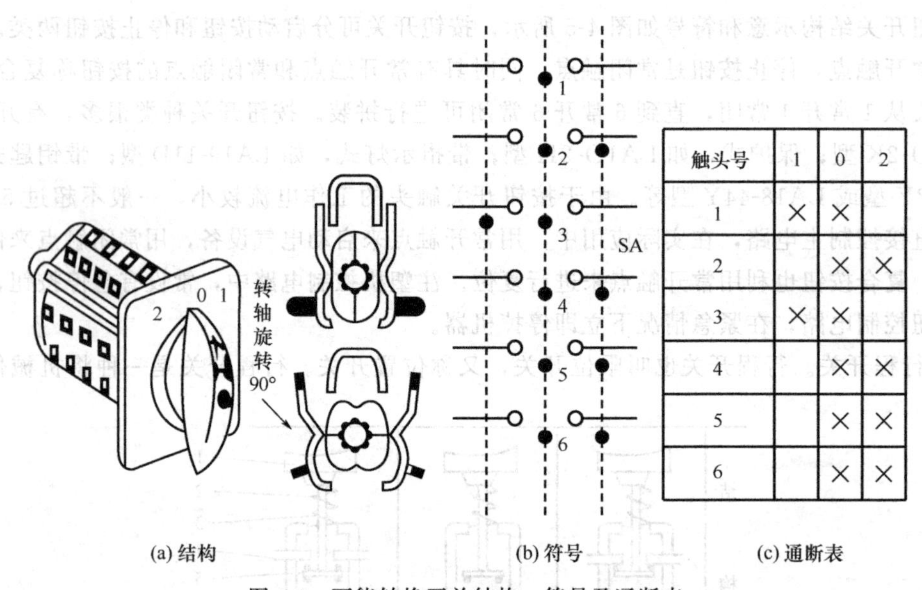

触头号	1	0	2
1	×	×	
2		×	×
3	×	×	
4		×	×
5		×	×
6		×	×

(a) 结构　　(b) 符号　　(c) 通断表

图 4-6　万能转换开关结构、符号及通断表

④ 接近开关。接近开关也称作半导体接近开关或晶体管无触点行程开关。接近开关是一种无需机械挡块碰撞，只需某种特定的物体接近到一定距离内就可发出检测信号，用来控制电路工作状态的行程或位置的开关。它可以用于行程、位置、液位控制，转速检测等。接近开关种类很多，一般有高频振荡型、电磁感应型、电容型等。高频振荡型接近开关是注塑机电路中常用的接近开关类型之一。图 4-7（a）是接近开关外形。图 4-7（b）是接近开关工作原理，检测线圈安装在接近开关头部，金属靠近接近开关时，将产生直频涡流。涡流效应使感应线圈的电感量减少，可以使振荡电路停振，经过放大电路和反相放大后，输出电压驱动继电器负载动作，图 4-7（c）是接近开关的系统工作过程方框图。在实际应用中，接近

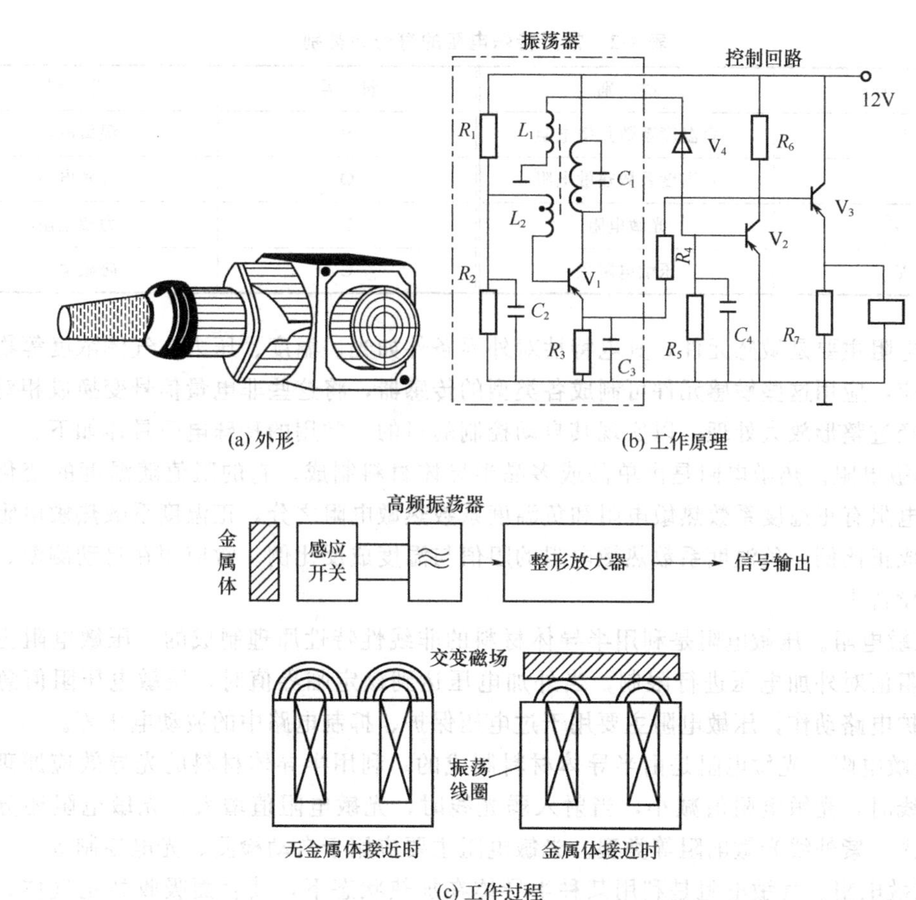

图 4-7　LXUl、LXU2 晶体管接近开关

开关作为行程位置的检测信号，一般以接通负极 0V 为检测到位。

(6) 保险器

保险器也叫熔断器，是用来对电路和用电设备的过载和短路进行保护用的电器。保险器图形符号如表 4-1 所示，它从结构上可分有填料密封管式、无填料密封管式、半封闭插入式和自复熔断器等。常用的主要是半封闭插入熔断器，它有可插式和螺旋式两种，熔断器用保险丝和保险管。一般要求熔体电流都要大于熔断器最大电流，一般按照 2～2.5 倍额定电流选取保险管或熔断管，保护可控硅电力电子元器件要选择快速熔断器，才能可靠地进行过电流保护。具体熔断器有 RCIA 型瓷插式熔断器、RM10 系无填料封闭管式熔断器、RLl 型螺旋式熔断器、RSO 系列快速熔断器。

(7) 电阻器

电阻器是利用高电阻率的材料经过一定工艺加工制成的电阻元器件，电阻器的欧姆数是一个常数，电阻器也是组成电子电路的最基本元件之一。电阻器与电路组成各种连接来实现限流、分压、分流等作用。电阻器图形符号如表 4-1 所示，常用字母 R 来表示。电阻器按制造材料可分为碳质电阻、金属材料电阻、热敏材料电阻等；按电阻器的结构形式可分为固定电阻和可变电阻等；电阻器还有普通电阻和特殊用途电阻器之分。电阻器的主要参数有标称阻值、额定功率、精度等级、温度系数等。电阻器参数的标志方法有直标法、文字符号或数字标注法和色标法等，常用色标法进行标注。表 4-2 是常用特殊电阻的符号和类别。

表 4-2 常用特殊电阻的符号和类别

符 号	类 别	符 号	类 别
F	负温度系数热敏电阻	S	湿敏电阻
Z	正温度系数热敏电阻	Q	气敏电阻
G	光敏电阻	L	力敏电阻
Y	压敏电阻系	C	磁敏电阻

特殊电阻主要是敏感元件，其电特性对外界条件如光、温度、压力、气体浓度等物理量有敏感反应，应用这些敏感元件可制成各类型的传感器，将这些非电量信号变换成相对应的电信号，经过整形放大处理，以实现其自动控制的目的。常用的特殊电阻具体如下。

① 热敏电阻。热敏电阻是由单晶或多晶半导体材料制成。它的阻值随温度的变化而变化，热敏电阻有正温度系数热敏电阻和负温度系数热敏电阻之分，正温度系数热敏电阻的阻值与温度成正比例，负温度系数热敏电阻的阻值与温度成反比例。常应用在自动测温、自动控制电气设备中。

② 压敏电阻。压敏电阻是利用半导体材料的非线性特性原理制成的。压敏电阻主要通过压敏电阻值对外加电压进行限制，当外加电压达到额定临界值时，压敏电压阻值急剧变小，使保护电路动作，压敏电阻主要用于过电压保护、抑制电路中的波动电压等。

③ 光敏电阻。光敏电阻是由半导体材料制成的。利用半导体材料的光导效应原理，当射入强光线时，光敏电阻值减小，当射入弱光线时，光敏电阻值增大。光敏电阻还分红外光、可见光、紫外线光敏电阻等类型。光敏电阻主要应用于自动检测、光电控制等。

④ 气敏电阻。气敏电阻是利用某种半导体在加热状态下，其表面吸收特定气体，并且发生氧化或还原反应，产生出离子，使其电阻发生改变的一种气敏传感器，常用来进行气体浓度的检测及自动控制电路。

⑤ 力敏电阻。力敏电阻由金属应变片或半导体应力片组成，力敏电阻的阻值可随外加的机械力或其他压力变化而不同。力敏电阻是制造压力传感器的核心元件，压力传感器使用四支力敏电阻组成电桥，并在受力各方向上检测变化，受力越大、电桥四臂电阻越不平衡，检测的信号变化越大，可通过力敏电阻阻值变化转换成电信号进行压力自动控制。常用电阻器外形及符号如图 4-8 所示。

(8) 电容器

电容器是由两块金属电极和中间的绝缘材料夹层构成。电容器具有阻止直流电流通过而允许交流电流通过的特点，电容器是用来存储电荷的储能元件。电容器图形符号如表 4-1 所示，常用字母 *C* 来表示。电容器主要用于耦合电路、调谐电路、滤波电路、移相电路、隔直通交等电路中。电容器种类很多，按结构形式分类可分为固定电容器、可变电容器、半可变电容器。按所用电介质不同可分为固体无机介质电容器、固体有机介质电容器、电解电容器、气体介质电容器等。电容器主要参数有标称容量和额定工作电压。电容器参数的标志方法同电阻器，也有直标法、文字符号标注法和色标法等，电容器在使用前应检测质量，不能有短路或开路、断路和漏电等，尤其对电解电容器，除了技术参数符合条件外，在安装过程中，还要防止正负极性接错，否则会引起爆炸故障。图 4-9 是常用电容器外形示意。

(9) 晶体二极管

晶体二极管是由一片 P 型半导体和一片 N 型半导体，通过烧浇和扩散等工艺方法制成

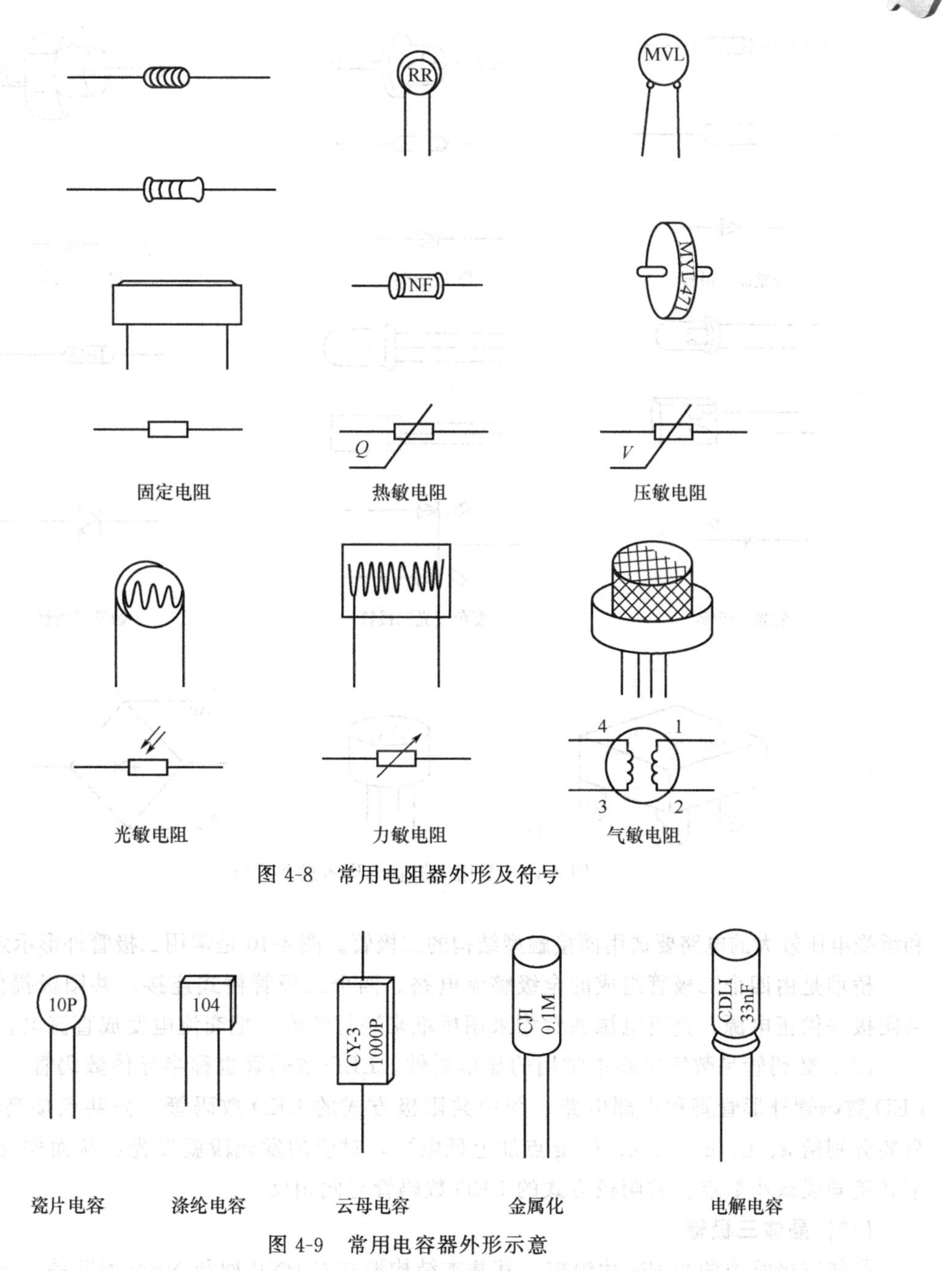

图 4-8　常用电阻器外形及符号

图 4-9　常用电容器外形示意

一块 PN 结，再在每一半导体上引出引脚即构成二极管。由 P 型半导体接出的引脚叫阳极或正极，由 N 型半导体接出的引脚叫阴极或负极，其图形符号如表 4-1 所示。晶体二极管在电路中主要起移流和检滤作用。按用途不同可分为整流二极管、检波二极管以及其他用途二极管，其他用途二极管有开关二极管、稳压二极管、变容二极管、发光二极管、光电二极管等许多种类。晶体二极管的外形结构有平板式、螺栓式、帽式、玻璃壳式、管式等各种形式。晶体二极管主要技术参数有最大整流电流和最大反向电压。单向导电性是晶体二极管的主要点。晶体二极管选用时要查半导体器件手册，以选用合适的二极管，对于整流二极管，要选择正向电压，也要考虑反向饱和电流和最大反向电压。对于整流、稳压、低频开关电路这些工作电流

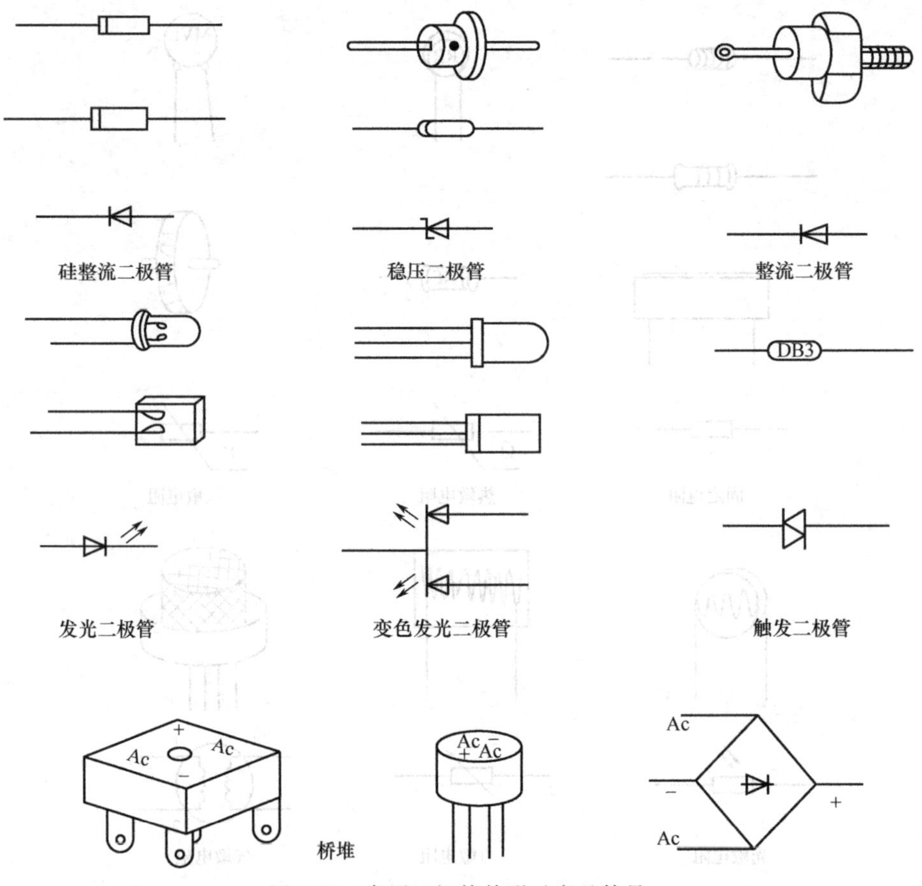

图 4-10　常用二极管外形示意及符号

和承受电压较大的电路要选用面接触型结构的二极管。图 4-10 是常用二极管外形示意及符号。

桥堆是由四个二极管组成的全级整流电路。四个二极管桥式连接。共阳极提供负电源，共阴极提供正电源，直流电源通常均采用桥堆来进行整流，把交流电变成直流电。

LED 数码管是数字电路中常用的显示器件。LED 数码管也称半导体数码管，图 4-11 是 LED 数码管外形管脚和内部电路。图中共阳极方式的 LED 数码管，公共点接高电平 V_{cc}，只要分别给 a、b、c、d、e、f、g 点加上低电平，对应的发光段就发光，从而构成所显示数字和笔画段或小数点。共阴极方式的 LED 数码管与此相反。

（10）晶体三极管

晶体三极管由两个 PN 片组成。其基本结构形式有 PNP 型和 NPN 型两种，三极管有三个电极，分别是基极 b、发射极 e、集电极 c。三极管可以工作在三个区域，分别是放大区、饱和区、截止区，工作区域可以从三极管输出特性曲线上体现出来。三极管的电流放大作用是三极管的主要特点，其电流放大作用主要表现在能用较小的基极电流 I_b 去控制较大的集电极电流 I_c，I_c 和 I_b 的分配比例在三极管的结构确定后就大致确定了，所以，I_c 和 I_b 的比值越大，说明三极管的放大作用越显著。发射极电流则是基极电流 I_b 和集电极电流 I_c 之和，在实际应用中，三极管可用于放大器、振荡器等多种电路，还可以做成复合放大管如功放管、开关管、达林顿功放管去驱动电路。图 4-12 是常用三极管外形及符号。

三极管的主要技术参数有电流放大系数 β，集电极最大允许电流 I_{cm}，集电极-发射极击

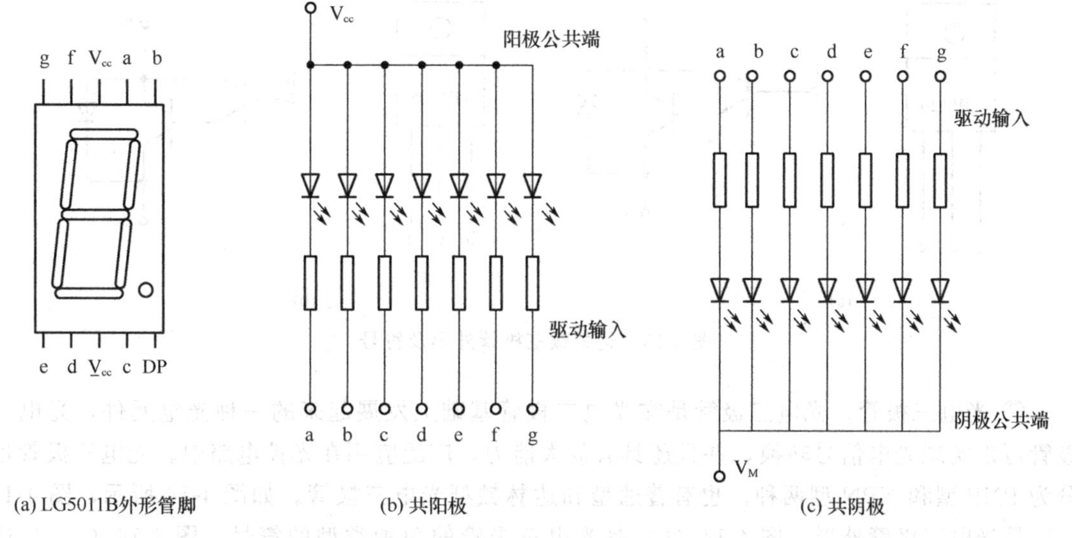

图 4-11　LED 数码管外形管脚和内部电路

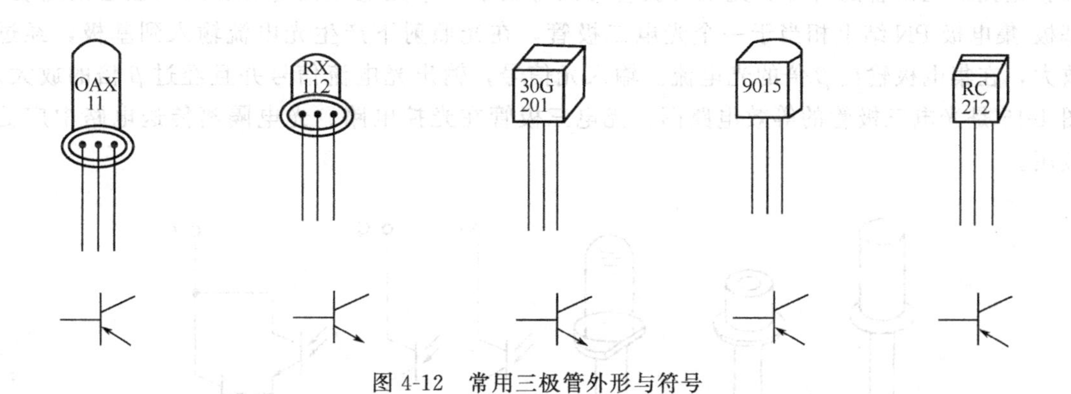

图 4-12　常用三极管外形与符号

穿电压 BU_{ceo}、集电极最大允许耗散功率 P_{cm}。晶体三极管选用时要查半导体器件手册，选用合适的三极管，既要满足电路的要求，又要符合节约的原则。选用时要综合考虑工作频率、电流放大系数、集电极最大耗散功率，反向击穿电压等主要因素，不能使三极管工作在极限状态。三极管装接时，要用万用表测量分清各个电极并正确焊接，拆换时，要断开电路中电源后再拆焊，要选用合适的焊料、焊剂，注意实际焊接时间要小于规定的焊接时间，还要注意功放三极管的散热装置等。常用的功放管具体如下。

① 达林顿管。用英文 DT 表示，也称作复合三极管。达林顿管是将两只或多只三极管的集电极连接在一起，并且将每只三极管的基极，依次连接即第一级三极管的发射极连接第二级三极管的基极，依次逐级连接。第一级三极管的基极为总驱动级，这样复合而成其放大倍数可以很大，最后引出三个电极，第一级三极管的基极 b、集电极的公共连接 c 和最后一级三极管的发射极 e。普通的达林顿管可有很高的放大倍数和较大的集电极电流，但由于温升可使达林顿管产生误导通故障，所以，常用的大功率达林顿管都增加了保护功能，通过增加过电压保持续流二极管、增加漏放电阻等来改善功能，以适应高温条件下的正常工作，常用的达林顿三极管如图 4-13（a）是 NPN 型达林顿管的外形及符号、内部电路示意。图 4-13（b）是 PNP 型达林顿管的外形及符号、内部电路示意。

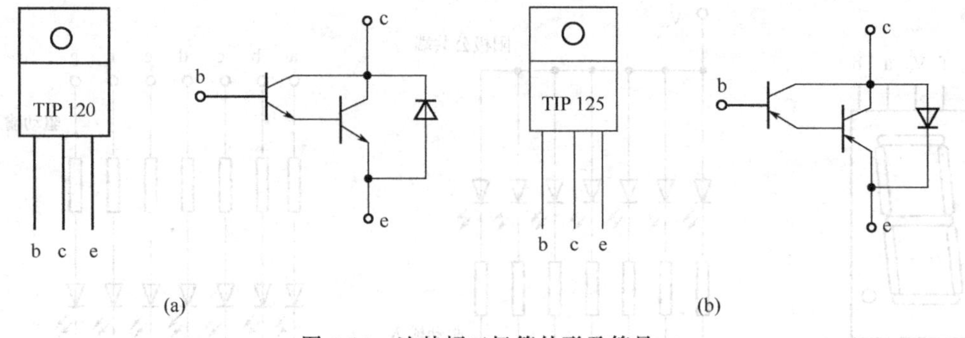

图 4-13 达林顿三极管外形及符号

② 光电三极管。光电三极管是在光电二极管基础上发展起来的一种光电元件，光电三极管可以实现光电信号转换，并且还具有放大能力，广泛应用在光控电路中。光电三极管也分为 PNP 型和 NPN 型两种，也有普通型和达林顿型光电三极管。如图 4-14 所示，图 4-14（a）是光电三极管外形，图 4-14（b）是光电三极管的两种类型的符号，图 4-14（c）是达林顿型光电三极管的符号。光电三极管可以等效于一个光电二极管和普通三极管的组合，基极-集电极 PN 结上相当于一个光电二极管，在光照射下产生光电流输入到基极，经过放大，在集电极输出 β 倍的光电流。输入光信号，输出光电流信号并且经过 β 倍的放大。图 4-15 是光电三极管的等效电路图。光电三极管在光控电路、光电隔离传送电路中广泛应用。

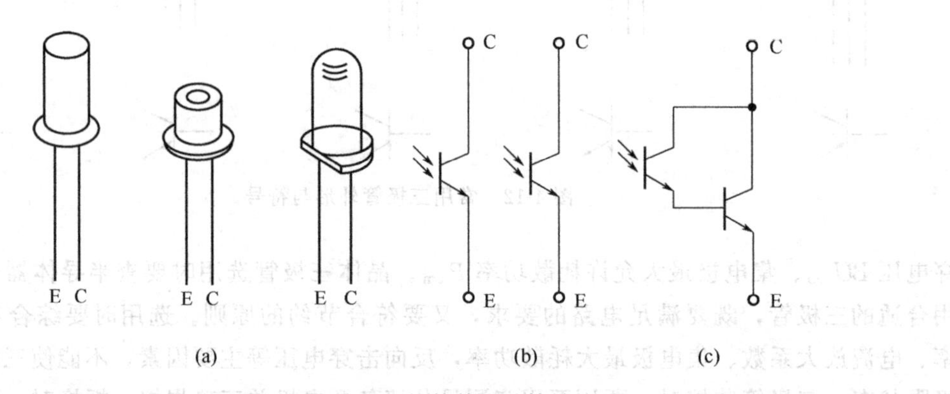

图 4-14 光电三极管外形及符号

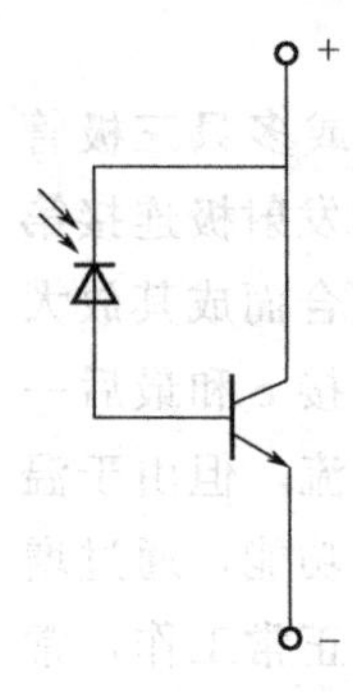

图 4-15 光电三极管等效电路图

③ 场效应管。场效应管是一种电压控制型器件，有两个 PN 结，引出三个电极，分别是栅极 G、源极 S、漏极 D，场效应管的结构是以栅极作底衬，源极和漏极之间形成一个导电沟道。当给栅极加控制电压时，导电沟道的宽度随控制电压的大小发生变化，以实现电压控制沟道中的电流，当沟道被关断时，源极和漏极之间被关断，没有电流流过。场效应管按内部结构的不同可分为 N 沟道和 P 沟道两类型。场效应管可以分为 3 种类型，具体是结型场效应管 JFEF、绝缘栅型场效应管 MOS、金属场效应管 VMOS，具体如图 4-16 所示。图 4-16（a）是 JFEF 场效应管，图 4-16（b）是 MOS 场效应管，图 4-16（c）是 VMOS 场效应管的图形及符号。

晶体二极管、三极管型号如表 4-3 所示。

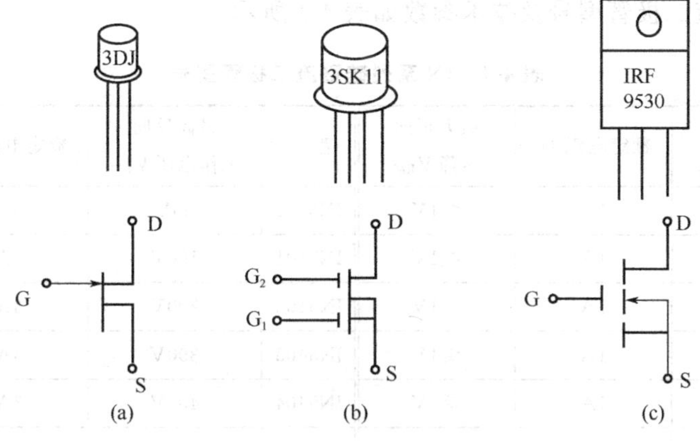

图 4-16　场效应管外形及符号

表 4-3　晶体二极管、三极管的型号

第一部分		第二部分		第三部分		第四部分	第五部分
符号	意义	符号	意义	符号	意义		
2	二极管	A	N 型、锗材料	P	普通管		
		B	P 塑、锗材料	V	微射管		
		C	N 型、硅材料	W	稳压管		
3	三极管	D	P 型、硅材料	C	参量管		
		A	PNP 型、锗材料	Z	整流管		
		B	NPN 型、锗材料	L	整流堆		
		C	PNP 型、硅材料	S	隧道管		
		D	NPN 型、硅材料	N	阻尼管		
		E	化合物材料	U	光电器件		
				K	开关管		
				X	低频小功率管 $f_a<3MHz$　$P_c<1W$		
				G	高频小功率管 $f_a\geqslant 3MHz$　$P_c<1W$		
				D	低频大功率管 $f_a<3MHz$　$P_c\geqslant 1W$		
				A	高频大功率管 $f_a\geqslant 3MHz$　$P_c\geqslant 1W$		
				T	半导体闸流管		
				Y	体效应器件		
				B	雪崩管		
				J	阶跃恢复管		
				CS	场效应管		
				BT	单结管		
				FH	复合管		
		P1N	P1N 型管				
		CT	激光器件				

1N系列硅整流二极管型号及技术参数如表4-4所示。

表4-4 1N系列硅整流二极管型号

型号	最高反向工作电压 V_{RM}	额定电流 I_F	最大正向压降 V_{RM}	型号	最高反向工作电压 V_{RM}	额定电流 I_F	最大正向压降 V_{RM}
IN4001	50V	1A	≤1V	IN5400	50V	3A	≤1.2V
IN4002	100V	1A	≤1V	IN5401	100V	3A	≤1.2V
IN4003	200V	1A	≤1V	IN5402	200V	3A	≤1.2V
IN4004	400V	1A	≤1V	IN5403	300V	3A	≤1.2V
IN4005	600V	1A	≤1V	IN5404	400V	3A	≤1.2V
IN4006	800V	1A	≤1V	IN5405	500V	3A	≤1.2V
IN4007	1000V	1A	≤1V	IN5406	600V	3A	≤1.2V
IN5407	800V	3A	≤1.2V	IN5408	1000V	3A	≤1.2V

达林顿三极管型号及技术参数如表4-5所示。

表4-5 达林顿三极管型号

型号	材料	电压	电流	功率	替代型号
T1P120	Si-NPN	60V	5A	65W	BD267、FH7C
T1P121	Si-NPN	80V	5A	65W	BD647、FH7C
T1P122	Si-NPN	100V	5A	65W	BD649、FH7D
T1P125	Si-PNP	60V	5A	65W	BD266、FH75B
T1P126	Si-PNP	80V	5A	65W	BD648、FH75B
T1P127	Si-PNP	100V	5A	65W	BD650、FH75B
T1P130	Si-NPN	60V	8A	70W	BD645、FH7C
T1P131	Si-NPN	80V	8A	70W	BD699、FH7C
T1P132	Si-NPN	100V	8A	70W	BD701、FH7C
T1P135	Si-PNP	60V	8A	70W	BD646、FH75B
T1P136	Si-PNP	80V	8A	70W	BD648、FH75B
T1P137	Si-PNP	100V	8A	70W	BD650、FH75B
T1P140	Si-NPN	60V	10A	125W	MJ3000、FH9C
T1P141	Si-NPN	80V	10A	125W	MJ3001、FH9C
T1P142	Si-NPN	100V	10A	125W	MJ3001、FH9D
T1P145	Si-PNP	60V	10A	125W	BDX64、MJ2900
T1P146	Si-PNP	80V	10A	125W	BDX64A、MJ2901
T1P147	Si-PNP	100V	10A	125W	BDX64B、MJ2901

(11) 光电耦合器

光电耦合器是一种以光为介质，用来传输电信号的光电器件，通常是由发光器件和受光器件组合、封装在同一装置内。当光电耦合器的输入端加上电信号时，发光器件便发出光线（可见光或红外线光），受光器件受到光线照射而产生光电流，并从输出端输出，通过光电耦合器来实现电-光-电的转换。光电耦合器输入输出信号，传递效率高、响应速度快、输入和输出隔离传送，失真小、抗干扰能力强，还可驱动负载，所以被广泛应用。光电耦合器类型较多，有高速型、达林顿型、双向对称型、光集成电路型、光纤型、光敏器闸管型、光敏场效应管型。

(12) 光学解码器

光学解码器也称作脉冲编码器，是一种旋转式脉冲发生器，是测量转角位移的一种位置检测器件。光学解码器也分光电式、接触式和电磁感应式三种，精度高、可靠性好的是光电式光学解码器．它是按脉冲数来计量位移量，也可按每次发出的脉冲数来选型。光学解码器精度高，重复性好，可以保证机械运动位置测量准确可靠，从而可以进行精密注塑，保证产品质量优良。光学解码器由光电盘、光电发射、光电接收装置等组成，光电盘类似光栅，栅距非常细密，由不锈钢薄片制成，装在编码器的转轴上随轴旋转，光电盘和固定缝隙的两侧装有双向发射和接收装置，当转轴旋转时，就会有光线通过这两个做相对运动的透光部分和不透光部分，接收装置就会在接收到光能量时呈现时明（光线通过）时暗（光线遮挡）的连续性变化，通过印刷电路板上的电子电路进行整形、放大、处理而变换成电脉冲信号输出。在测量机械移动位置时，配上齿条齿轮传动，将齿轮装在编码器的轴端，齿轮随同编码器转轴同轴转动，与齿条啮合，将直线运动位置转换成旋转运动、通过计量脉冲的数目和频率也可测出工作转轴的转角和转速。

(13) 集成电路

集成电路也称作 IC，是使用半导体工艺和薄膜、厚膜工艺，把电路所需的晶体三极管、二极管、电阻、电容以及电路连线，经过一次制造过程，制作在同一块半导体基片或绝缘基片上，形成具有一定功能的紧密联系的整体电路。集成电路是继电子管、晶体管出现的又一种新型的电子元器件，它打破了用分立元器件组装焊接构成电子电路的传统做法，实现了元器件、材料、电子电路的一体化，使得电路的结构和质量发生了质的变化，集成电路以体积小、重量轻、功耗低、性能好、可靠性高、成本低的优点被广泛采用，并飞速发展。集成电路按功能可分为数字集成电路、模拟集成电路。模拟集成电路又可分为线性集成电路和非线性集成电路；数字集成电路可分为各种门电路、触发器、存储器、微处理器和功能部件，常用的门电路有“与”门、“或”门、“非”门、“与非”门、“与或非”门等逻辑电路芯片；常用的触发器有 R-S 触发器、D 触发器、J-K 触发器等；常用的存储器有随机存取存储（RAM）、只读存储器（ROM）、可擦除只读存储器（ERROM）、电可擦除存储器（E2PROM）、数据寄存器、移位寄存器等；微处理器有 Z-80CPn、8080A、8085A、8031、8032、6800 等，功能部件有半加器、全加器、计数器、译码器等；线性集成电路可分为直流运算放大器、音频放大器、高频放大器及其他功能的放大器等；非线性集成电路可分为电压调整器、比较放大器、读数放大器、A/D 转换器、DA 转换器、模拟乘法器、可控硅触发器以及其他功能的放大器等。

集成电路 IC 芯片的外形结构有圆形金属外壳封装、扁平型陶瓷或塑料外壳封装、双列直插型陶瓷封装、双列直插型塑料封装等。常用的圆形金属外壳封装的引出脚有 8 脚、10 脚、12 脚等；常用的双列直插型陶瓷或塑料封装的引出脚有 8 脚、14 脚、16 脚、18 脚、20 脚、24 脚、28 脚、40 脚等多种，它的安装形式可以直接焊接在电路板上，也可以插入在相应的IC插座上（IC插座的管脚焊接在电路板上），可以方便调试维修和更换器件。图4-17是圆形金属外壳封装外形。图4-18是双列直插式塑料封装外形，图中所示圆形金桶外壳外形的底端图中，外壳上凸缘或锁口标明端子最大序号的位置。其管脚位置是按照顺时针方向排序的。图中所示的双列直插式塑封封装外形图中的缺口、圆点、竖线等标记均表明管脚的起始位置，其左下方就是管脚1的位置，按逆时针方向进行排序来标注其他管脚位置。

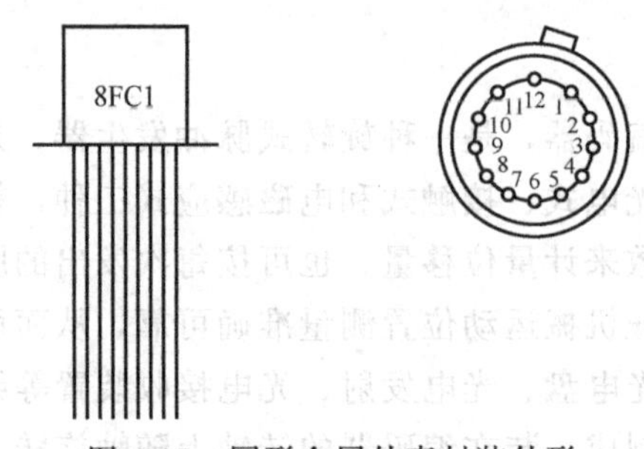

图4-17 圆形金属外壳封装外形

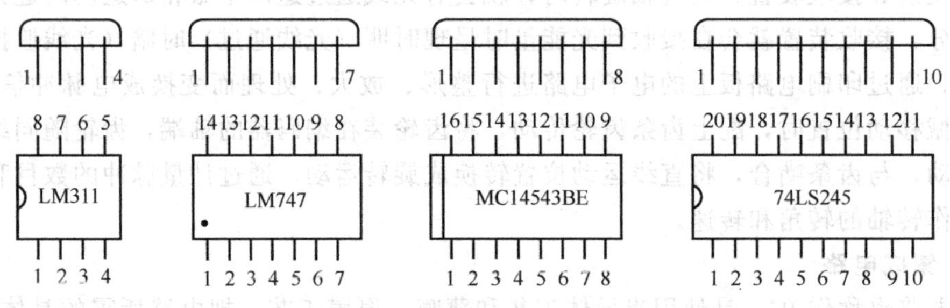

图4-18 双列直插式塑料封装外形

① 数字电路芯片的应用　在注塑机电子电气控制系统中，应用最广泛的是TTL电路和CMOS电路芯片。TTL电路是三极管-三极管逻辑半导体集成电路，CMOS电路是互补型金属氧化物半导体逻辑集成电路。

a. TTL电路。TTL电路以双极型晶体管为开关元件，常称为双极型集成电路，根据应用途径不同（如军品、工业品、民用品等）分为54系列和74系列。TTL电路也从74系列不断发展，74S系列集成电路速度就比74系列要快、并加大了功耗，S代表了肖特基工艺；74LS系列集成电路就是低功耗肖特基工艺；74AS系列集成电路就是先进的高速肖特基工艺；74LAS系列集成电路就是先进的高速低功耗肖特基工艺。国产T1000、T2000、T3000、T4000系列集成电路为部标型号，分别同74、74H、74S、74LS系列集成电路兼容。

b. CMOS电路。CMOS电路以绝缘栅场效应晶体管为开关元件，即金属-氧化物-半导体场效应晶体管，也称单极晶体管或单极型集成电路。CMOS电路也从4000A系列开始发展到4000B系列/4500B系列，还有74HC系列和74HCT系列，既保持了低功耗又提高运行速度，还同TTL电路兼容，扩大其应用范围。

② 模拟电路芯片的应用　在注塑机电子电路中，应用最广泛的是集成运算放大器。集成运放有单运放、双运放和四运放。集成运放有反相输入、同相输入和差分输入三种输入方式，集成电路的各种运算是由集成运放和外接电路组成的。三种输入方式是最基本的输入方式。具体运放组成集成电路可查有关资料。

a. 单运放。单运放是一只运放芯片中有一个高性能的直接耦合放大器，即是一个双端输入、单端输出的差分放大器。单运放的外形及符号如图 4-19 所示，图 4-19（a）为调零端接负电源的单运放，图 4-19（b）为调零端接正电源的单运放，图 4-19（c）为高精度单运放。单运放有通用型、结型场效应管型等类型，还可以从调零端接正、负电源来分类。

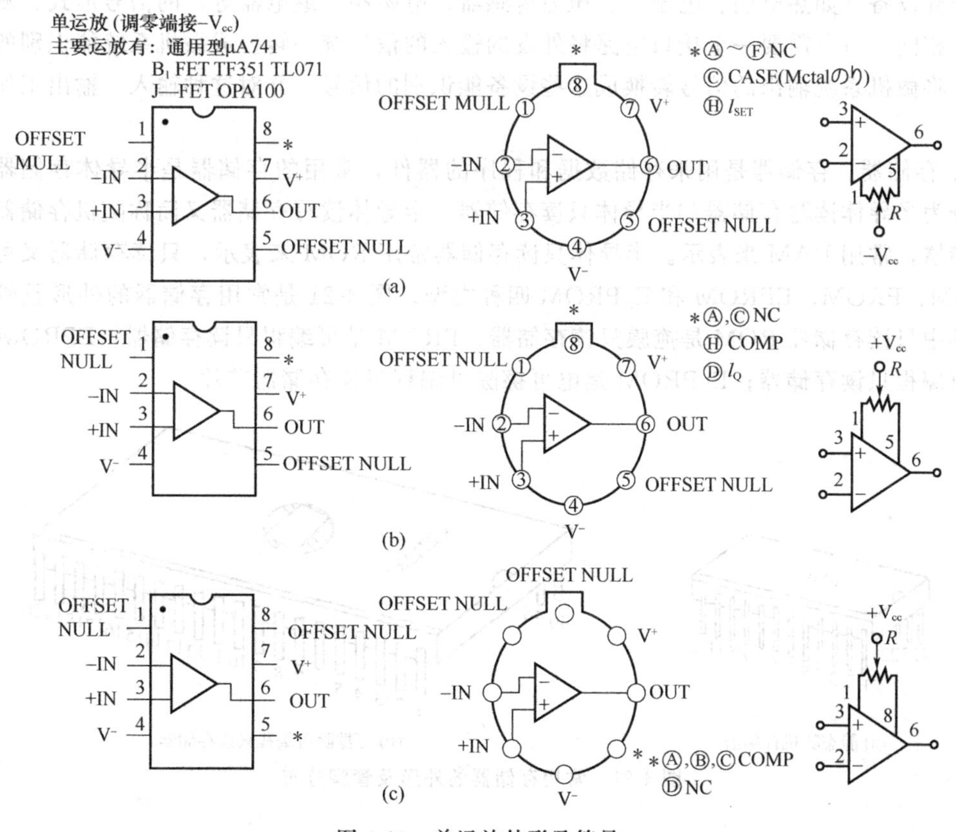

图 4-19 单运放外形及符号

b. 双运放。双运放是一只运放芯片中有两个高性能的放大器，相当于两只单运放的功能，结构也有普通型和金属壳外形两种，其外形管脚及符号如图 4-20（a）、（b）所示。

c. 四运放。四运放是一只运放芯片中有四个高性能的放大器，相当于四只单运放的功能。结构也有通用单电源和双电源两种，其外形管脚及符号如图 4-20（c）所示。

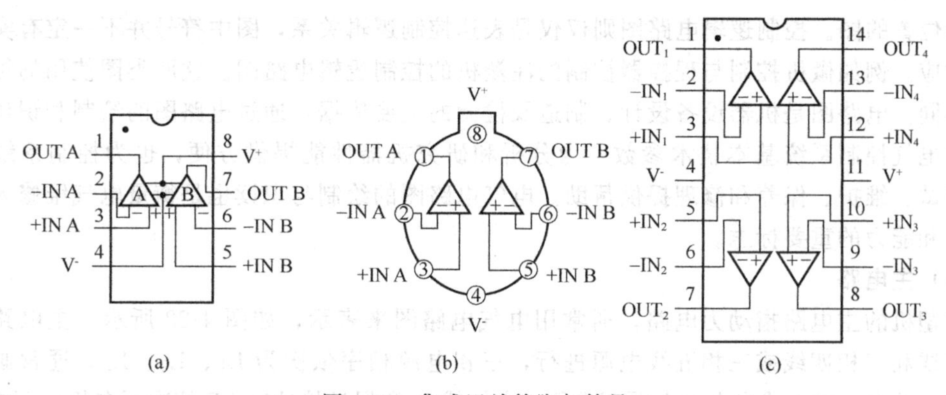

图 4-20 集成运放管脚与符号

③ 接口电路及存储器的应用　在注塑机电子电路和微机控制电路中，广泛地应用接口电路芯片和存储器，通过和外部设备、内部总线结构进行动作顺序控制和时间顺序控制。具体接口电路及存储器如下：

a. 接口电路。由于注塑机的微机系统只能处理以特定的高低电平表示的数字信号。而系统外部设备（如热电偶、电子尺、压力传感器、电磁阀、继电器等）的信号形式、驱动电压各不相同，所以需要一个接口电路将外设的输入的信号统一转换成微机系统能识别的数字信号，将微机系统输出的信号转换成这些设备能识别的信号，并对这种输入、输出工作进行管理。

b. 存储器。存储器是用来存储数据和程序的器件，常用的存储器是半导体存储器，它可以分为半导体读写存储器和半导体只读存储器。半导体读写存储器又简称随机存储器或动态存储器，常用 RAM 来表示。半导体只读存储器常用 ROM 来表示，只读存储器又可以分为 ROM、PROM、EPROM 和 E_2PROM 四种类型。图 4-21 是常用存储器的外形及管脚分布。其中只读存储器 ROM 是掩膜只读存储器；PROM 是可编程只读存储器；EPROM 是可擦除可编程只读存储器；E_2PROM 是电可擦除可编程只读存储器芯片。

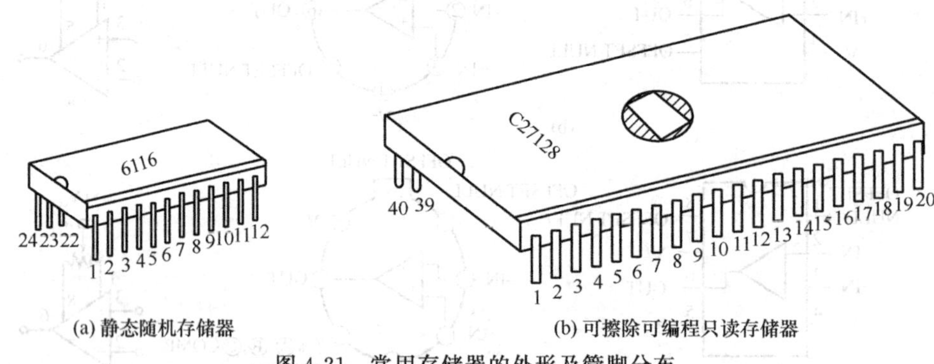

(a) 静态随机存储器　　(b) 可擦除可编程只读存储器

图 4-21　常用存储器的外形及管脚分布

4.1.3　电路图的识读

注塑机上常用的电路图通常有电气电路图和控制逻辑电路图两种。电气电路图是按照电气设备和电器元件的工作顺序排列，能详细说明电气系统的组成和连接关系的一种简图，图中符号在实际电路中有相对应的实体元器件，并且反映了各元器件间的连接关系。电气电路图采用国家标准的图形符号和文字符号绘制，充分表达系统的工作原理和功能作用，而不考虑实际位置的图。控制逻辑电路图则仅仅是表达控制逻辑关系，图中符号并不一定有实体元件相对应。例如微机控制与程控器控制的注塑机的控制逻辑电路图。这两类图使用的符号标准也不同。电路图是机器设备设计、制造及检验的主要依据，通过电路图的绘制和识读，可以了解电气控制系统基本技术参数，为分析和研究机器性能提供方便，也为控制系统的安装、调试、维护、保养和修理提供帮助。电气电路图的绘制与识读也是衡量电气维修人员技术水平和能力的重要标志。

(1) 主电路

注塑机的主电路指动力电路，通常用电气电路图来表示，如图 4-22 所示。主电路分为三相三线和三相四线或三相五线电源进行，三相电源相序依次为 L_1、L_2、L_3，通常画成水平布置，按自上而下或自左到右顺序进行，中性线 N 和保护接地线 PE 依次画在相线下方或左方。动力电路中的主电路一般按功能组合，同一功能的电气相关器件画在一起，如图 4-22 中电源控制、油泵电机、调模电机、控制电源等分别画出；电气动力装置中的过电的或受力的器件一般垂直画出，如图中交流接触器 KM、热继电器 FR、保险器 FU、空气开关 QS 等器件通常画在电路图的左侧，并且垂直于动力电路的进线，动力电路的总开关 QF 也水平布置画出。

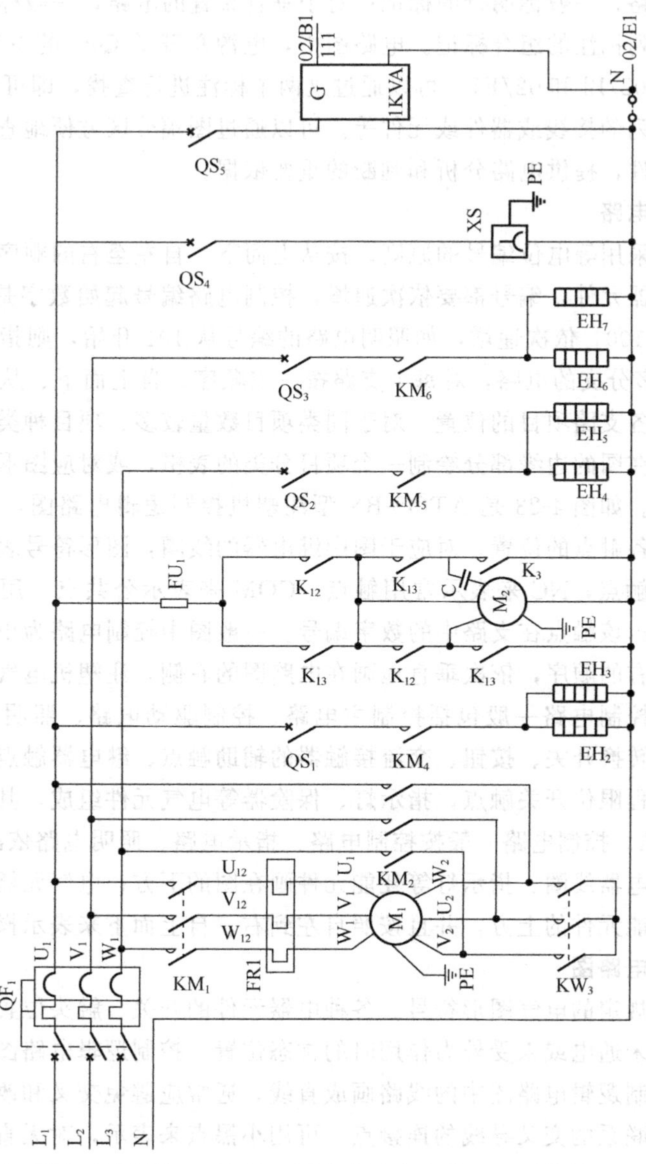

图 4-22　震德 CJ-80NC 型注塑机电气电路（101NC-01）

(2) 电路编号

电路图中的电器元件、电路结点连接线要用数字和字母进行编号。图中主电路电源进线端编号为 L_1、L_2、L_3 和 N，有些电路图用 A、B、C、N 来表示，更多的用 R、S、T、N、PE 来表示，这些都是电源进线的标志符号和字母。经过自动空气开关 QF1 后，则用 U_1、V_1、W_1 或 U_{11}、V_{11}、W_{11} 来标注，标注顺序从上而下，从左至右，每经过一个电器元件，编号都要递增，如图中 U_{11}、V_{11}、W_{11} 等，以此类推。习惯中还有的将电动机接线端用 U、

V、W 来表示，接地线用 PE 来表示。对于多台电机的设备，为了不引起混淆，可以用 1U、1V、1W 来依次标注，用字母前不同的数字来加以区别。

(3) 图幅分区

电路图中是用行、列和行列组合标记来表明图中元件连接、位置等进行图幅分区标识。对于水平布置的电路，一般标明行的标记；对于垂直布置的电路，一般标明列的标记；对于复杂电路，需要行列标注的组合标记。电路图中，电源总开关 QF_1 的位置 B2 即 B 行 2 列，控制电源的去向是 02/Bl 和 02/E1，可以通过这两个标注进行查找，即可在 02 号图纸中找 B 行 1 列，找 E 行 1 列的接线或器件或元件等。可以通过图幅分区方便地查找电源的流向，查找有关具体的元器件，提供电路分析和判断的重要依据。

(4) 控制逻辑电路

控制逻辑电路采用等电位编号的原则。按从上而下、自左至右的顺序用数字进行依次编号，每经过一个电器元件，编号都要依次递增，控制电路编号起始数字是 1，其他辅助电路编号的起始数字为 100，依次递增，如照明电路的编号从 101 开始，则指示电路的编号应从 201 开始。对于较多分支的电路，对每个支路按一定顺序，自上而下、从左至右用阿拉伯数字编号，从而确定各支路项目的位置。对于同类项目数量较多、项目种类较少的电路图通常采用表格法，它可在图的边缘部分绘制一个项目分类的表格，或对应图形符号垂直或水平方向对齐的项目代号。如图 4-23 是 ATOS-BN 型注塑机控制逻辑电路图，图中右方的表格用来表示各个继电器各触点的位置，对应于图中继电器的线圈，图形符号表示触点的状态，常用 NO 来表示常开触点，NC 来表示常用触点，COM 来表示公共点，用“—”表示没有使用的触点，数字表示该触点在支路中的数字编号。一般图中控制电路为单相电源供电。按照自上而下、自左到右的顺序，依次垂直地画在电路图的右侧，注塑机电气控制电路则将控制电路单独画出来。控制电路一般包括控制主电路、控制驱动电路、照明电路以及显示电路等。控制电路常用转换开关、按钮、交流接触器的辅助触点、继电器触点、线圈、时间继电器线圈及触点，行程限位开关触点，指示灯、保险器等电气元件组成，其控制电路中流过的电流一般要小于 5A。控制电路一般按控制电路、指示电路、照明电路依次序垂直位置画出。其交流接触器、继电器线圈、指示灯等耗能元件画在图的下方；电气元器件的辅助触头、触点、开关等画在耗能元件的上方，并且按照自左到右、自上而下来表示操作顺序。

(5) 控制逻辑电路图

采用国家统一规定的电气图形符号。各种电器元件的开关、触头位置都是按国家标准绘制，并且处在电路未通电或未受外力作用时的常态位置。控制逻辑电路图中不画出电器元件的实际外形图。控制逻辑电路图中的线路画成直线，通常应避免交叉和改变方向。控制逻辑电路图中对有直接联系的交叉导线的连接点，可用小黑点来表示，对无直接联系的交叉导线则不画小黑点，对需要测试和分析的连接外部引出端子，则用图形符号空心圆表示，电路连接点用实心圆表示。控制逻辑电路图中同一电器的各元件是按照器件在电路中的作用画在不同的电路中，其动作关联的，需要加注相同的文字符号。对于相同电器较多的则需要在电器文字符号后面加注不同的数字，以示区别。

通过图 4-22 电气电路图的绘制与识读，可以对图中电气控制进行原理分析和故障判断。

① 油泵电机是通过接触器 KM_1、KM_2、KM_3 这三个交流接触器组成星形/角形降压启动主电路。KM_1 和 KM_3 星形降压启动，KM_1 和 KM_2 角形全压运行，FR 热继电器起过载保护作用。

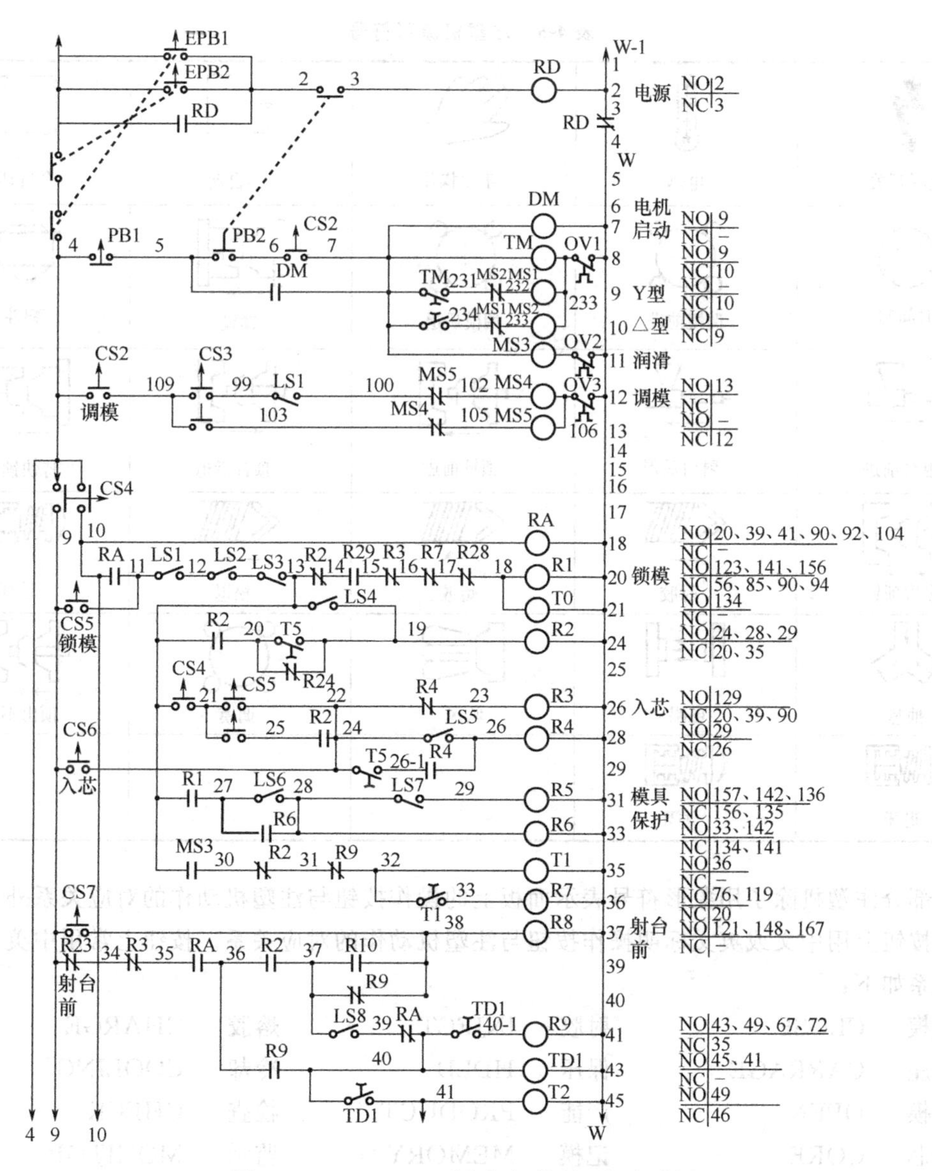

图 4-23　ATOS-BN 型注塑机控制逻辑电路图

② 调模电机通过保险器 FU1 供给单相交流电源，通过继电器 K_{13} 和 K_{12} 的主触点进行电机正转、反转的控制。

③ 电加热电路通过交流接触器的主触点的组合去控制加热圈，使熔胶筒产生温度供注塑成型。

④ 控制电源通过自动空气开关 QS_5 和隔离变压器提供交流控制电压。

4.1.4　注塑机操作面板的常用标识符号

注塑机的操作面板采用专用面板，利用注塑机专用象形符号来表示注塑机动作或注塑成型的工艺。具体专用象形符号如表 4-6 所示，由于注塑机类型较多、生产注塑机厂家标准不一致，除象形符号如锁模、开模、射胶、熔胶、射台前进、射台后退等基本相似之外，其他象形符号均有差异，所以尽可能多地列出象形符号的例子，以提高具体的识图能力。

表 4-6 注塑机象形符号

电源开关	电热	手动操作	半自动	全自动
时间制	调模前进	调模后退	锁模	料斗
射台前进	射台后退	顶针前进	顶针后退	特快锁模
多次顶针	射胶	熔胶	松退	铰牙
抽芯	电眼	吹风	调模	顶出不退
退牙	进牙			

大部分注塑机除了用象形符号表示面板上的操作按钮与注塑机动作的对应关系外，还会直接在按钮上用中文或英文标明操作按钮与注塑机动作的对应关系。按钮上常用中英文及其对应关系如下：

锁模	CLOSE	射胶	INJECT	熔胶	CHARGE
射座	CARRAGE	保压	HDLD	冷却	COOLING
开模	OPEN	产能	PRODUCT	检查	CHECK
抽芯	CORE	记模	MEMORY	监示	MONITOR
顶针	EJECTOR	功能	FUNCTION	温度	HEATER
射退	RETRACT	顶退	BACKWARD	顶进	FORWARD
调模退	MOLDTHICK	调模进	MOLDTHIN	吹气	AIR
手动	MANUAL	半自动	SEMI	全自动	AUTO
电机	MOTOR	润滑	DIL		

4.2 强电部分

4.2.1 油泵电机控制电路

油泵电机控制电路一般根据电机功率大小不同采用不同控制方式，通用注塑机的油泵电机，在功率不大于 7.5kW 时常采用直接启动电路，当油泵电机功率大于 7.5kW 以上时，均采用星形/角形换接降压启动电路。

直接启动电路也就是电工中通常应用的具有过载保护的启动、停止电路，常用于小型注塑机电气控制电路中，其结构简单、控制灵活、维护方便。其他电路常由三极空气开关、交流接触器、保险器、热继电器、电动机构成。其控制电路常由单极自动空气开关、急停按钮，按钮等组成，通常主电路器件都是在注塑机的配电箱或配电板内布置的。控制电路的急停按钮和按键都是在控制屏上或控制面板或操作面板上布置。由于电气控制电路较为简单，布置排列时单独放置，便于检查和维修。

星形/角形换接降压启动电路也就是电工中常用的 Y/△启动器，常用于中型、大型注塑机电气控制电路中，为了减少启动电流，采用降压启动、全压运行的方式。Y/△启动器主要电路常由三极自动空气开关、熔断器、三个交流接触器、热继电器、电动机组成。其控制电路常用单极自动空气开关、急停按钮、按钮、时间继电器等组成。通常主电路器件和控制电路中的单极空气开关、时间继电器均在注塑机的配电箱或配电板内布置，急停按钮和按钮在控制屏或操作面板或控制面板上布置。图 4-24 是 PT-80 型注塑机电箱电器分布示意。

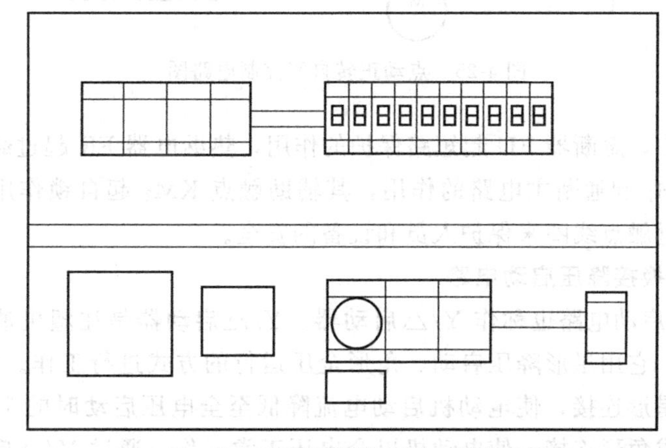

图 4-24　PT-80 型注塑机电箱电器分布示意

(1) 直接启动电路

图 4-25 是具有过载保护、正转自锁控制电动机运行的基本控制电路，它能实现对电动机的启动、停止的自动控制；远距离、频繁操作控制，还具有短路、过载、零压保护功能，其工作过程如下。

① 合上自动空气开关 QF_1，电路通上动力电源和控制电源。

② 按下按钮 SB_2 启动电动机运行。控制电路中，经过保险器 FU、热继电器触点 FR、急停按钮 SB_1、交流接触器线圈 KM 的电路闭合，交流接触器 KM_1 主要触点吸合，电动机 M 通电运转。

③ 松开按钮 SB_2、电动机 M 继续运转，这时控制电路中是靠交流接触器 KM 的常开辅助触点 KM_2 的闭合来自保，维持控制电路的通电状态，这个辅助触点通常称作自锁触点。交流接触器的线圈还具有欠电压保护作用，当电源低于额定电压值时，线圈会断开主电路起到保护作用。

④ 按下停止按钮 SB_1，控制电路失电，交流接触器线圈 KM 失电，KM_1 断开，主电路断开，电动机 M 会停止转动。

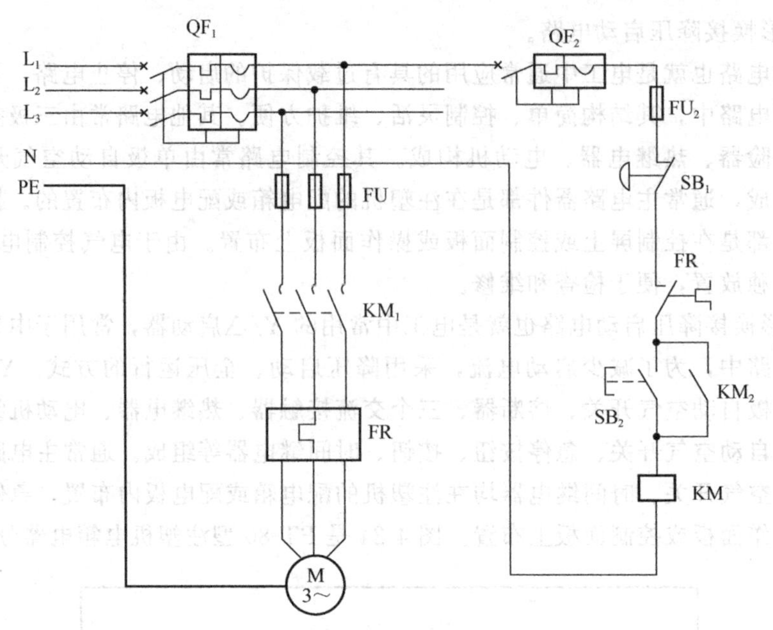

图 4-25　点动正转自锁控制电路图

直接启动电路中，熔断器 FU 起短路保护的作用，热继电器 FR 起过载保护的作用，交流接触器主触点 KM_1 起通断主电路的作用，其辅助触点 KM_2 起自锁作用，线圈可起到欠电压保护作用，通过触点线圈来保护人员和设备的安全。

(2) 星形/角形换接降压启动电路

星形/角形降压启动电路也称作 Y/△启动器。Y/△启动器是注塑机油泵电机中最常采用的电气控制电路，它用星形降压启动、角形全压运行的方式进行工作。利用星形启动时，由于定子绕组接成星形连接，使电动机启动电流降低至全电压启动时的 1/3，启动完毕后，又将定子绕组换接成角形连接，使电动机以全电压正常工作。通过 Y/△启动器来改善启动性能，减少启动电流对供电电源和供电网造成的冲击。如图 4-26 所示，Y/△启动器工作过程如下。

① 合上自动空气开关 QF_1，电路送上动力电源和控制电源，合上空气开关 QF_2。

② 按下启动按钮 SB_2，主接触器 KM_1 吸合，主电路接通电源，电动机 M 接线端 U_1、V_1、W_1 通入三相交流电。与此同时，并联控制电路中，通过自锁常闭触点 KM_{22} 和时间继电路常闭延时触点 KT 使得星形接触器 KM 得电，其主触点 KM_3 闭合将电动机 M 的另一组接线端 U_2、V_2、W_2 通过星形连线接通，使得电动机按星形接法运转。

③ 在电动机 M 星形启动的同时，时间继电器 KT_1 线圈受电，开始计时，通过其延时闭合和延时断开触点来对控制电路进行转换。

④ 当计时到时，其延时常闭触点 KT_1 断开控制电路，使得星形接触器 KM_3 线圈失电，电动机 M 的星点连接断开，与此同时其延时常开触点 KT_2 闭合，使得角形接触器 KM_2 线圈受电吸合，其主触点 KM_2 将电动机 M 的另一组接线端 U_2、V_2、W_2 端接成角形接法，使电动机 M 按角形运转，电动机启动过程完成。

⑤ 按下停止按钮 SB_1，控制电路失电，主交流接触器 KM_1 和角形接触器 KM_3 线圈失电，主电路断开，电动机 M 停止转动。

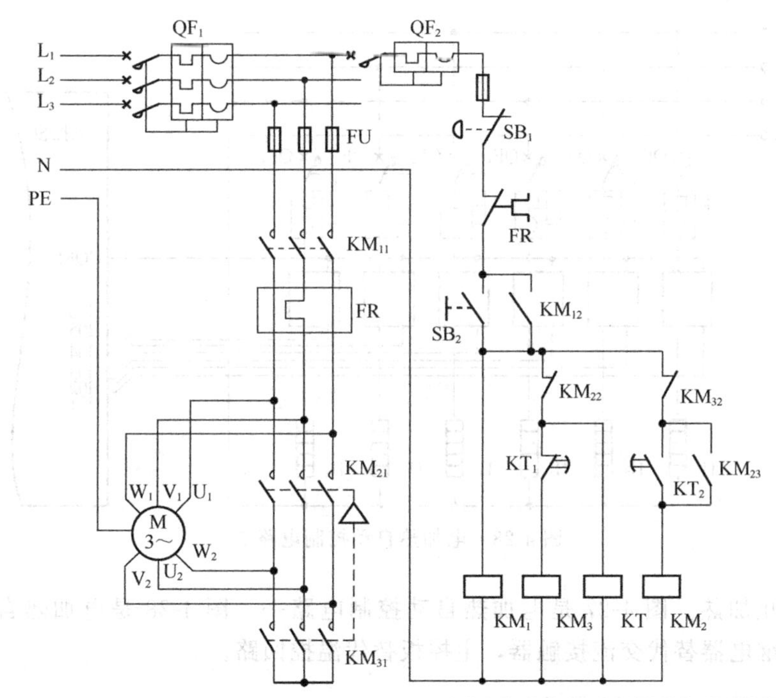

图 4-26 星形/角形换接降压启动电路图

4.2.2 电加热自动控制电路

电加热自动控制电路是注塑机重要的电路之一，其主要工作过程是通过热电偶采集温度信号，并送入温度控制器中去，温度控制器将采用温度与设定温度作比较，如果测量温度低于设定温度，温度控制器内部的直流继电器闭合（见图 4-27 中的 TC_1），使控制加热器的交流接触器线圈得电，从而使得交流接触器的主触点（图 4-27 中 KM_1）闭合，使加热器接通电源。当温度达到设定温度后，温控器的内部继电器触点断开、切断交流接触器线圈电源，

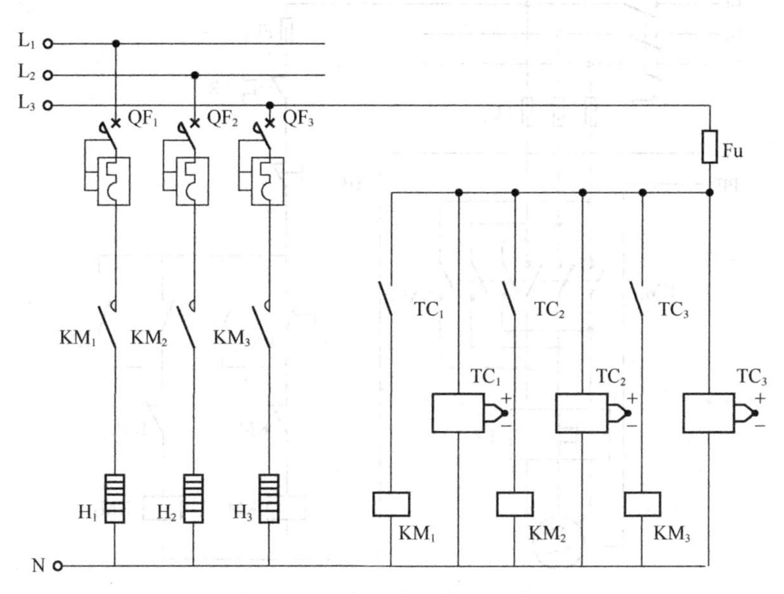

图 4-27 电加热自动控制电路一

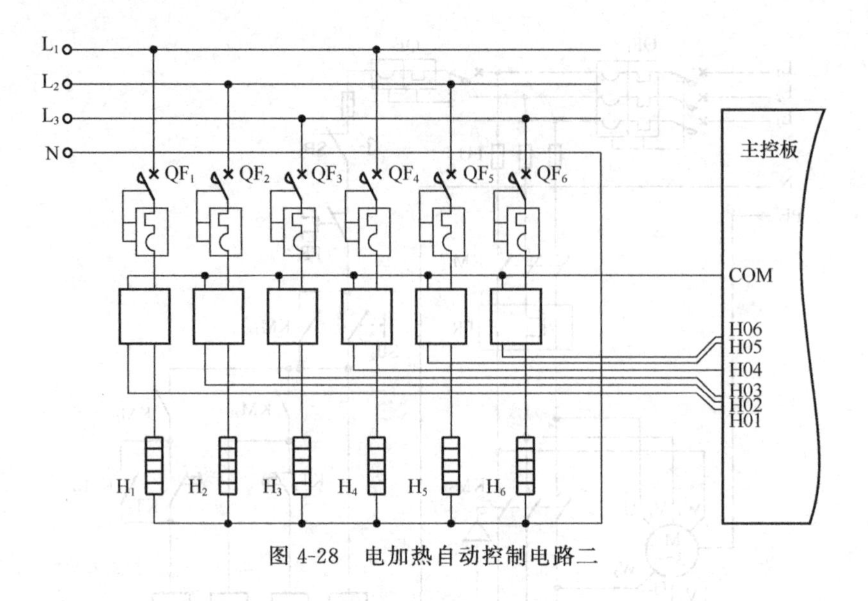

图 4-28 电加热自动控制电路二

加热器失电停止加热。图 4-27 是电加热自动控制电路一。图 4-28 是电加热自动控制电路二，采用固态继电器替代交流接触器，主控板替代温控回路。

4.2.3 调模电机正反转控制电路

调模电机控制电路一般采用接触器或继电器联锁的正反转控制电路，其中相当部分的注塑机调模电机还采用油马达来控制模板的前后或厚薄。采用继电器联锁的正反转控制电路的机型，调模电机功率一般不大，电路采用两个接触器或继电器，一个用于电机的正转，另一个用于电机的反转，并且分别由正转按钮和反转按钮进行启动，用限位开关进行极限控制。图 4-29 是接触器联锁的正反转控制电路，是调模电机正反转控制的主控电路图。其原理是

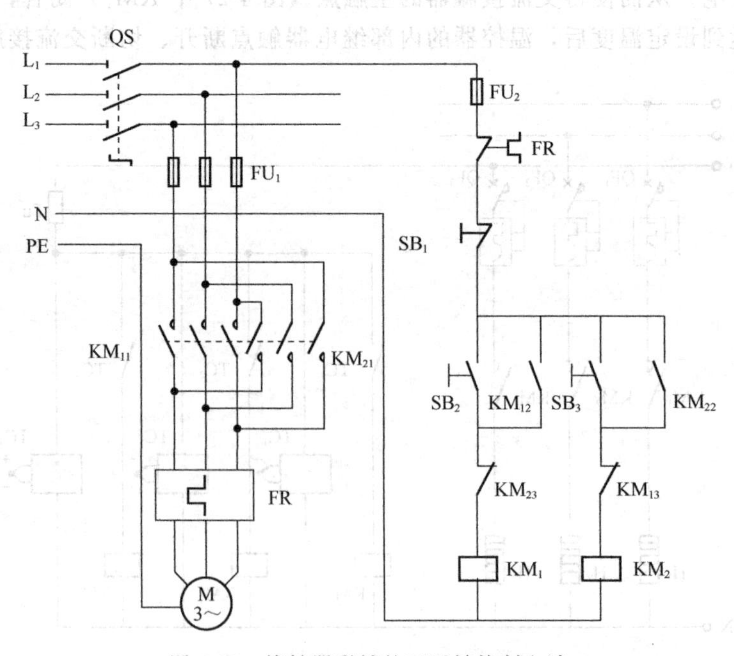

图 4-29 接触器联锁的正反转控制电路

通过改变输入电动机定子绕组的三相电源的相序来改变电机的转向。常用的方法是把接入电动机三相电源进线中任意两相对调接线，就可改变电机的转向，在正反转控制电路中是将两只接触器分为正转或反转接触器，如果正转接触器主触头按 L_1-L_2-L_3 相序接线，那么反转接触器主触头要按 L_3-L_2-L_1 相序接线。相应的控制电路由启动电路、自保触点再串接对方互锁触点去驱动接触器线圈，这样就可避免正转接触器和反转接触器同时启动，否则同时启动就会造成两相电源 L_1 相和 L_3 相短路，在实际接线中，常用对方的常闭触点来实现联锁作用。

接触器联锁的正反转控制电路的工作过程如下。

① 合上开关电源 QS，接通电源。

② 按下正转按钮 SB_2，正转接触器 KM_1，线圈得电吸合，KM_{12} 自锁触点闭合自锁，且主触点 KM_{11} 闭合，电动机 M 启动并连续正转。同时，其常闭触点 KM_{13} 断开反转控制电路，实现了联锁作用。

③ 要进行反转控制，先按下停止按钮 SB_1，使得正转接触器 KM_1 的线圈失电，这时，KM_{12} 自保触点断开，解除自锁，且 KM_{11} 主触点分断，电动机 M 停止转动。然后，正转接触器 KM_{13} 常闭触点恢复状态，解除对反转接触器的联锁。

④ 按下反转按钮 SB_3，反转接触器 KM_2 线圈得电吸合，KM_{22} 自锁触点闭合自锁，KM_{21} 主触头吸合通电，电动机 M 启动并连续反转。同时，其常闭触点 KM_{23} 断开正转控制电路，实现对正转的联锁作用。

⑤ 停止时，只需按下按钮 SB_1，控制电路失电，使吸合的 KM_{21} 主触点分断，电动机 M 失电停止转动。

4.3 弱电部分

注塑机的电子控制电路是注塑机的指挥系统，其主要作用包括 3 个方面：①接受各种输入信号，包括面板按钮开关信号、行程开关等机器反馈信号和参数设置输入等；②设定动作时间；③输出信号到面板指示灯或显示屏，并输出信号控制电磁阀。所以，注塑机的电子控制电路也主要包括 3 部分：信号处理模块（包括 CPU、存储器）、输入信号处理模块、输出信号处理模块。现以微机控制类注塑机为例说明注塑机电子控制电路的组成模块和各模块的原理与功能，目前市场上较为少见的早期的继电器控制类注塑机的电子电路将在以后章节做简单介绍。

4.3.1 电子控制电路的总体结构

微机控制注塑机电子电路采用工业专用电脑，工业专用电脑采用的中央处理器 CPU 有 8 位 CPU，16 位 CPU 到 32 位 CPU 等，有单板机或单片机微处理器。配备随机存储器 (RAM)、只读存储器（EPROM）、I/O 输入输出接口以及总线结构，加上外设进行控制输入和输出显示或状态监测等，从而对注塑机各项动作进行顺序控制和时间控制，图 4-30 是微机控制注塑机的系统方框图。

图 4-30 中的中央处理器、随机存储器、只读存储器是信号处理模块，其主要作用是接收经输入接口电路处理的信号，并根据输入信号的触发作用运行适当的程序段，将程序运行结果输出给输出接口电路，经输出接口电路进行信号转换后，输出到电磁阀与指示灯。图中

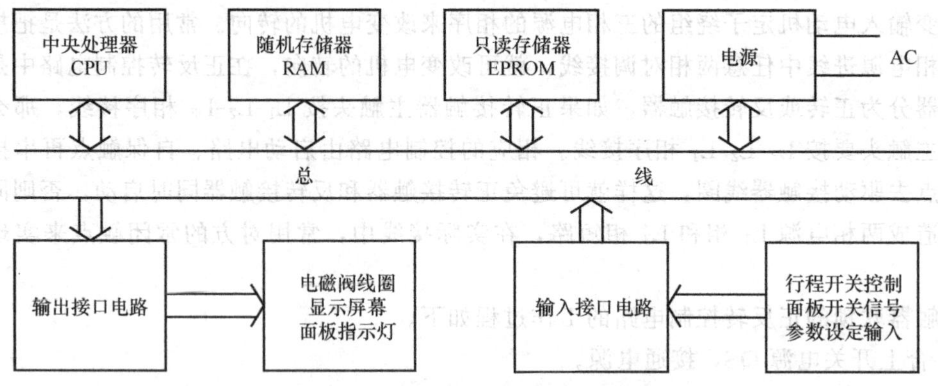

图 4-30 微机控制注塑机系统方框图

输出接口电路与输入接口电路分别对注塑机信号处理单元的输出信号及外部输入信号进行信号转换。这种信号转换主要包括 3 个方面：①进行模拟信号与数字信号的转换（即 A/D 转换），因为 CPU 只能识别处理数字信号，而外部的行程开关或面板开关提供的都是连续的电压信号，驱动电磁阀也需要连续信号，所以要进行模拟信号与数字信号的转换；②将处部电信号与 CPU 进行隔离，避免外部电路的信号波动干扰 CPU，注塑机通常采用光电耦合隔离；③将信号放大到足以驱动电磁阀。输入接口电路及输出接口电路的电路原理及作用以后章节将作详细介绍。注塑机的输入输出接线图如图 4-31 所示。

4.3.2 比例压力与比例流量电子放大板的原理

数控机采用放大电路板对系统压力和速度进行定量的精密的控制。比例放大板的输入信号取自拨码开关输出幅值，比例放大板的输出去驱动比例压力电磁阀和比例流量电磁阀，驱动比例压力阀和比例流量阀阀芯开启的大小，以控制系统压力和系统流量的大小。调节和校正时，拨码开关设定值、比例放大板输出电流、比例阀的开度、系统压力或流量等各参数关系是按比例关系而变化的。具体可由机器电箱上设置的两个直流电流表来显示。

比例放大板是数控机上控制压力、流量的重要的电路。它由输入信号处理电路、三角波发生器、差动放大电路、光耦合隔离器、功放电路、电源电路等组成，实际调校过程就是对输入接口、外输入和内设定的调节，使功放电路的输出与输入成正比例关系。图 4-32 为 VCA-080E 系列放大板原理框图，S 表示流量输入信号、来自流量拨码开关的输出，SL 表示流量最低限额控制电位器，SH 表示流量最高限额控制电位器。通常当流量拨码开关设置为“00”时，调节 SL 电位器使控制输出流量的电流表指示值为 200mA；当流量拨码开关设置为“99”时，调节 SH 电位器使控制输出流量的电流表指示值为 680mA。P 表示压力输入信号，来自压力拨码开关的输出，PL 表示压力最低限额控制电位器，PH 表示压力最高限额控制电位器，通常当压力拨码开关设置为“00”时，调节 PL 电位器使控制输出压力的电流指示值为 200mA；当压力拨码开关设置为“99”时，调节 PH 电位器使控制输出压力的电流表指示值为 800mA。VCA-080E 放大电路板还设有两对斜坡调整电位器，一对是压力信号的斜坡调整电位器，另一对是流量斜坡调整电位器。每对调整电位器的斜坡上升电位器用 UP 来表示，而斜坡下降电位器用 DOWN 来表示。所谓斜坡的功能就是使控制信号的变化不要突变，而是缓慢地呈斜坡变化。其作用是防止系统压力突变，从而避免油泵的负载突变，起到保护油泵的作用。斜坡上升调整就是调整压力或流量由低升高的变化速度，用 UP

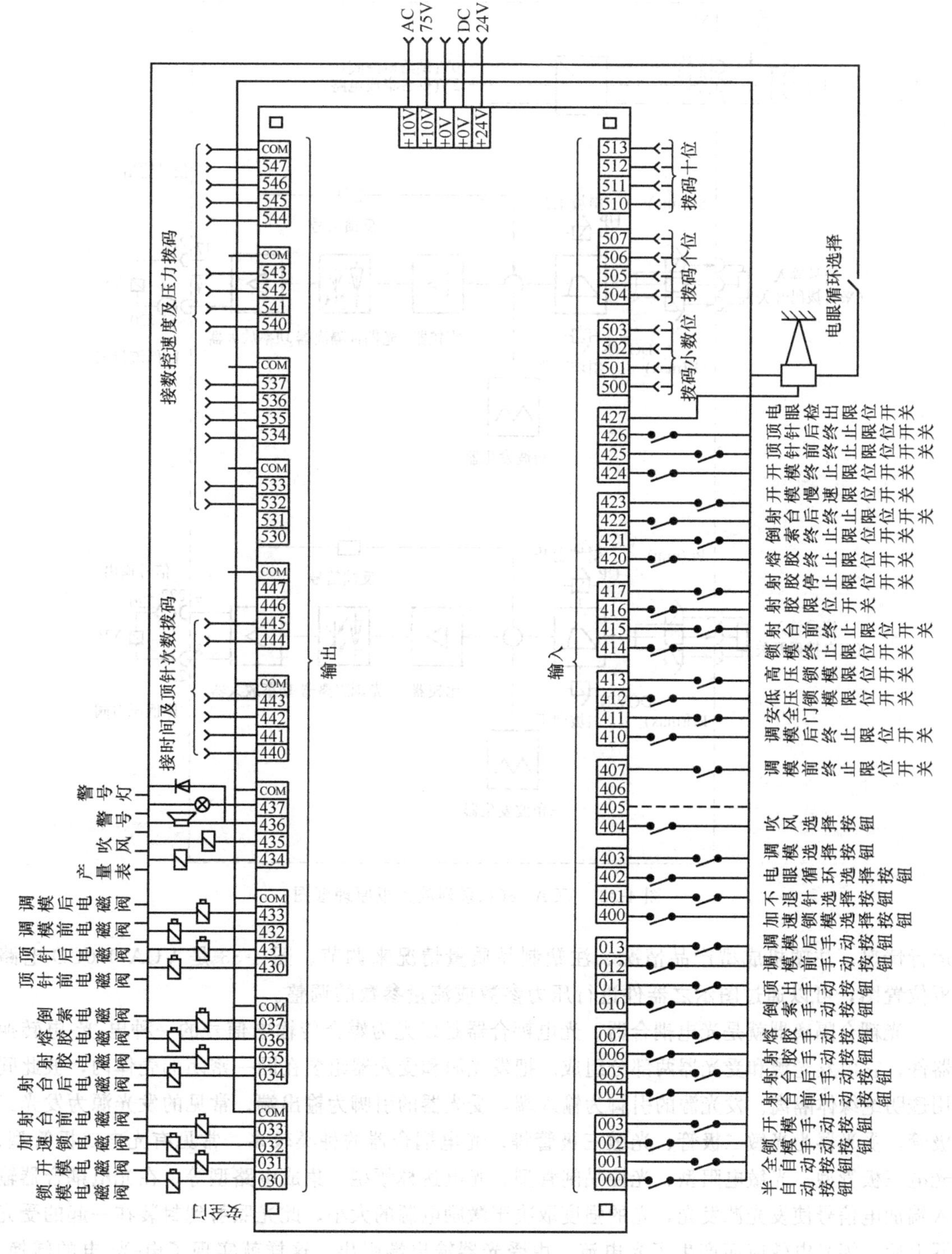

图 4-31　T-180 型注塑机主板接线图

来表示。顺时针旋转该电位器时，由低压升高压的时间较长，逆时针旋转，时间较短。一般情况下，如压力上升时间调长，机器运行动作较平缓。斜坡下降调整就是调整压力或流量由高降低的工作时间，用 DOWN 来表示。顺时针旋转该电位器时，由高压下降到低压的工作时间较长，逆时针旋转，时间较短。一般情况下，时间调短则反应较快速，具体可根据机器

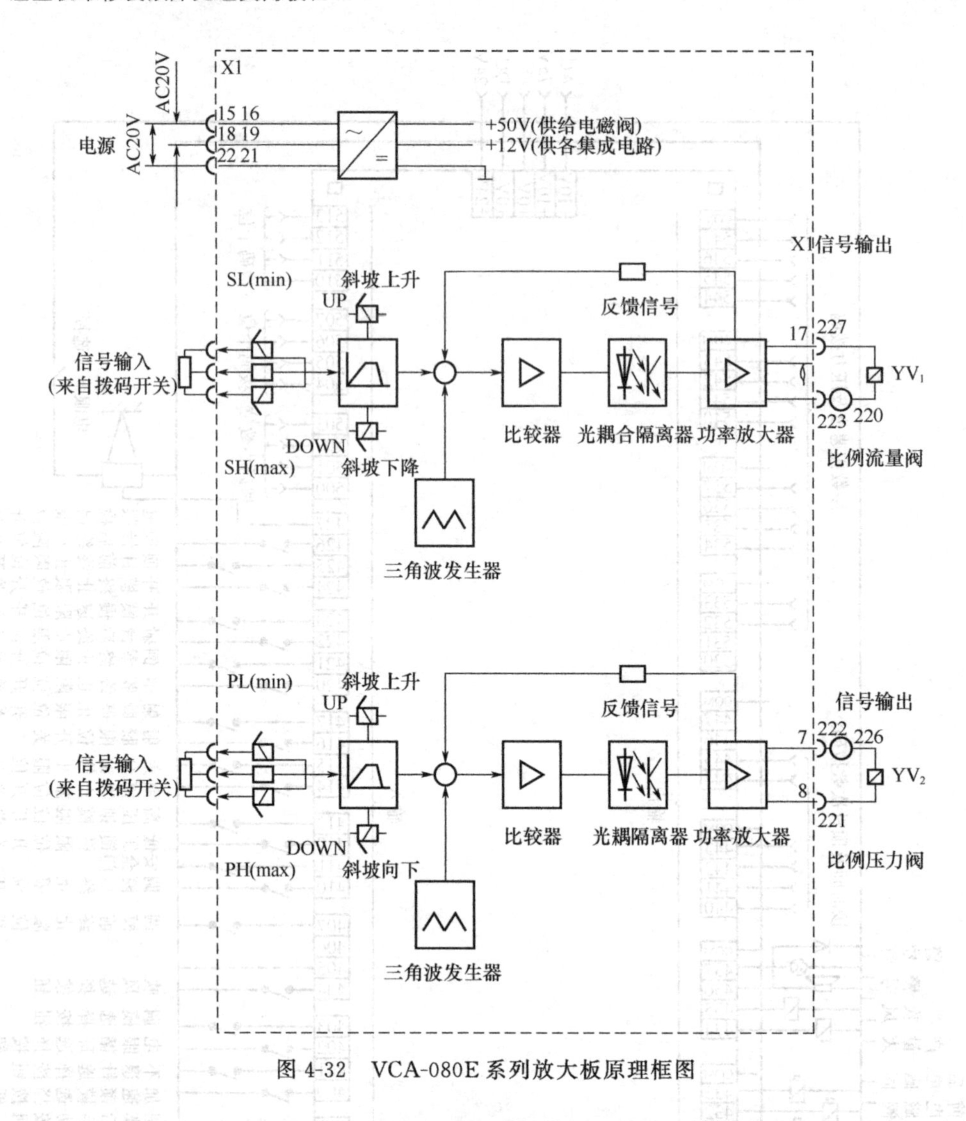

图 4-32　VCA-080E 系列放大板原理框图

运行情况、注塑机成型产品情况、注塑制品质量情况来调节。图 4-33 是 VCA-070CD 电路板位置图，可以通过图示之器件进行压力参数或流量参数的调整。

光耦合隔离器就是光电耦合器。光电耦合器是以光为媒介传输电信号的一种电-光-电转换器件，它由发光源和受光器两部分组成。把发光源和受光器组装在同一密闭的壳体内，彼此间用透明绝缘体隔离。发光源的引脚为输入端，受光器的引脚为输出端。常见的发光源为发光二极管，受光器为光敏二极管、光敏三极管等。光电耦合器的种类较多，常见有光电二极管型、光电三极管型、光敏电阻型、光控晶闸管型、光电达林顿型、集成电路型等。在光电耦合器输入端加电信号使发光源发光，光的强度取决于激励电源的大小，此光照射到封装在一起的受光器上后，闪光电效应而产生了光电流，由受光器输出端引出，这样就实现了电-光-电的转换。光电耦合器具有很好的隔离效果，能有效地防止输出回路的电信号干扰输入回路，因此常用于微光耦合隔离器。光耦合隔离器之所以具有隔离作用是因为发光源能激发受光器产生电流，而受光器不能影响发光源网路的电流，所以当输出网路电流发生变化时输入网路的电流不变。

现以特佳数控放大板 LCK-022 为例说明比例流量与比例压力放大板的工作原理。如图 4-34 所示，A_6、A_7 组成一个三角波发生器，输入信号 Q_{IN}或 P_{IN}经 A_1、A_2、A_3、A_4、A_5

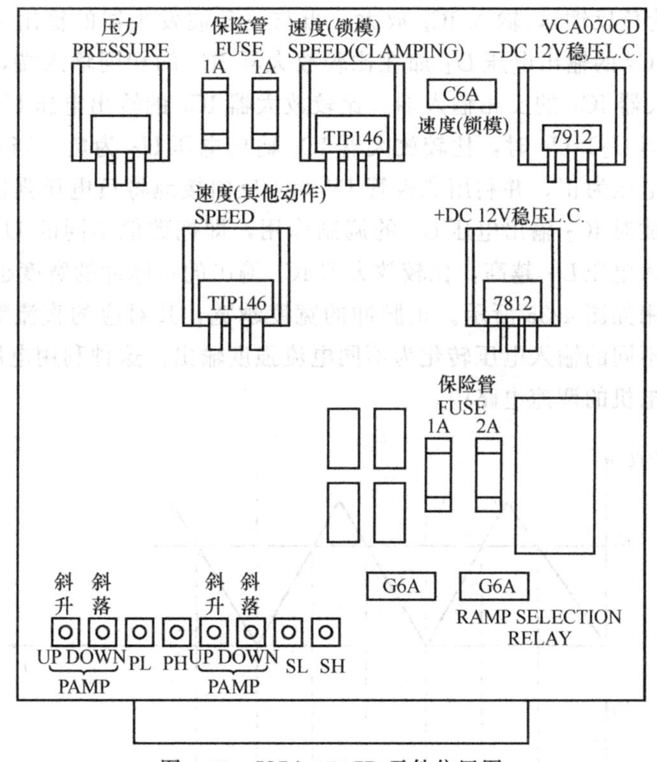

图 4-33　VCA-070CD 元件位置图

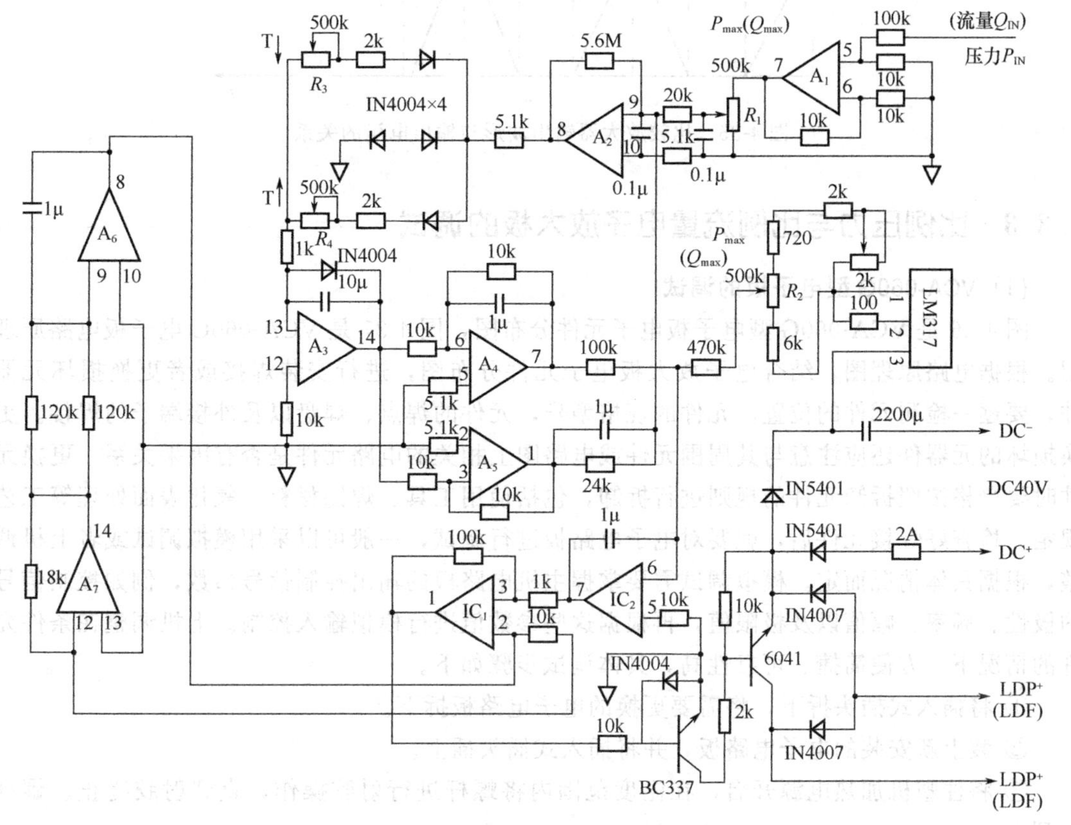

图 4-34　特佳数控放大板 LCK-022 电路原理（省略 F）

放大后（其中 A_5 为负反馈），输入 IC_2 放大，再与三角波发生器的输出一起输入比较放大器 IC_1 比较放大，IC_2 的输出电压 U_1 加在比较放大器 IC_1 的相同输入端，三角波的输出电压 U_2 加在比较放大器 IC_1 的反相输入端。比较放大器 IC_1 的输出电压 U_3 取决于 2 个输入电压的相对大小。当 $U_2>U_1$ 时，比较放大器 IC_1 输出电压 U_3 为负，当 $U_2<U_1$ 时，比较放大器 IC_1 的输出电压为正，并利用二极管 IN4004 反向接地将负电压强制接零，屏蔽负电压脉冲。该电路完成对 IC_2 输出电压 U_1 的调制作用，即把数值不同的 U_1 转变为不同宽度的正脉冲输出。输入电压 U_1 越高，比较放大器 IC_1 输出的正脉冲的宽度越宽。输入电压 U_1 对三角波的截取作用如图 4-35 所示。正脉冲的宽度越宽，其对应的直流等效电流越大，即通过加入三角波将不同的输入电压转化为不同电流强度输出。这种利用电压截取三角波正脉冲的电路也常用于电机的调速电路中。

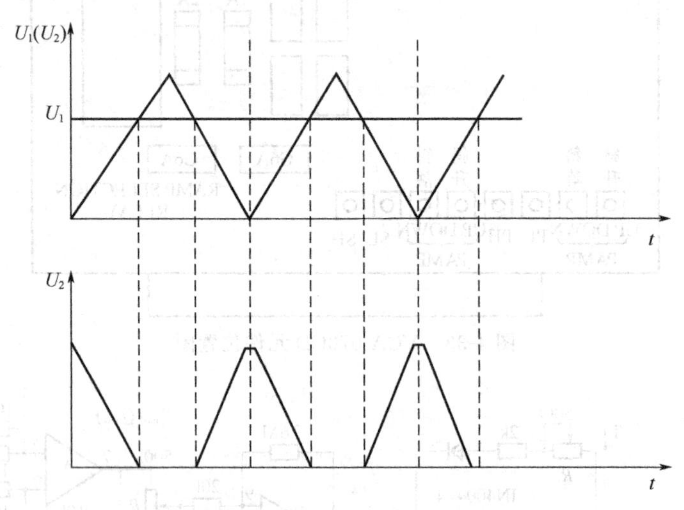

图 4-35 比较放大器输出波形与输出电压的关系

4.3.3 比例压力与比例流量电子放大板的调试

(1) VCA-060G 型电子板的调试

图 4-36 是 VCA-060G 型电子板电子元件分布图，图 4-37 是 VCA-060G 电子板电路原理图。根据电路原理图，结合电子放大板电子元件分布图，进行安装焊接或者更换损坏元器件，要逐一检测元件的位置，元件的规格型号，元件的焊点、焊盘以及外接端子的焊接。更换损坏的元器件还应注意与其周围元件或电路图上相关的电路元件是否有因果关系。更换元件时要严格按照拆卸元件的规则进行拆卸，包括使用工具、焊锡材料、氧化表面处理等工艺规定。检查好焊接元件后，就要对电子电路板进行调试，一般可以采用模拟调试或者上机调整，根据具体情况而定。模拟调试需要掌握主机电路板的输出控制信号参数，例如控制信号的极性、频率、幅值以及极限值，再根据这些参数值进行模拟输入控制。上机调整在条件允许的情况下，方便简捷、可靠性高，具体调试步骤如下。

① 将插入式插头拆下，将需要更换的电子电路板拆下。

② 装上新安装的电子电路板，并将插入式插头插上。

③ 将注塑机加热电源开启，在温度范围内将螺杆进行射胶操作，直到射胶终止、螺杆顶到底。

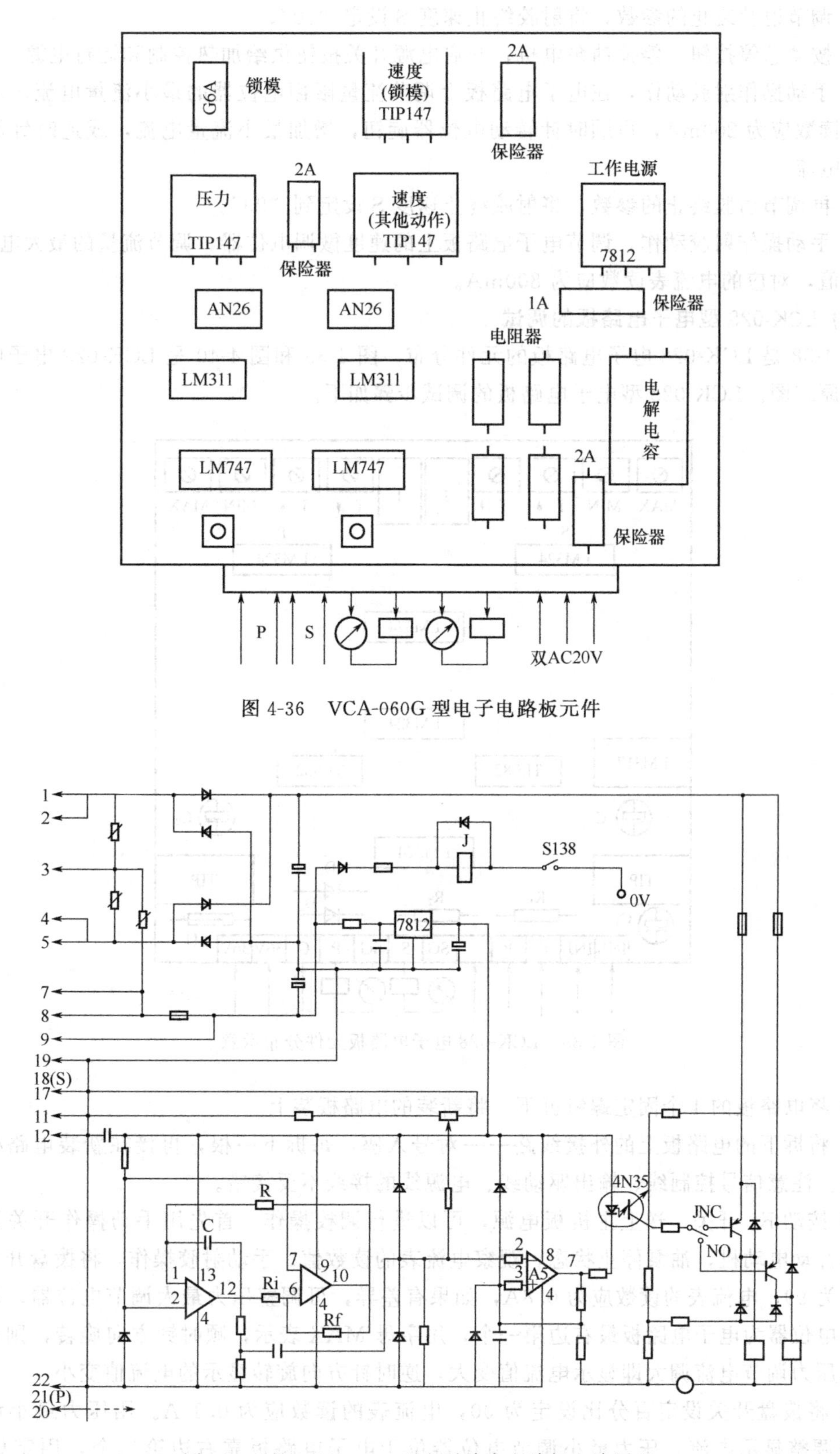

图 4-36　VCA-060G 型电子电路板元件

图 4-37　是 VCA-060G 型电子放大电路板电路原理

④ 调节射胶终止的参数，将射胶终止速度S设定“00”。

⑤ 按动急停按钮，停掉油泵电机，开启电源开关按钮供给加热控制和运行电源。

⑥ 手动操作射胶动作，在电子电路板上调节流量限额电位器的最小流量电流，对应的电流表读数应为200mA，可顺时针转动电位器旋钮，增加最小流量电流，或逆时针旋转减少流量电流。

⑦ 再调节射胶终止的参数，将射胶终止速度S设定到“99”。

⑧ 手动操作射胶动作，调节电子电路板上的速度微调电位器，调节流量的最大电流值，对应的电流表读数应为800mA。

(2) LCK-028型电子电路板的调试

图4-38是LCK-028电子电路板的元件分布，图4-39和图4-40是LCK-028电子电路板的电路原理图。LCK-028型电子电路板的调试步骤如下。

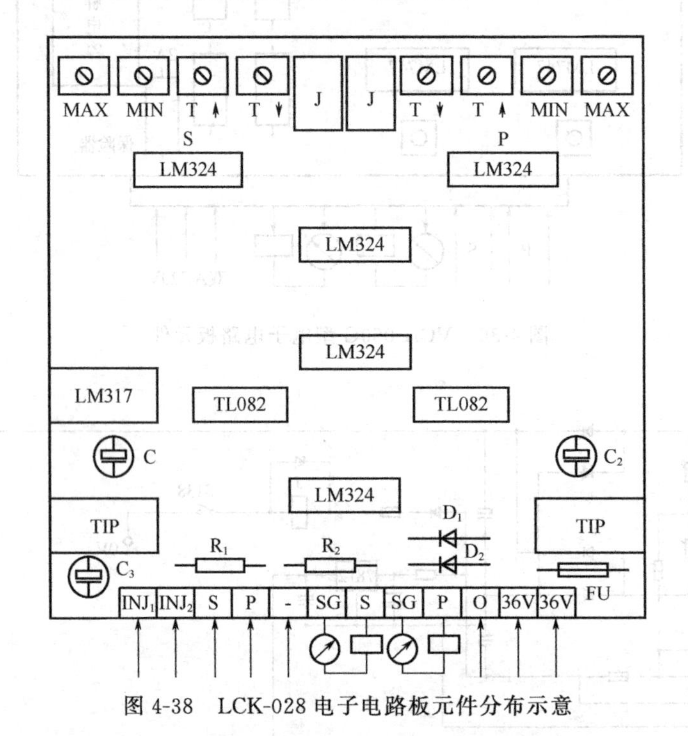

图4-38 LCK-028电子电路板元件分布示意

① 将电路板的4个固定螺钉拆下，将新装的电路板装上。

② 将拆下的电路板上的外接线路一一对号入座，每拆下一根，再接在新装电路板相同端子上。注意信号控制线、输出驱动线、电源线的接线不要接错。

③ 按动K_1开关，送上主机板电源，可以进行调校操作。首先用手动操作开关进行操作，不开动电动机，油泵停止状态，观察电流表的读数值。手动射胶操作，将拨盘开关设定百分比为99，电流表的读数应为0.8A，如果有差异，可调整压力最大调节电位器。压力最大调节电位器为电子电路板最右边第一个，用字母MAX表示，顺时针方向旋转，则压力阀的最大压力调节电流调大即显示电流值变大，逆时针方向旋转显示的电流值变小。

④ 将拨盘开关设定百分比设定为00，电流表的读数应为0.1 A。用压力最小调节电位器来调整显示电流，压力最小调节电位器位于电子电路板靠右边第二个，用字母MIN表示。顺时针方向旋转，则最小压力调节电流调大，显示电流值变大，逆时针方向旋转，

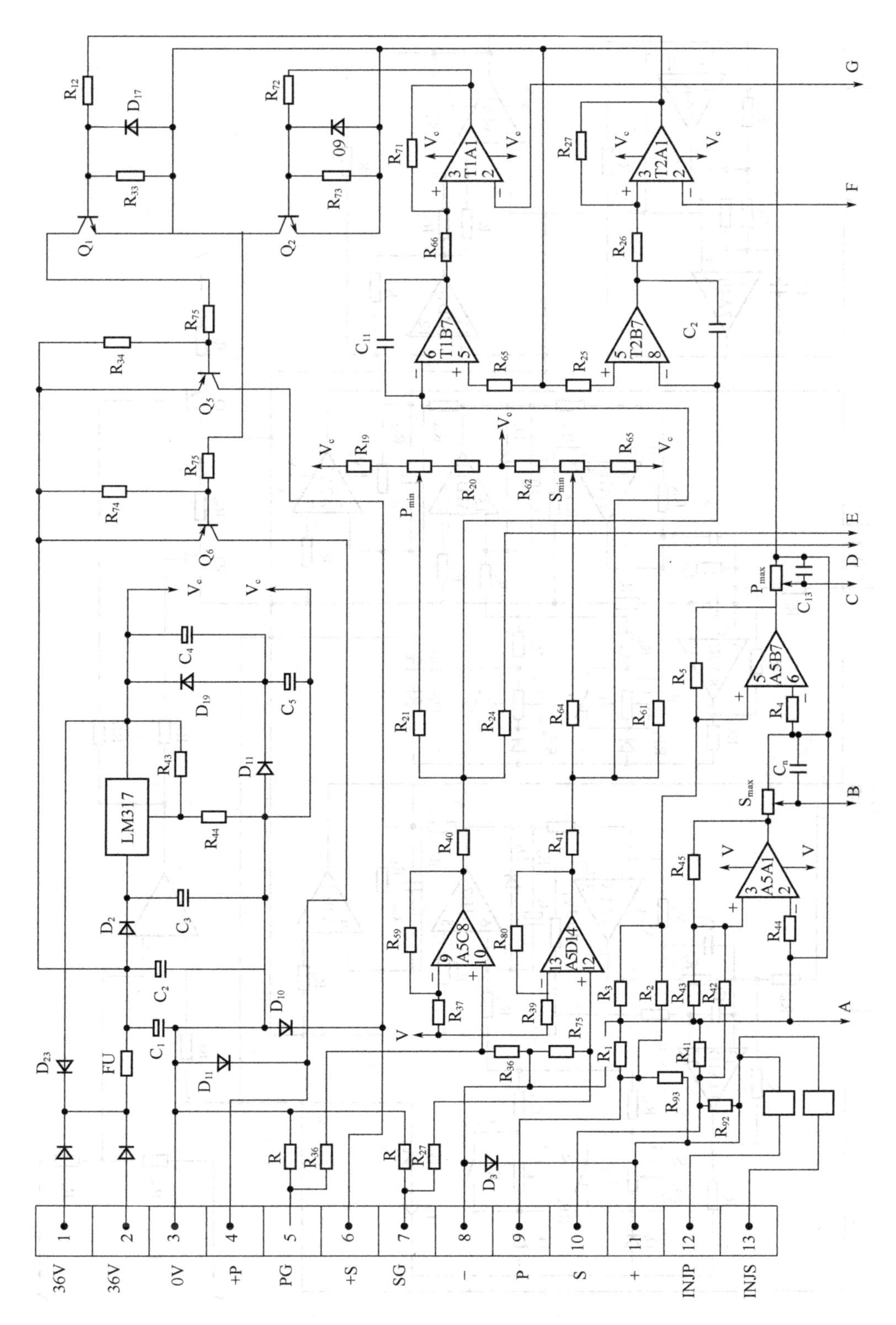

图 4-39　LCK-028 型电子电路板电路原理（一）

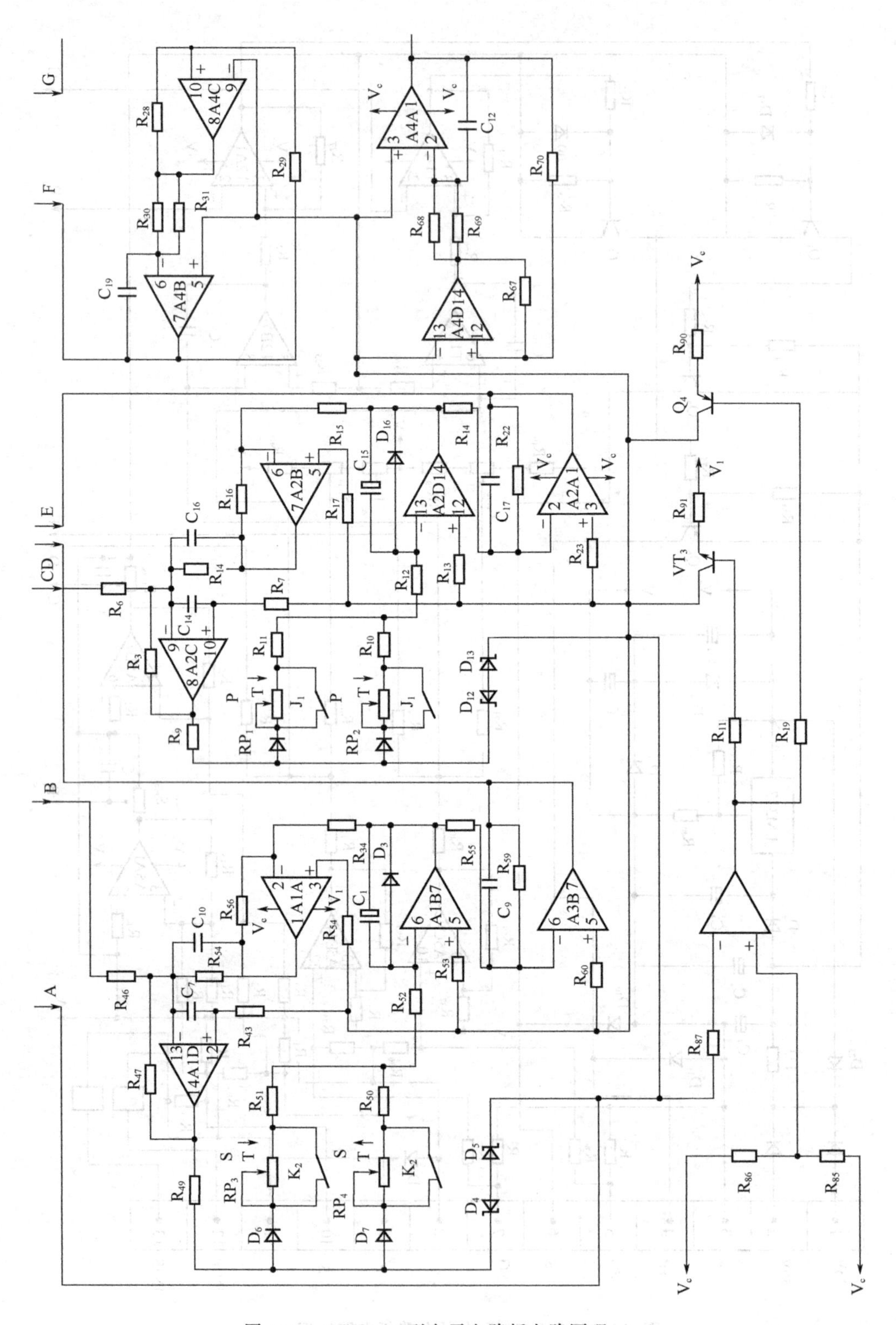

图 4-40　LCK-028 型电子电路板电路原理（二）

显示电流值变小。

⑤ 上升斜率的调整是用电位器 T↑来调节，位于电子电路板靠右边往左数第三个。T↑表示压力由低升高所需要的工作时间，也称作上升斜率。顺时针方向旋转电位器，上升时间较长；逆时针方向旋转．时间较短。一般用肉眼观看电流表变化的速度来调节，具体还需要根据实际注塑成型过程来调校。

⑥ 下降斜率的调整是用电位器 T↓来调节，位于电子电路板右边往左数第四个。T↓表示压力由高下降到低所需要的工作时间，也称下降斜率。顺时针方向旋转电位器，下降时间较长；逆时针旋转，时间较短。

⑦ 开启电动机，启动油泵，按动任一个操作动作，与拨盘对应，观看系统压力情况。设定参数百分比为 99 时，压力表应达到 145kgf/cm² 或 2000psi 刻度。电流表指示电流 0.8A 左右。若有偏差，可再调校电子板电位器，直到百分比 99 时，对应系统压力最大达 145kgf/cm² 为止。

⑧ 再将该动作拨盘的百分比参数调到“00”，按下操作动作，观看系统压力情况，这时压力表应接近于 0 值刻度，电流表指示电流 0.1A 左右，若有偏差，可调校电子板上电位器进行校正处理。

(3) 其他型号的比例压力与比例流量电子电路板

其他型号的比例压力与比例流量电子电路板的调校方法与以上 2 个案例类似，在此不再详细说明，仅给出其元件分布图和电路原理图供读者维修时参考。

图 4-41 和图 4-42 是 VCA-060B 电子电路板的元件分布图与电路原理图。

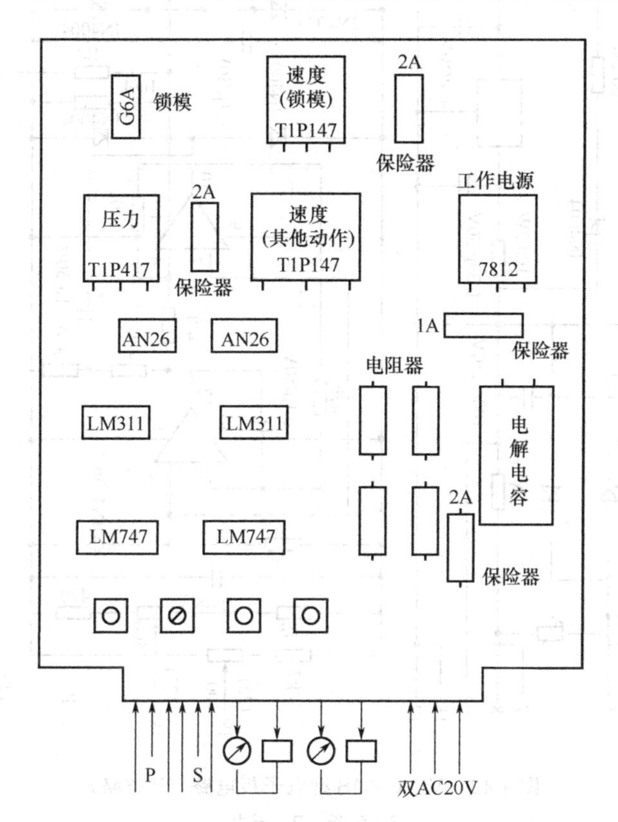

图 4-41　VCA-060B 电子电路元件分布示意

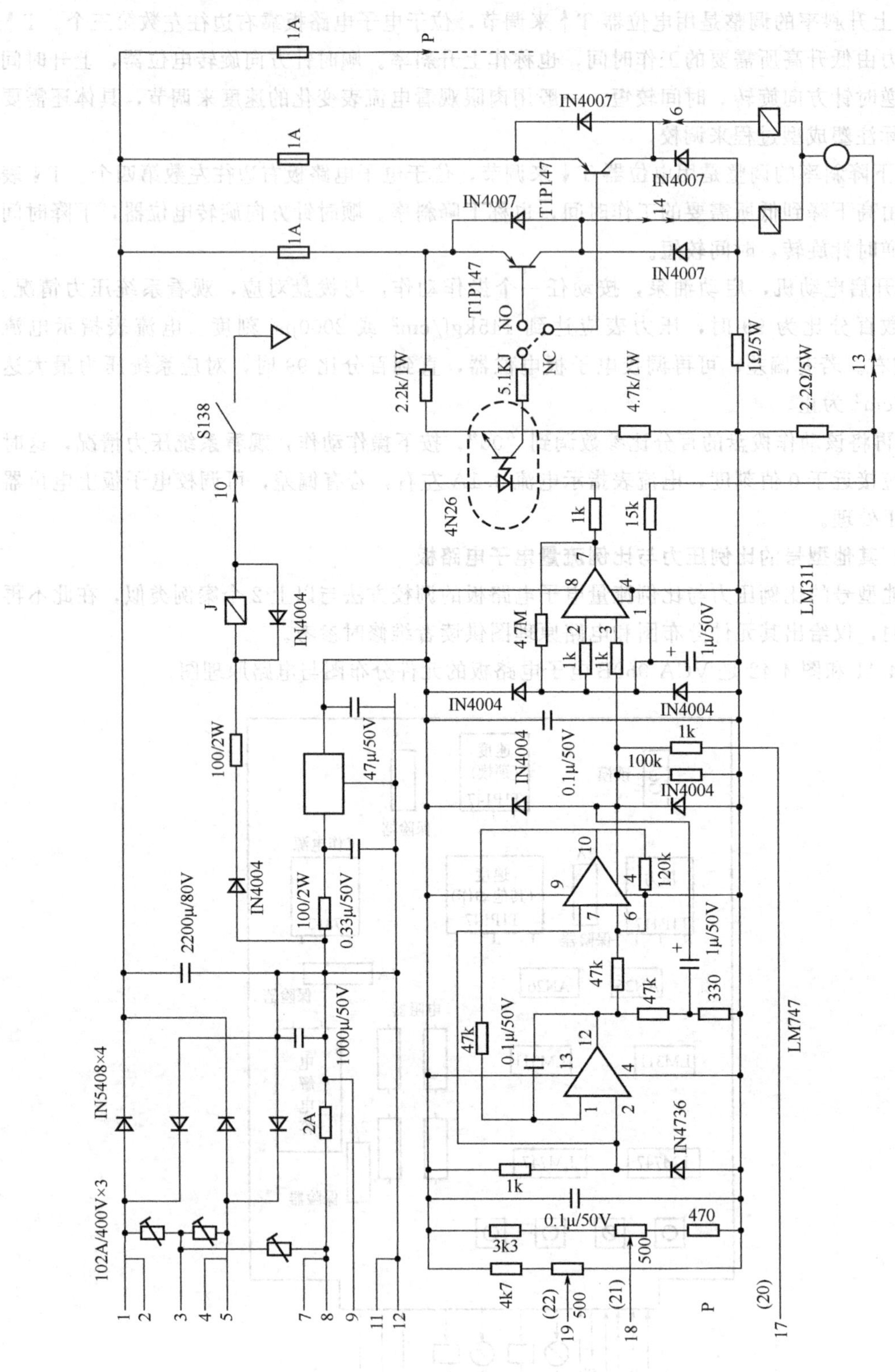

图 4-42　VCA-060B 型电子板电路（P 省略）

S—流量；P—压力

图 4-43 和图 4-44 是 VCA-070G 电子电路板的元件分布与电路原理。

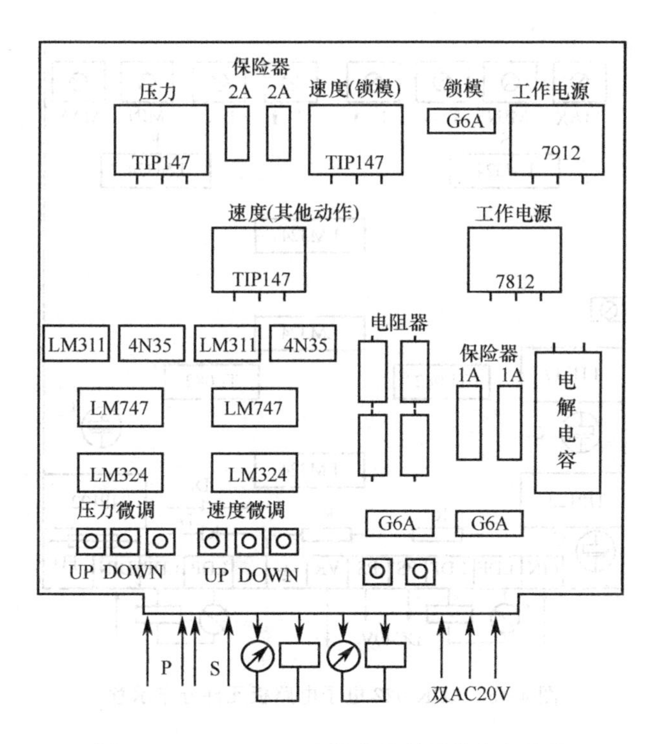

图 4-43　VCA-070G 电子电路板元件分布示意

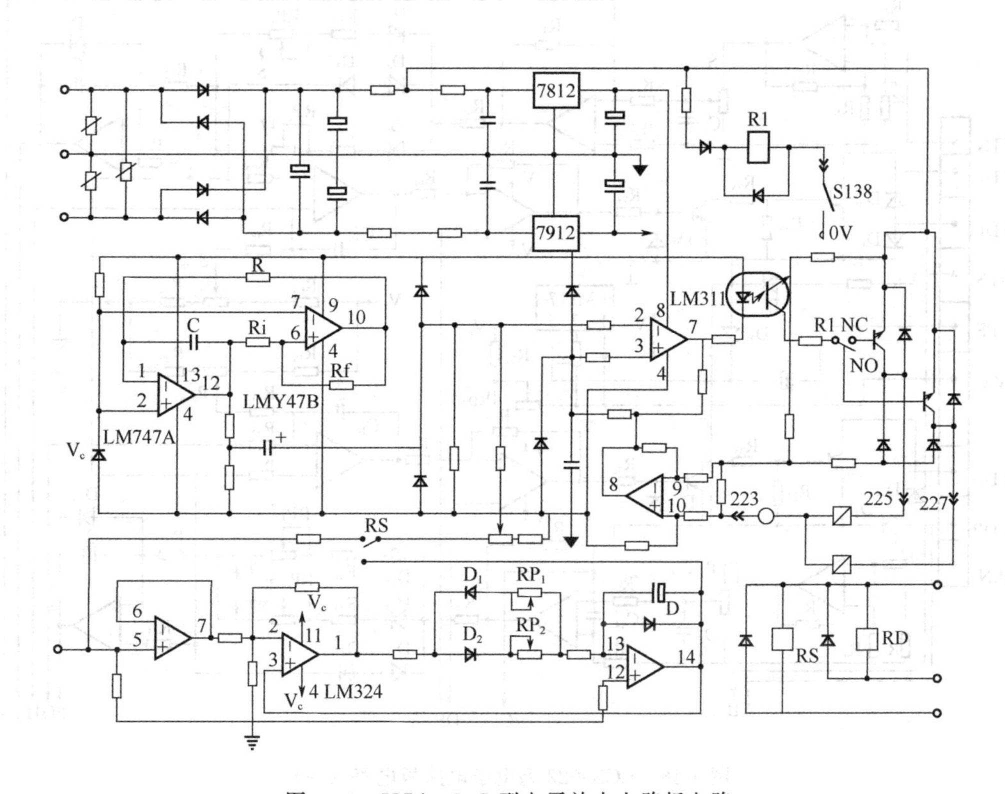

图 4-44　VCA-070G 型电子放大电路板电路

图 4-45～图 4-47 是 LCK-022 电子电路板的元件分布与电路原理。

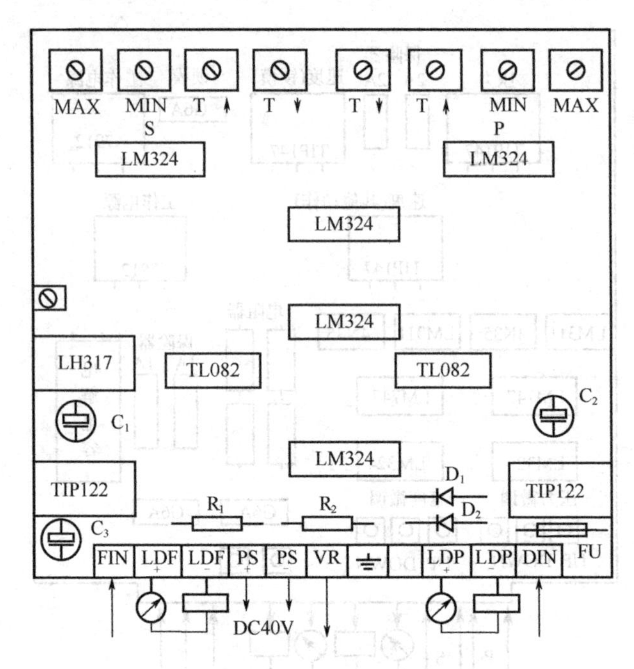

图 4-45　LCK-022 电子电路板元件分布示意

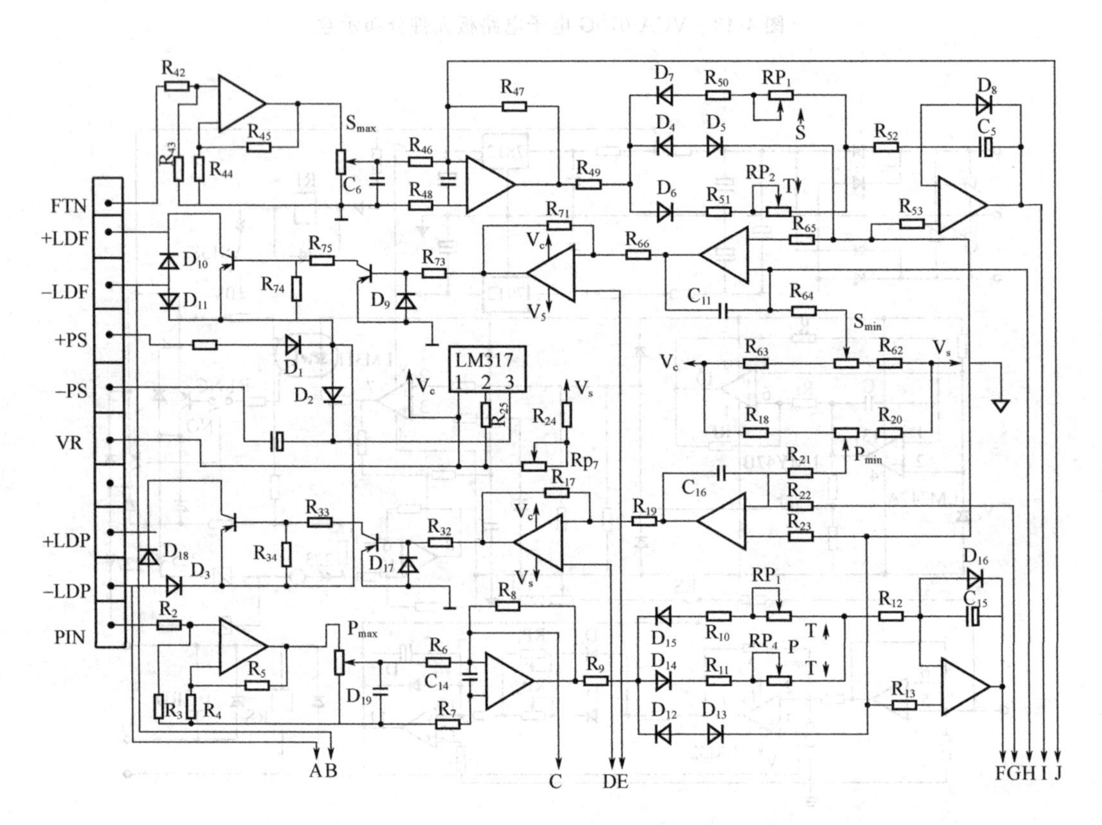

图 4-46　LCK-022 型电子电路板电路（一）

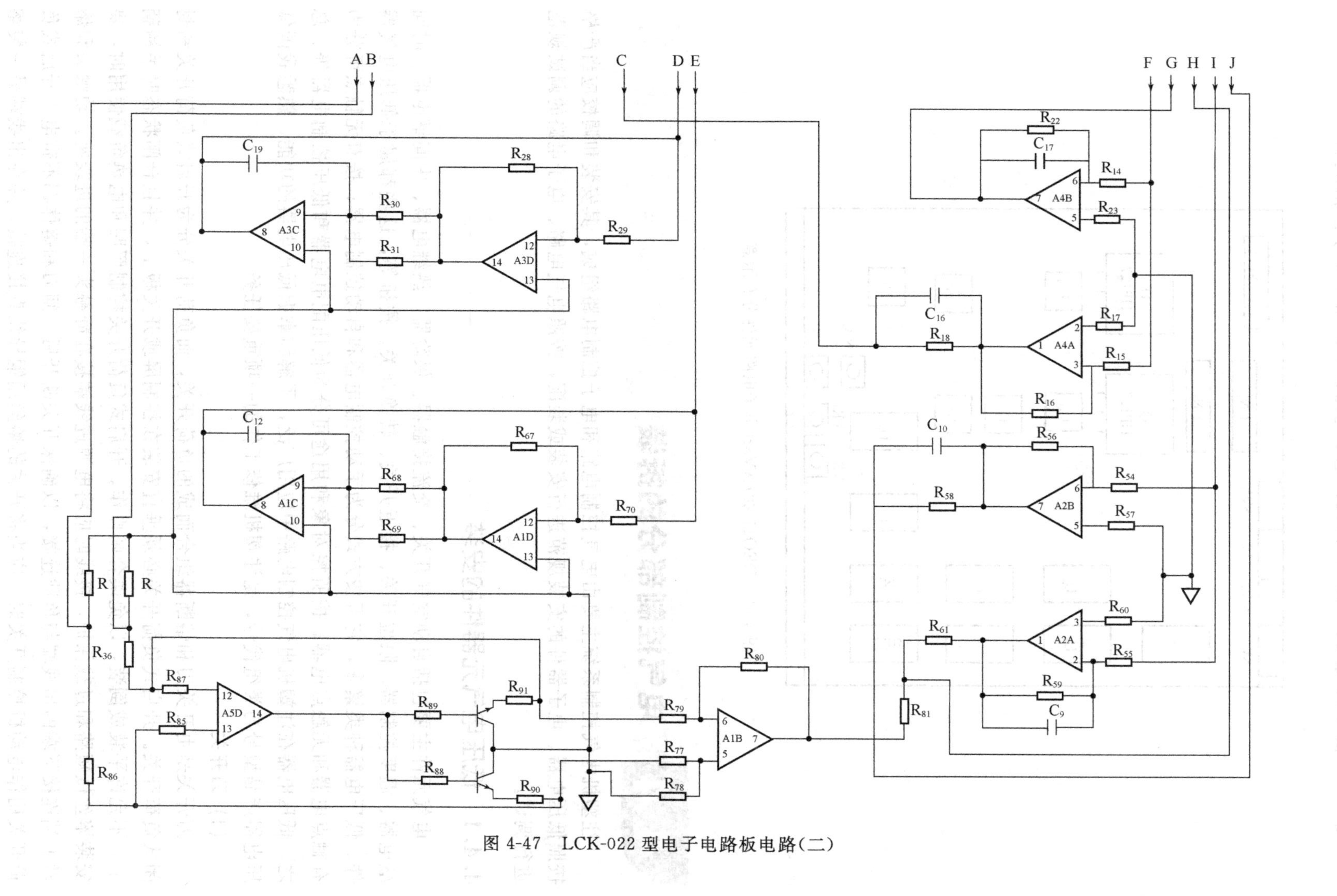

图 4-47　LCK-022 型电子电路板电路(二)

图 4-48～图 4-51 是 DEO11-20/AV3rl 电子电路板的元件分布与电路原理。

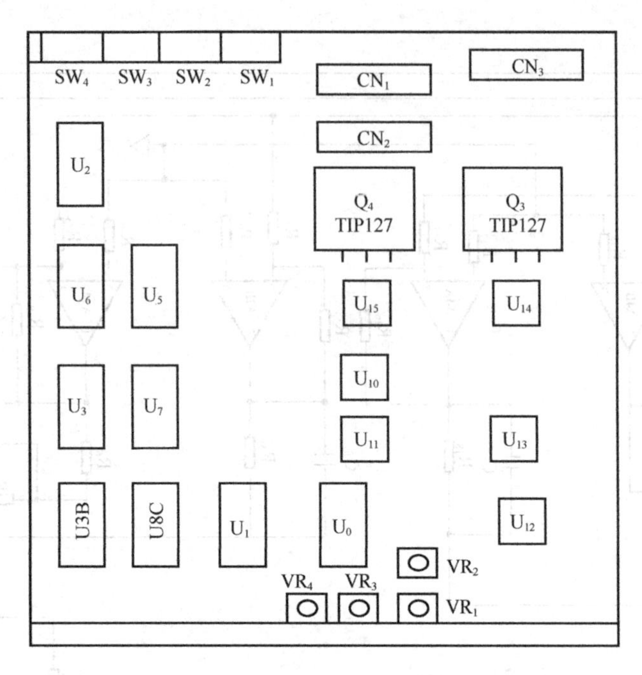

图 4-48　DEO11-20/AV3rl 电子电路元件分布示意

4.4 电气控制部分的拆装

注塑机电气控制系统主要由电气控制电路和电子控制电路组成，其安装和调校应当严格按照低压电器、电子器件的安装规范进行安装或装配，按照电气电路、电子电路的调试规范进行调试。

4.4.1 低压电气元器件的安装

电气元件主要包括自动空气开关、交流接触器、保险器、热继电器、中间继电器、时间继电器、温度控制器、限位开关、接近开关、转换开关、按钮等，这些都属于低压电气器件。低压电器种类繁多，它可按方式分为手动控制电器和自动控制电器；按有无触点可分为有触点电器和无触点电器；按所控对象和用途可分为低压配电电器和低压控制电器等。总之，低压电器在注塑机电气控制电路中应用广泛，了解和掌握低压电器的功能，熟悉我国低压电器产品型号与类组代号，是注塑机维修工作的一项重要任务。

(1) 刀开关

刀开关是由开关刀和熔断器组合而成的负荷开关，而负荷开关分为开启式负荷开关和封闭式负荷开关。开启式负荷开关必须垂直安装在控制屏或开关板上，并且合闸状态时手柄朝上，不允许平装或倒装，以免误合闸操作。开启式负荷开关控制照明和电热负载使用时，要安装熔丝做短路和过载保护，接线时应将电源进线端接在静触头一端的进线座。动触头和熔丝上端连接下端的出线端与负载连接，以确保开关断开后，闸刀和熔体都不带电。开启式负荷开关用作电动机控制开关时，应当将开关的熔丝用铜导线直接连接，并在出线端另一装熔

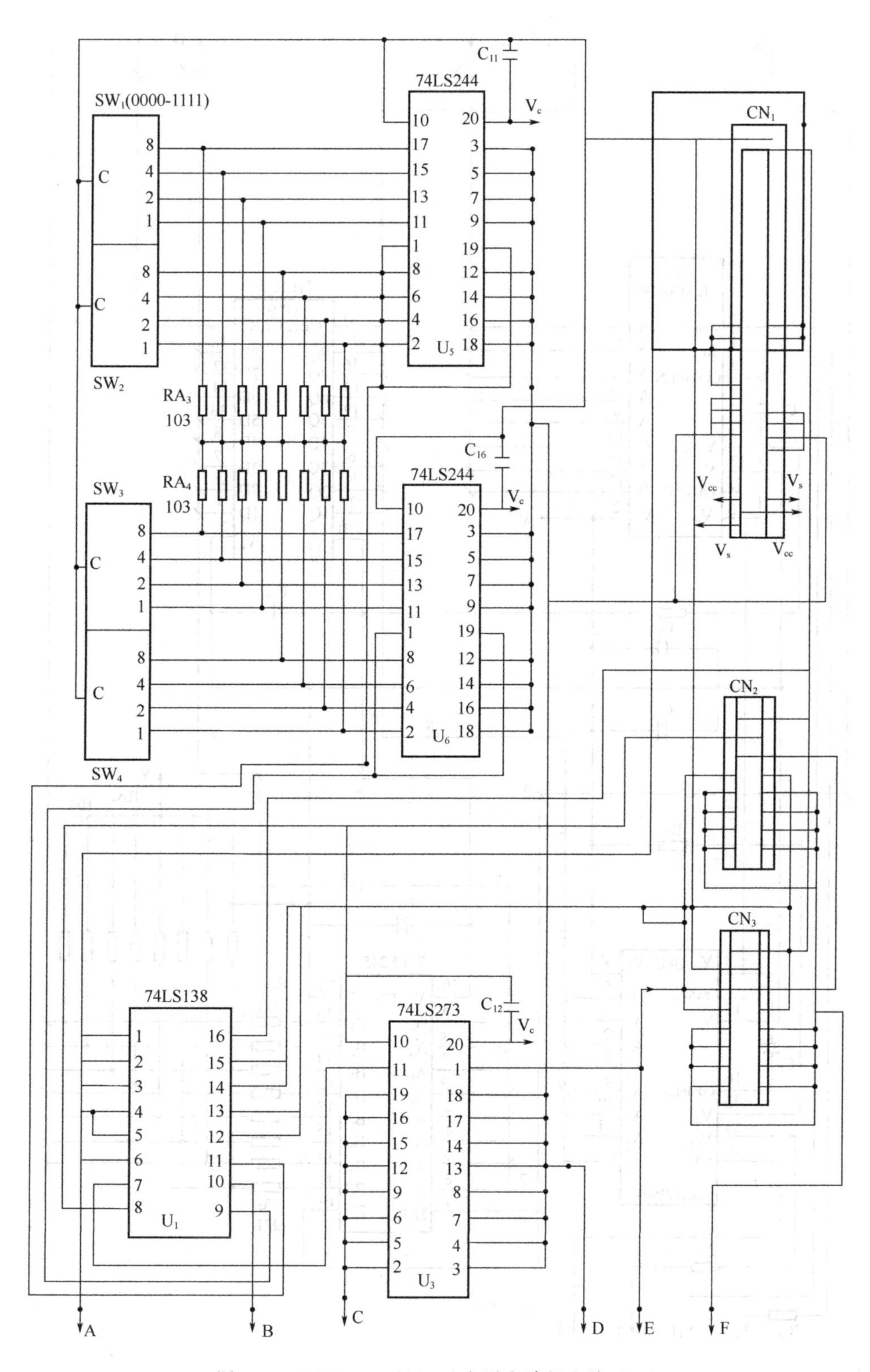

图4-49 DEO11-20/AV3rl电子电路板电路（一）

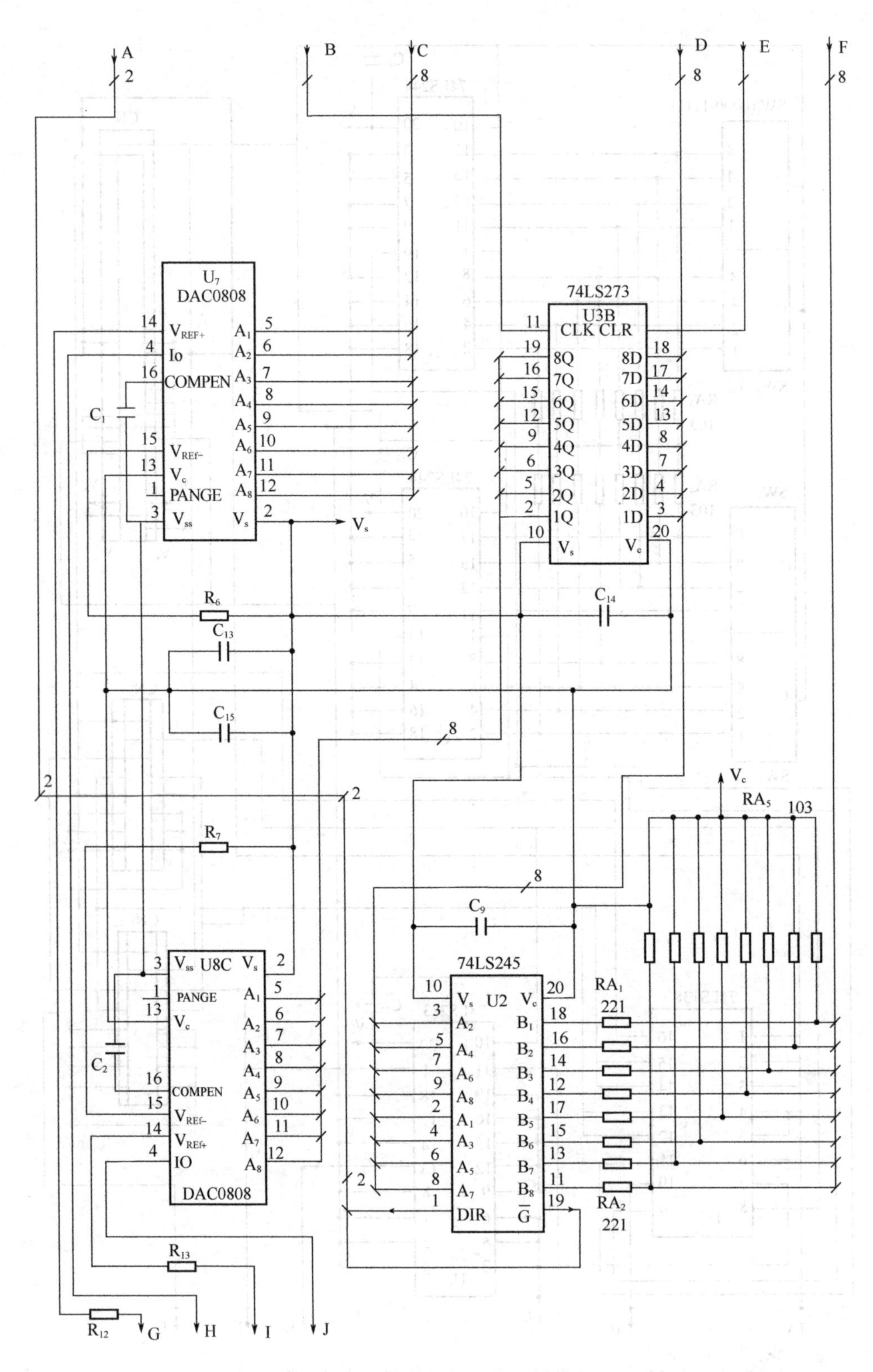

图 4-50 DEO11-20/AV3rl 电子电路板电路（二）

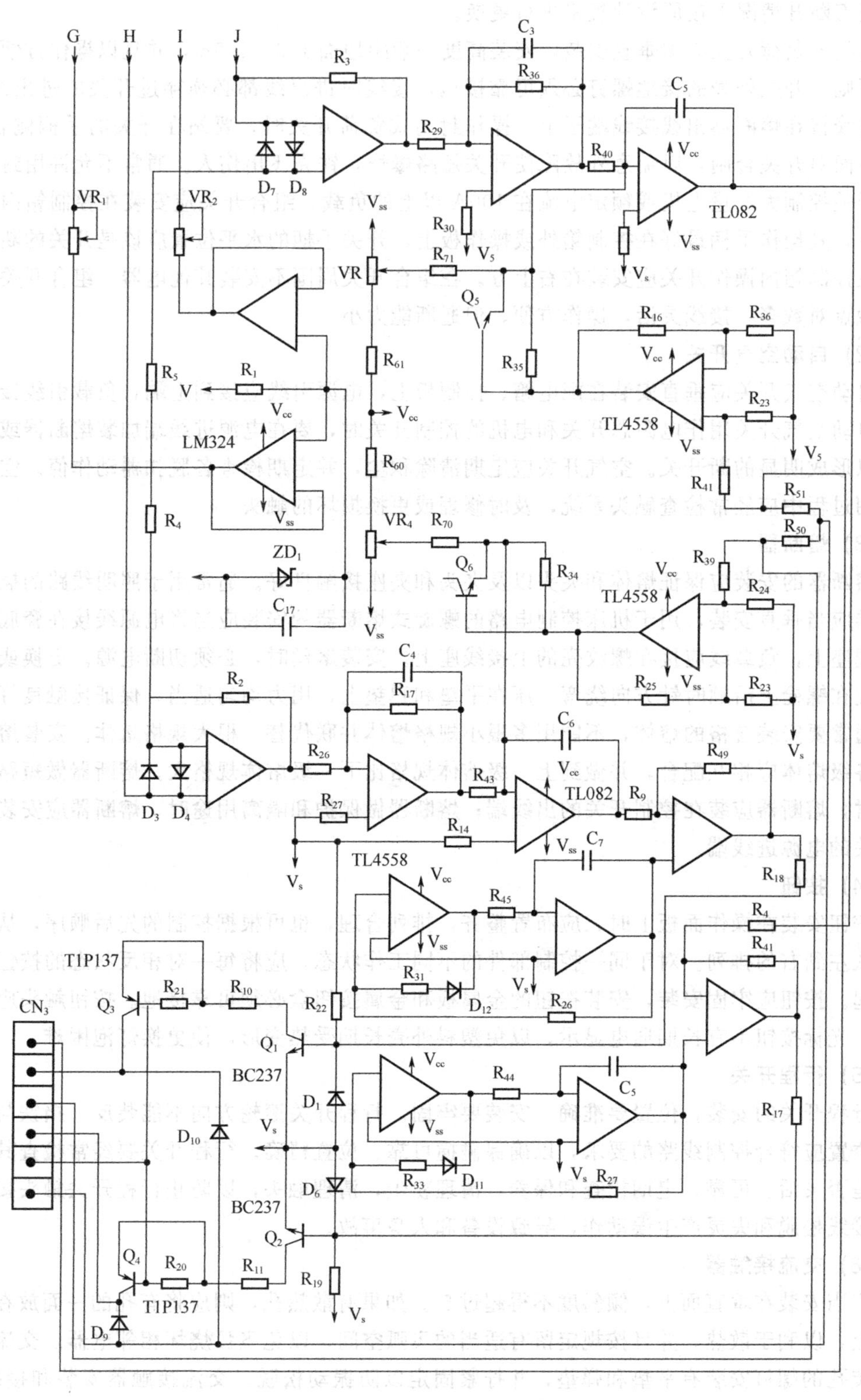

图 4-51　DEO11-20/AV3rl 电子电路板电路（三）

断器作短路保护。操作开启式负荷开关时，应当迅速，使电弧尽快熄灭，更换保险丝时，必须在闸刀断开情况下按原设计规格进行更换。

封闭式负荷开关必须垂直安装，安装高度一般距地面1.3～1.5m，并且以操作方便和安全为原则。开关外壳的接地螺钉必须可靠接地，接线时进出线都必须穿过开关的进出线孔，电源进线接在熔断器出线接线端子上。操作封闭式负荷开关时，要站在开关的手柄侧合闸，不允许面对开关合闸，以免意外故障使开关短路爆炸，铁壳飞出伤人。通常不允许用封闭式负荷开关控制大容量电机或额定电流在100A以上的负载。组合开关应安装在控制箱内或操作板下，其操作手柄最好在控制箱外或操作板上，开关手柄的水平位置应该是开关的断开状态。在控制箱内操作开关应安装在右上方。在组合开关周围不安装其他电器。组合开关体积小，触点对数多，接线灵活，操作方便，但通断能力小。

(2) 自动空气开关

自动空气开关应垂直安装在配电箱、控制板上，电源引线应接到上端，负载引线接到下端。自动空气开关用作电源总开关和电机的控制开关时，要在电源进线端加装熔断器或刀开关，以形成明显的断开关。空气开关应定期清除积尘，并定期检查各脱扣器动作值。空气开关使用过程中应经常检查触头系统，及时修理或更换损坏的触头。

(3) 熔断器

熔断器的安装应保证熔体和夹头以及夹头和夹座接触良好。通常用于照明线路的插入式熔断器应当垂直安装，用于机床控制电路的螺旋式熔断器的安装应当将电源线接在瓷底座的下接线座上，负载线应接在螺纹壳的上接线座上。安装熔丝时，必须切断电源。更换或安装熔丝应在螺栓上沿顺时针方向绕弯，压在平垫和弹垫上，用力均匀适当，保证接触良好。熔断器通常要安装合格的熔体，不能用多根小规格熔体并联代替一根大规格熔体。安装熔断器时，各级熔体应相互配合，并做到上一级熔体规格比下一级熔体规格大。熔断器做短路保护用途时，熔断器应装在控制开关的出线端；熔断器做保护和隔离用途时，熔断器应安装在控制开关的电源进线端。

(4) 按钮

按钮安装在操作面板上时，应布置整齐，排列合理，也可根据控制的先后顺序，从上到下或从左到右的排列。对于同一控制部件的不同工作状态，应将每一对相反状态的按钮安装在一起。按钮应牢固安装，安装按钮的金属板和金属按钮盒必须可靠接地。按钮触头应保持清洁，光标按钮不宜长期通电显示，以免塑料外壳长期受热变形，使更换灯泡困难。

(5) 行程开关

行程开关的安装，位置要准确，安装要牢固。行程开关滚轮方向不能装反，挡铁与滚轮碰撞位置应符合控制线路的要求，以确保碰撞可靠、位置精确。行程开关要经常检查其触点动作是否灵活、可靠，定期检查和保养，清理粉尘，清理触头，以防止行程开关触头接触不良、接线松脱和失灵产生误动作，导致设备和人身事故。

(6) 交流接触器

应当安装在垂直面上，倾斜度不得超过5°。如果有散热孔，则应将有孔的一面放在垂直方向上，以利于散热，并且按规定留有适当的飞弧空间，以免飞弧烧坏相邻电器。交流接触器安装孔的螺钉安装有平垫和弹垫，并拧紧固定以防振动松脱。交流接触器安装和接线时，注意不要将零件丢失或零件及杂物掉进接触器内部。交流接触器安装完工后，应检查接线正确无误。在主触点不带电情况下，控制电路动作数次，以检查控制电路和交流接触器的动作状态，是否符合规定要求。

(7) **热继电器**

热继电器的安装必须按照产品说明书规定的方式安装，同交流接触器安装在一起时，应安装在其下方，以免动作特性受到电器发热的影响。热继电器出线端的连接导线需按照规定选用，导线截面积与热继电器额定电流直接相关，导线截面积大小也影响热元件端接点传导的热量，导线截面小，轴向导热性差，热继电器动作提前；反之，导线截面大，轴向导热快，热继电器可能动作滞后。热继电器在安装时应清除触头表面尘污，使用中定期检查和清理、定期通电校验，尤其当发生短路事故后，应检查热元件是否损坏或变形。热继电器在出厂时均调整好手动复位方式。使用中需要手动或自动复位时，只需将复位按钮按下或将复位螺钉顺时针方向旋转 3～4 圈，并稍微拧紧即可，一般自动复位的时间小于 5min，手动复位的时间小于 2min。

(8) **时间继电器**

时间继电器的安装应按说明书规定的方向安装，无论是通电延时还是断电延时型都必须使继电器断电释放时衔铁的运动方向垂直向下，其倾斜度不得超过 5°。时间继电器在安装时可预先通电调整，精确的时间整定值可在安装后空载试验时调整。时间继电器金属后边上的接地螺钉必须可靠接地。时间继电器在使用中应经常清理尘埃，以防影响延时精度。继电器的安装灵活方便，对常规的中间继电器、电磁继电器等，安装前应检查继电器的额定电流和额定电压整定值是否与实际使用要求相符。可预先通电检查继电器动作是否灵活，触点动作是否可靠。安装后在触点不通电的情况下，继电器控制电路动作数次、检查动作是否可靠、灵活等。安装前还需对继电器的壳体、外罩、触头、触点检查是否有缺陷或损坏等情况。在使用中定期检查继电器各零部件是否有松动及损坏现象，并且要保持触头清洁。

4.4.2　主电箱的安装和装配

注塑机电气电路的安装是在电气元器件安装基础上进行的，它遵循电气器件安装的规则，又结合具体机型电箱分布情况进行具体的安装和装配，以下以力劲注塑机 PT80DCS-230 系统主电箱为例，根据主电箱器件分布来进行操作，具体步骤如下。

① 识读系统主电箱布置图及主电箱接线示意图，确定各电器元件的具体位置和线路走向。

② 打开电箱门，清理电箱内的卫生，整理工具及材料等物件。

③ 对照图样或图纸，检查整个电箱内具体情况，再对主要器件进行安装和定位，主要器件有电源总开关、各分路开关、交流接触器、接线端子排、变压器、热继电器，电流表、散热风扇等。

④ 将电箱右侧面的电源总开关面板的 4 个十字螺钉固定，将 L_1、L_2、L_3 进线连接。

⑤ 对照图样，连接 U、V、W 三相电源进线与系统相连接。

⑥ 将 N 线接在一个白色端子上，并将白色端子用十字头螺钉固定在电源总开关面板上。

⑦ 将一根 V 线（红色）一端接在电源总开关端子上，另一端连接在空气开关端子上，并在自左向右的第一、第二空气开关上连一条红色短接线。

⑧ 在电源总开关、端子接一条 U 线（红色）。U 线的另一端连接在 KM_1 交流接触器接线端 L_1 上。

⑨ 在电源总开关端子上接两条 V 线（黄色）。一条 V 线的另一端连接在空气开关端子上，另一条连接在 KM_1 交流接触器的接线端 L_2 上。

⑩ 在电源总开关端子上分别接两条 W 线（蓝色），一条 W 线的另一端连接在空气开关端子上，另一条连接在 KM_1交流接触器的接线端子 L_3 上。再用红色 2 根、黄色 1 根、蓝色 1 根线的两端分别与空气开关下端头和电热接触器上端子相连。

⑪ 在电热接触器接线端子上将 L_1、L_2、L_3 和 T_1、T_2、T_3 端子用短接线短接，电加热 1#、2# 交流接触器接红色线，电加热 3# 交流接触器接黄色线，电加热 4# 交流接触器接蓝色线。

⑫ 整理各线槽内的线，要求每一股线均用扎线带扎紧，整齐有序地放入线槽中。

⑬ 将主机板的一股线与电源供应器上的一股线的端子对接，相对插入。将变压器上的白色接线插头插到主机板插孔中。

⑭ 逐一将变压器组上的黑色接线插头插到电源供应器上端和下端插孔中（77 上端、78 下端）。

⑮ 将 6P 的 P、F 两线接在其中的一个白色端子上，将白色端子分别接两根 P、F 线。

⑯ 将 6P 线端子插在主机板右上方，将其上的 38V、COM 线分别接在电源供应器的规定端子上。

⑰ 将 8P 线端子插在主机板下方，并将其上方的线（黑、紫、棕、蓝、灰五色线）接到温控转换板的相应端子上。

⑱ 将变压器组上的粗黑色、红色两线分别接在其右方的 30A、3P 黑色端子左右边，其右边接 N 线，左边接 L 线。

⑲ 将 24V、COM 两根线一端分别接在温控转换板规定的端子上，另一端分别接在电源供应器规定端子上。

⑳ 在 V1032D 的 C13、C14、C15、C16、C17、C29、AC0 端子按规定接短接线（黄色）。将 CPU 主机板上 L 线（红色）接到 V1032D 规定的端子上。

㉑ 左数第一个空开上并接两根 L 线（红色），此两根另一端分别接到温控转换板和 CPU 主机板规定的端子。

㉒ 将两根蓝色 C13、C14 线，一根接在电热交流接触器端子上，另一根接在自锁装置下端规定的端子上，将 C13、C14 的另一端接在 V1032D 上端规定端子上。

㉓ 将两个自保装置插在 RA、RB 交流接触器上，并在其上端子上接 C13、C14（蓝色），在 RA、RB 交流接触器按规定的红、黄、蓝色线接线。

㉔ 将 L_1、L_2、L_3 线（蓝色）一端依次接在电热接触器各端子上，另一端接在温控转换板的相应端子上。将右端 N 线（黑色）连接在规定的端子上。

㉕ 将 KM_2、RA、RB 三个接触器从左至右的顺序依次卡在电箱左下方的铝条上。

㉖ 将 5 个空气开关、4 个加热接触器按顺序依次卡在电箱的右上的铝条上，用十字螺钉逐一固定。

㉗ 将 V1032D 输出板、CPU 主板用十字螺钉固定在电箱中间位置。

㉘ 将 EX37H 输出板、电源供应器、变压器组三部件用十字螺钉固定在电箱左边固定的位置。

㉙ 安装风扇及电流表在左门上，将 R_2、N_2 接线于风扇电源端子上、再将 F^+、V^-、P^+、V^- 端子号连接在电流表的接线端子上。

㉚ 整理所用工具、材料，再进行检查核对电路是否符合要求，安装正确后，可进行空载通电测试，以证实安装可靠，正确无误。

4.4.3　电子元器件的安装

电子电路元器件有分立元件、集成电路元件和功率集成元件等。分立元件是电子电路元器件的最基础之器件，集成元件是在分立元件电路基础上发展起来的，具有体积小、功耗低、可靠性高等优点，因而被广泛应用。功率元件是指功率在 1W 以上的器件，主要包括大功率二极管、三极管、集成功放等器件。

(1) 分立元件

分立元件是电子电路元器件的基础元件，它主要包括电阻器、电感器、电容器、晶体二极管、晶体三极管等元器件。这些元器件又有许多不同，如电阻器又可分常规电阻器和特殊用途电阻器，小功率的常规电阻器常用碳膜、金属膜电阻器；大功率的常用水泥电阻、金属玻璃釉电阻等；特殊用途的电阻器有压敏电阻、热敏电阻、磁敏电阻、光敏电阻、气敏电阻等。电阻器还有可调电阻器和电位器器件。电感器主要有电感线圈和各种变压器。电感线圈可以组成各种固定电感、微调电感和可调电感器。电容器主要有固定电容器、微调电容器和可变电容器。固定电容器又可分为有极性电容器和无极性电容器。常用的有极性电容器以电解电容器为代表，无极性电容器种类很多，常用的电容器有纸介、云母、陶瓷、独石、涤纶、聚苯乙烯、油浸式、干式电容器等。晶体二极管主要分为整流二极管、检波二极管、稳压二极管、开关二极管、变容二极管、发光二极管和光电二极管等各种类型。晶体三极管是电子电路中的核心元件，它可以按材料分为锗三极管和硅三极管，按导电类型可分为 PNP 和 MPN 型两种，按工作频率和功率大小等又可分为高频大功率三极管、高频小功率三极管、低频大功率三极管、低频小功率三极管等等。

有关分立元件的安装主要是在印制电路板上安装或装配，分立元件器件一般自身重量轻，通常依靠自身的引线或管脚来支承器件，所以可以分为卧式安装或者立式安装。由于分立元件外形尺寸不一、引线或管脚形式也不同，主要形式有单方向、双方向，轴向、径向等种。安装分立元件主要根据印制电路板的设计和周围布置来选择，对于安装密度大、便于拆卸装配、机械强度要求不高的可选用立式安装，立式安装又称直立式安装或垂直式安装。对于结构比较宽裕，安装条件有限制（如安装高度受限制），并且要求元器件标注清楚，便于元器件的检查或维修更换，机械强度要求高的可选用卧式安装。卧式安装又称作水平安装，可分为有间隙和无间隙两种安装方法。立式安装是将元器件垂直安装在印刷电路板上，安装采用器件管脚或引线弯曲成型方法、加装套管方法和加装衬套的方法进行安装和装配。卧式安装是将元器件水平安装和无间隙安装方法进行安装，对于双面印刷电路板采用有间隙安装方法。安装时将元器件与印刷电路板之闻保留一定的间隙，以防止短路故障，也便于焊接加工。对于单面印刷电路板采用无间隙安装方法，安装时将元器件与印制电路板紧贴在一起，根据具体情况可以采取弯曲整形、加装套管等方法进行焊接加工。具体有关分立元件的安装如下。

① 电子元器件安装前的检验。检查电子元器件的引线，管脚的可焊性能、对氧化的管脚和引线进行处理。一般做法是处理氧化层，打磨管脚的氧化膜或引线的氧化膜，再进行浸锡或搪锡，以免发生虚焊、假焊或其他焊接不良等。

② 电子元器件的弯曲和整形。应当根据印制电路的具体情况进行，分清是立式安装还是卧式安装，是间隙安装还是无间隙安装等安装方式后，再进行弯曲整形，无论是立式安装或卧式安装，电阻器的弯曲要有一定的弯曲半径，要在管脚或引线端留一定长度的间隔，以防止弯曲受力或焊接受热损坏电阻器件，一般间隔 3～5mm，弯曲半径是 3～5 倍的引脚直

径，不要形成急弯或形成尖端，以免影响管脚应力和造成尖端放电等。整形过程根据需要可以绕圈、加紧套管、加装衬垫来对器件进行稳固，防止与其他元器件电路板铜箔接触造成短路等。

③ 电子元器件的安装和焊接。通过上述整形后可以将电子元器件装入印制电路板上，一般根据白油标注或工艺卡进行插件。通常印制板采用双面板，安装方法采用卧式安装方法。对于小功率的电子元器件，如电阻、电容、电感二极管、电位器等均采用无间隙安装，紧贴在印制电路板的元件面上。安装时，要求器件的标注明显，电阻器要便于识别，二极管也要求阴极或阳极标注明显，电容器的正负极性也要明显，以防插错。对于其他元器件可采用不同形式进行安装，如三极管可以进行正装、倒装或卧装。对于大功率三极管一般采用卧装法，必须加装散热装置，通常应当按照印制电路板上的白油标注进行安装。三极管要分清管脚和代表的电极，变压器要分清初级绕组和次级绕组的焊接引线等，插好元器件后再进行焊接，无论手工焊接或波峰焊接，焊锡温度要调好，再进行焊接。如果采用手工焊接，要在焊前对印制板进行处理，敷涂阻焊剂和助焊剂，再进行焊接，先手工点焊器件一脚或引线，再查看元件面的排列是否变形，翘曲等，进行整理后再焊接。焊接一般严格按五步焊接法进行焊接，焊锡采用共晶焊锡，焊剂采用树脂系列助焊剂。对晶体管元器件要求快速焊接，焊接时间要小于 3s，焊接的焊点要求光洁整齐，具有足够的机械强度，以保证可靠的电气连接。

(2) 集成电路元件

集成电路元件也称作集成元件，用 IC 来表示。常用的集成元件有线性集成电路元件和数字集成电路元件。集成电路封装形式多种多样，安装方法和要求也有不同，通常集成电路封装形式有圆形金属外壳封装、扁平陶瓷封装、塑料外壳封装、双列直插型陶瓷封装、双列直插式塑料封装等。对圆形金属外壳封装形式的集成电路元件的安装一般采用直接焊接方式，将其管脚焊在印制电路上。对扁平陶瓷封装形式的集成电路元件的安装一般也是直接焊接，管脚之间较密但可以看到管脚与铜箔焊缝，对焊接有较高的要求。最常用的是双列直插式塑封封装的集成电路元件，从双列 4 脚到双列 20 脚最为常用，安装常采用直接焊接或采用专用 IC 插座方法，直接焊接方法焊接可靠，但互换性差。采用专用 IC 插座方法，可以方便维修，方便调试或更换，可靠性能就差一些。通常是先将 IC 插座按印制板上的油标注进行焊接，注意 IC 插座上的插口标记一定要正确，焊接过程不要时间太长，以免造成过热熔化 IC 插脚的塑料件使之变形。焊接好后还要检查 IC 插座上管脚内的弹簧片的弹力是否充足，有无变形卡住，集成电路元件插入后是否能保证接触良好、安全可靠。集成电路元器件焊接较为麻烦，拆卸时需要用起拔器，根据不同类型、不同管脚选用不同类型的起拔器进行拆卸或更换。对于直焊式的集成电路元件的拆卸，需要借助工具或其他辅助方法（如吸锡器），将焊孔或焊点内的焊锡逐一吸空，最后再用起拔器进行拆卸，没有起拔器也可用针管或其他导线，配上助焊剂，将焊点、焊盘内的焊锡吸附干净再进行拆卸。

(3) 功率器件

功率器件主要是大功率二极、大功率三极管、集成功率放大器，通常指功率在 1W 以上的器件，所以消耗电能大，产生高温，常会导致元器件工作不稳定，甚至烧坏。为了保证电路及元器件的正常工作，安装功率器件时都必须加装散热装置，具体有如下方法。

① 大功率二极管、晶闸管、双向可控硅等元器件都要安装散热器，并且散热器与电路板要绝缘，通常是将阴极固定在螺旋式散热器上，对于大功率的晶闸管等采用压式散热器来固定晶闸管。

② 三极管如功率三极管、达林顿三极管、场效应管等功率放大器件，如采用金属菱形封装形式的，可将集电极连接在铝板或散热板上进行散热，要加装云母片、绝缘环以隔离发射极和基极，并在接触处敷涂散热硅酯以连接电板和散热板。如果采用横装方式的，一般将散热器放在功放管的下方。功放管的集电极配有散热片，再与散热器用螺栓相连接，紧固后再进行焊接。

③ 集成功率放大器和集成稳压器包括音频功率放大器、功率放大器、三端固定输出集成稳压器和三端可调输出集成稳压器等元器件。集成功率放大器采用双列直插式塑封封装结构，但是其中间有类似大管脚的散热片装置，在安装时要将散热片焊接牢固后，再焊接管脚。三端稳压器多数采用塑封封装结构，一般横装在电路板上，再加上散热器固定在接地端管脚上，先紧固散热片，再焊接管脚。

4.5 电气控制部分的维修

I/O 电路板主要作用就是将输入信号转换为 CPU 能够识别的形式。将输出信号转换为外部电路需要的形式。注塑机的输入、输出信号可分为 3 类：行程开关等开关输入量；输出到指示灯、继电器和方向电磁阀的开关输出量；输出到比例流量比例压力阀的连续输出量。目前注塑机部分机型将比例流量与比例压力连续量放到单独一块电路板上处理，如特佳 LCK-028 电路放大板。也有部分机型将此 3 类输入、输出变量放到一块电路板上处理，如下面将重点介绍的震雄 2K85046A 电路板。由于比例流量与比例压力连续量的处理前面已做了详细介绍，在此仅介绍输入、输出开关量的处理电路。下面以震雄 2K85046A 电路板为例说明 I/O 电路板输入、输出开关量的处理电路及其维修方法。

震雄注塑机 I/O 电路板 2K85046A 的电路元器件布置及原理如图 4-52 及图 4-53 所示，图中元器件的功能与标号如表 4-7 所示。

表 4-7　2K85046A 电路板的主要元器件的型号与功能

元件标号	元件功能	元件型号
TP_1～TR_{23}	功放三极管	达林顿功放管 D633
D_1～D_{23}	输出保护二极管	快速二极管或整流二极管
D_{24}～D_{66}	线圈保护、输入信号保护二极管	快速二极管
R_{63}～R_{94}	限流电阻	0.5W 的金属膜电阻
$R_{1/1}$～$R_{1/4}$	继电器	DC5V 专用继电器
ZNR_1～ZNR_6	过电压保护	压敏电阻
RM_1～RM_4	上拉电阻	
PC_1～PC_{20}	光电耦合器	PC817
TB_1～TB_2	接线端子排	500V，5A

(1) 输入开关量的处理电路

输入开关量的处理电路原理如图 4-54 所示，输入信号经 S_{42} 端子接入 I/O 电路板，经 R_{79}、R_{63} 和 D_{47} 限流分压送入光电耦合器，经光电耦合器隔离保护后输出至 R_{47} 和 C_1 进行整形处理，再经 CN_3 输出到 CPU 数据总线。

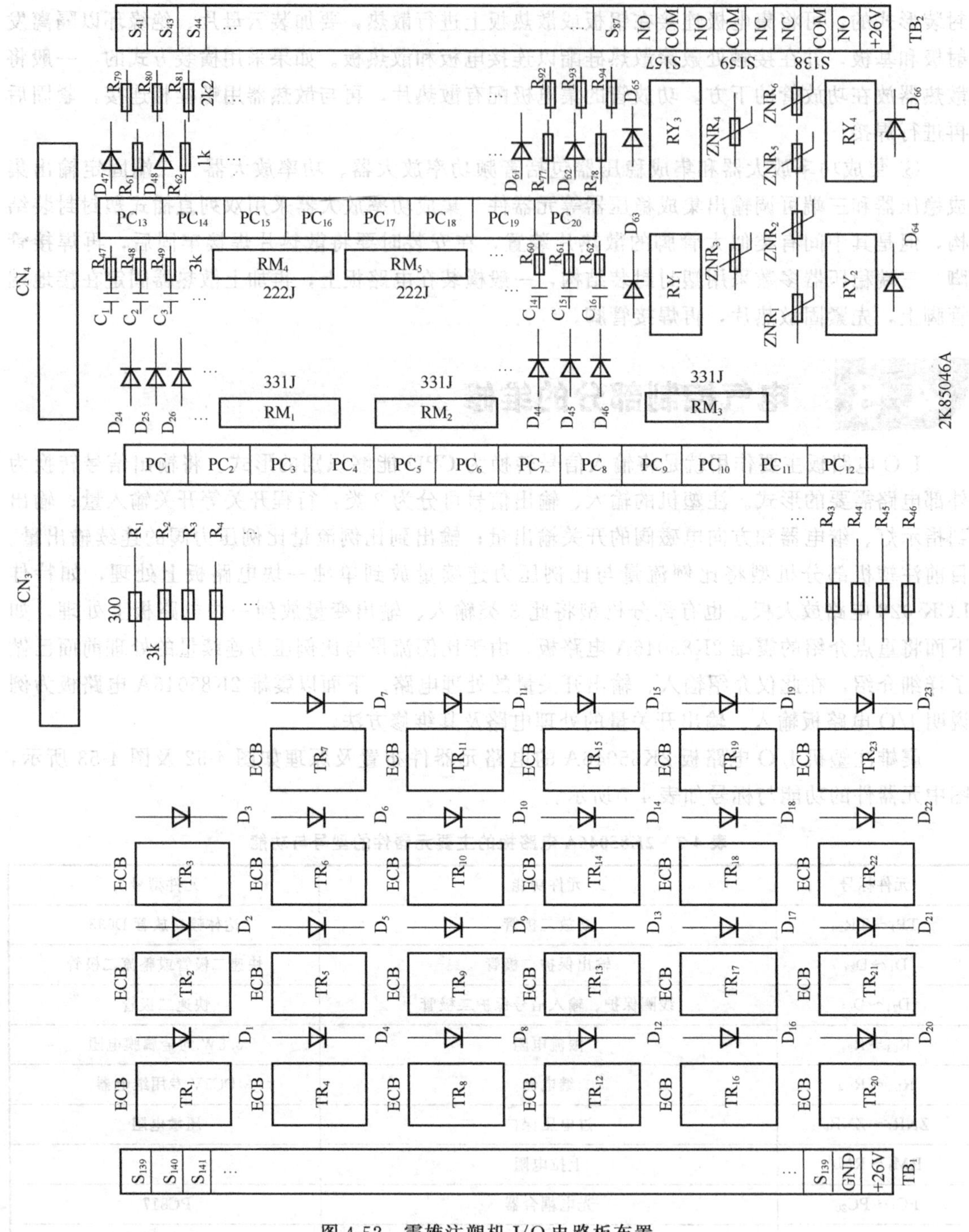

图 4-52　震雄注塑机 I/O 电路板布置

（2）输出触电信号的处理电路

输出触点信号的处理电路原理如图 4-55（a）所示，CPU 控制信号经端子 CN_4 直接输出至继电器线圈 S_{159}，使线圈吸合，NC 触点断开电机 Y 型启动，NO 触点闭合电机星型运转，油泵电机启动。

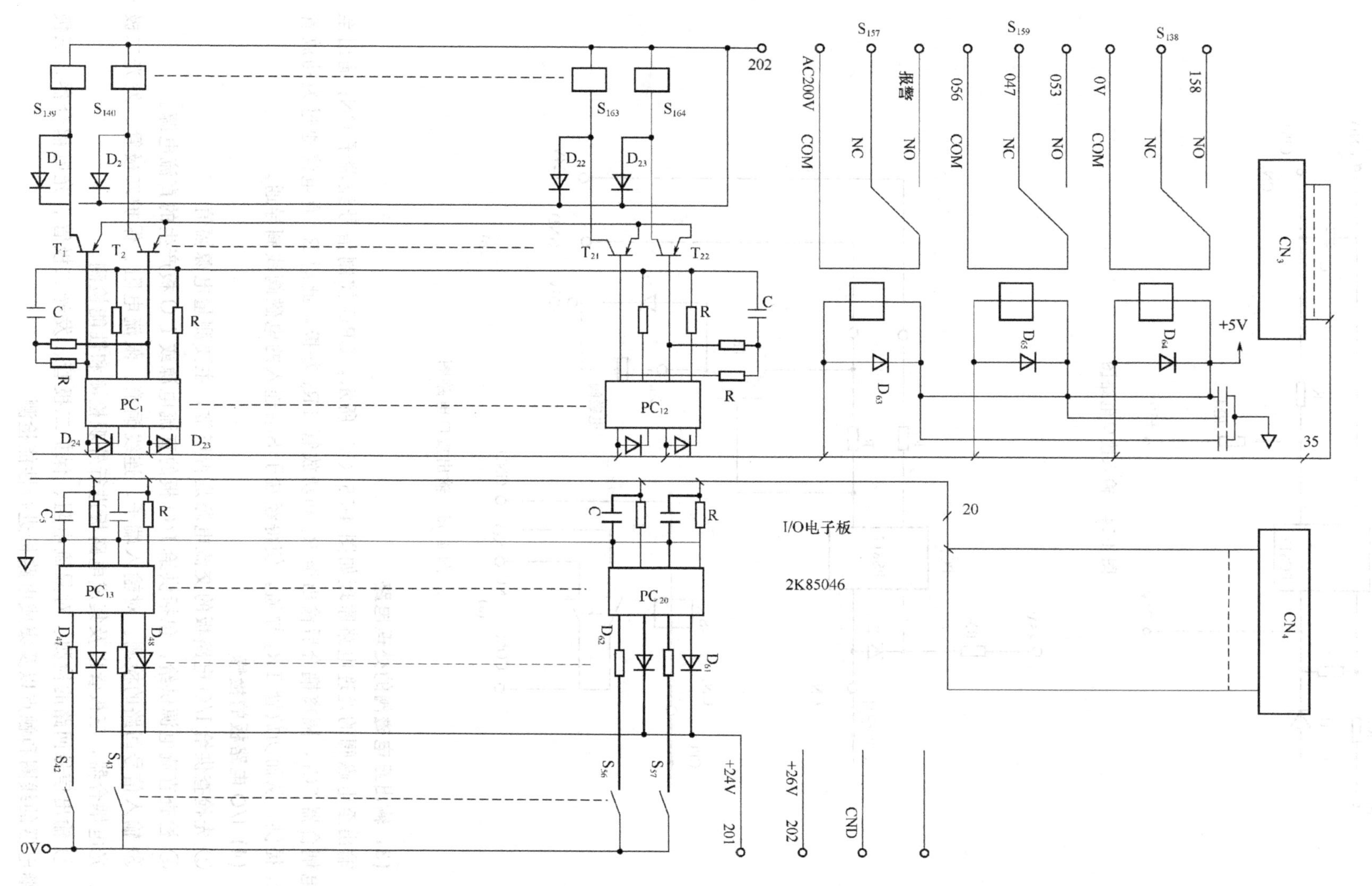

图 4-53　震雄注塑机 I/O 接口电子板 2K85046 接口电路

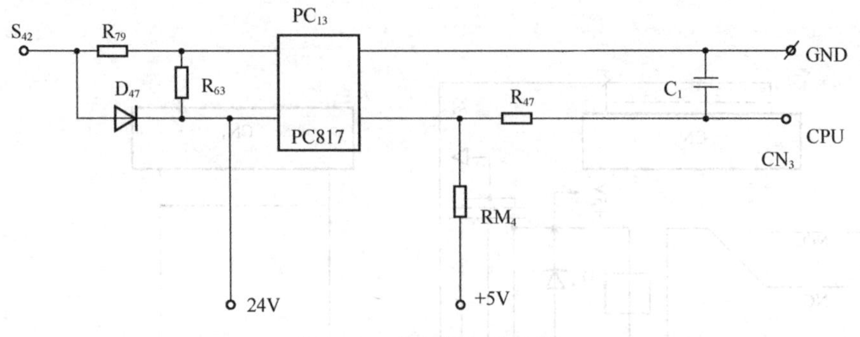

图 4-54 输入接口电路图

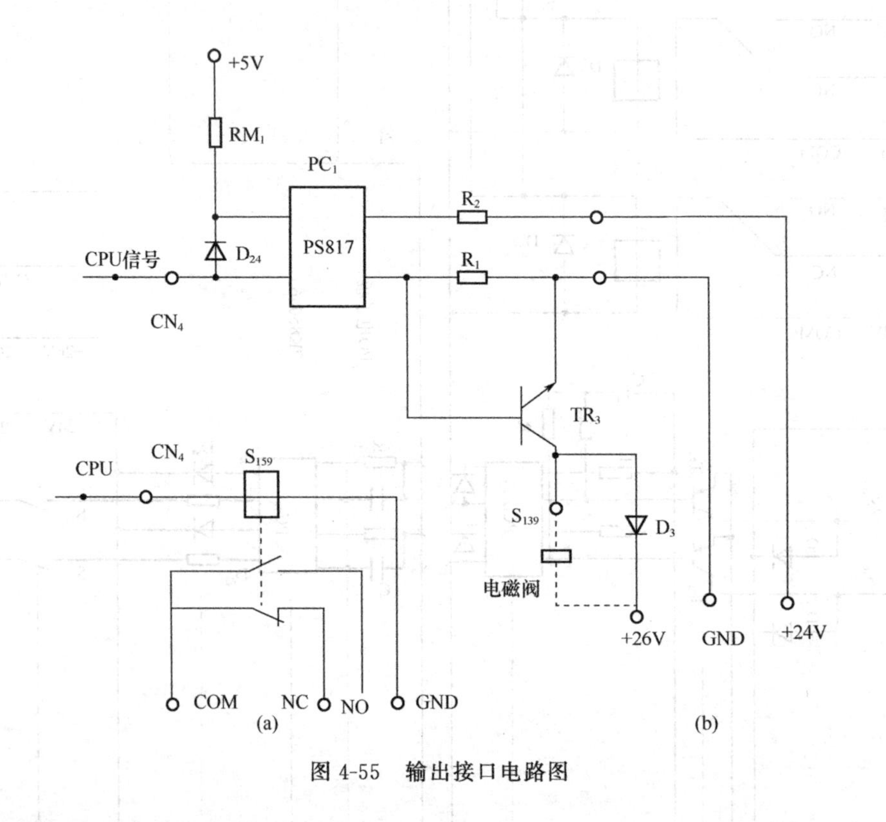

图 4-55 输出接口电路图

(3) 输出至电磁阀的处理电路

输出至电磁阀的处理电路原理如图 4-55（b）所示，CPU 控制信号经端子 CN_4 输出至光电耦合器 PC_1，隔离耦合后输出至 R_1 和功放管 TR_3 基极，此时 R_1 有电流通过为功放管 TR_3 提供，从而功放管 TR_3 导通，使得经端子 S_{139} 连入的电磁阀线圈导通。

(4) I/O 电路板的检修

① 先检查供给 I/O 电路板的交流电源是否正常，主要测量电源幅值。

② 检查直流电源供给，包括供给 I/O 板的直流电源或 I/O 板产生的直流电源。

③ 输入信号回路的检测。对输入端子、连线铜箔、限流电阻、保护二极管、发光二极管、光电耦合器，三极管以及集成电路板进行外观检测和性能检测。

④ 输出信号回路的检测。对限流电阻、保护二极管、发光二极管、光电耦合器、三极管继电器的线圈和触点以及集成电路板进行性能检测。

⑤ 调整校核。对设有调整装置的电路进行调整校核，一般是调节调整电位器或拨码器来对电路进行调整，例如控制电源的幅值、压力参数和流量参数等。

常用注塑机 I/O 电路板的常见故障与处理方法如表 4-8 所示。

表 4-8　常用注塑机 I/O 电路板的常见故障与处理方法

常见故障	可能原因	处理方法
无交流电源	① 震雄英文注塑机无交流电源：S_{157} 继电器无 AC220V 输入：S_{159} 继电器故障油泵不能启动 ② 震雄中英文注塑机无交流电源：油泵电机不能启动（无电源）；电加热不能启动（无电源） ③ 特佳注塑机无工作电源：无工作电源 AC7.5V ④ 海天机无工作电源	① 检查断电器 COM 点及连线，检查继电器 NC、NO 触点及线圈是否有烧坏或损坏 ② 检查接线端 72、81 连线，检查 TB1 、TB_2 接线端子 ③ 检查工作电源，AC7.5V 进线端及电源引线端子 ④ 检查接线端 ACIN，220V，交流电源输入端子
无直流电源	① 震德机无直流驱动电源 ② 震雄英文机无直流电源：无特快锁模；工作不正常或不动作 ③ 震雄中英文机无直流电源：不能正常工作 ④ 特佳机不工作，无直流电源 ⑤ 海天机不正常，无直流电源	① 检查接线端子＋202 和＋201 是否有直流电源 ② 检查工作电源＋5V、＋24V、＋26V、GND 是否正常；检查 201 接线端子和 204 接线端子是否正常 ③ 检查 TB 接线端子 00-201 是否有＋24V 直流电源；检查 TB_{13} 接线端 211-250 是否有＋50V 直流电源；检查 TB_6 接线端 00-206 是否有＋26V 直流电源 ④ 检查直流电源 DC24V；检查直流 DC9V 电源是否正常 ⑤ 检查接线端 H_{24} PCN_2＋24V 是否正常；检查接线端 HCOM PCN_1 公共端是否正常
输入接口信号不正常	① 输入端口，铜箔连线烧断 ② 输入端子焊接松脱，脱锡 ③ 输入回路限流电阻烧坏或开路 ④ 输入回路上接的电阻排损坏 ⑤ 输入回路保护二极管损坏 ⑥ 输入回路显示发光管损坏 ⑦ 输入回路光电耦合器损坏 ⑧ 输入回路驱动电路 IC 块坏	① 检查处理或更换处理 ② 检查开焊接并处理 ③ 检查更换 ④ 检查更换 ⑤ 检查更换 ⑥ 检查更换 ⑦ 检查更换 ⑧ 检查更换
输出接口信号不正常	① 输出端口、铜箔连线烧断 ② 输出回路功放管捏坏 ③ 输出端子焊线松脱、脱锡 ④ 输出接口电路的保护二极管损坏 ⑤ 输出接口电路的保护电阻损坏 ⑥ 驱动功放的二极管损坏 ⑦ 功放管限流电阻、保护二极管损坏 ⑧ 控制功放管的光耦损坏或不良 ⑨ 输出回路驱动电路 IC 块烧坏	① 检查处理或更换 ② 检测并更换 ③ 检查焊接处理 ④ 检查更换 ⑤ 检查更换 ⑥ 检查更换 ⑦ 检查更换 ⑧ 检查更换 ⑨ 检查更换

(5) 其他型号 I/O 电路板

其他型号的 I/O 电路板的电路原理及检修方法与上述电路类似，在此不再详细说明，仅给出其元件分布图或原理图供参考。

图 4-56 是震雄 A1000046A I/O 板元件布置图。

图 4-57 是特佳 T-180 型注塑机 I/O 接口电路。

图 4-58 是河川注塑机 I/O 板 PCB-1334D 接口电路。

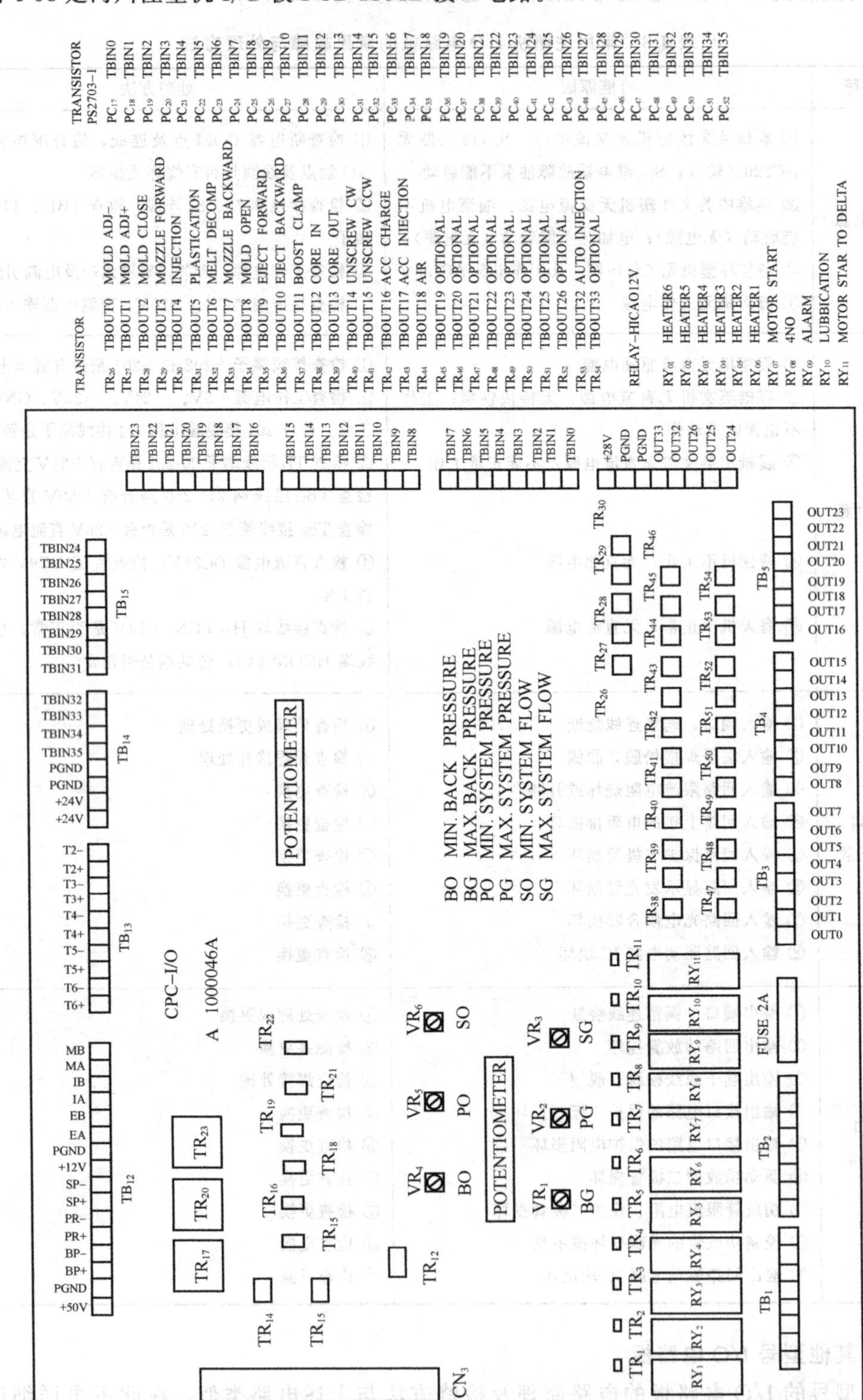

图 4-56 震雄 A1000046A I/O 板元件布置

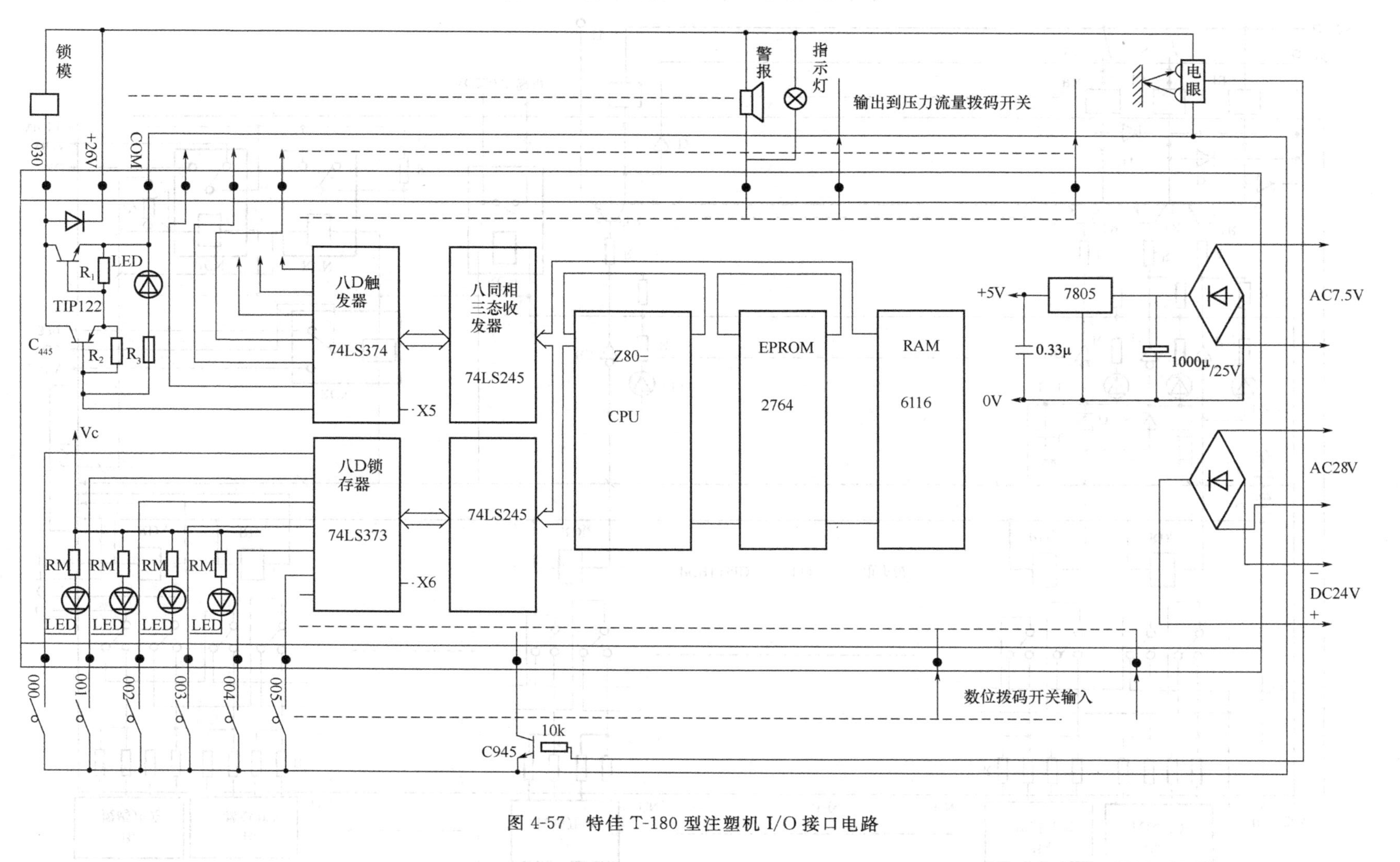

图 4-57　特佳 T-180 型注塑机 I/O 接口电路

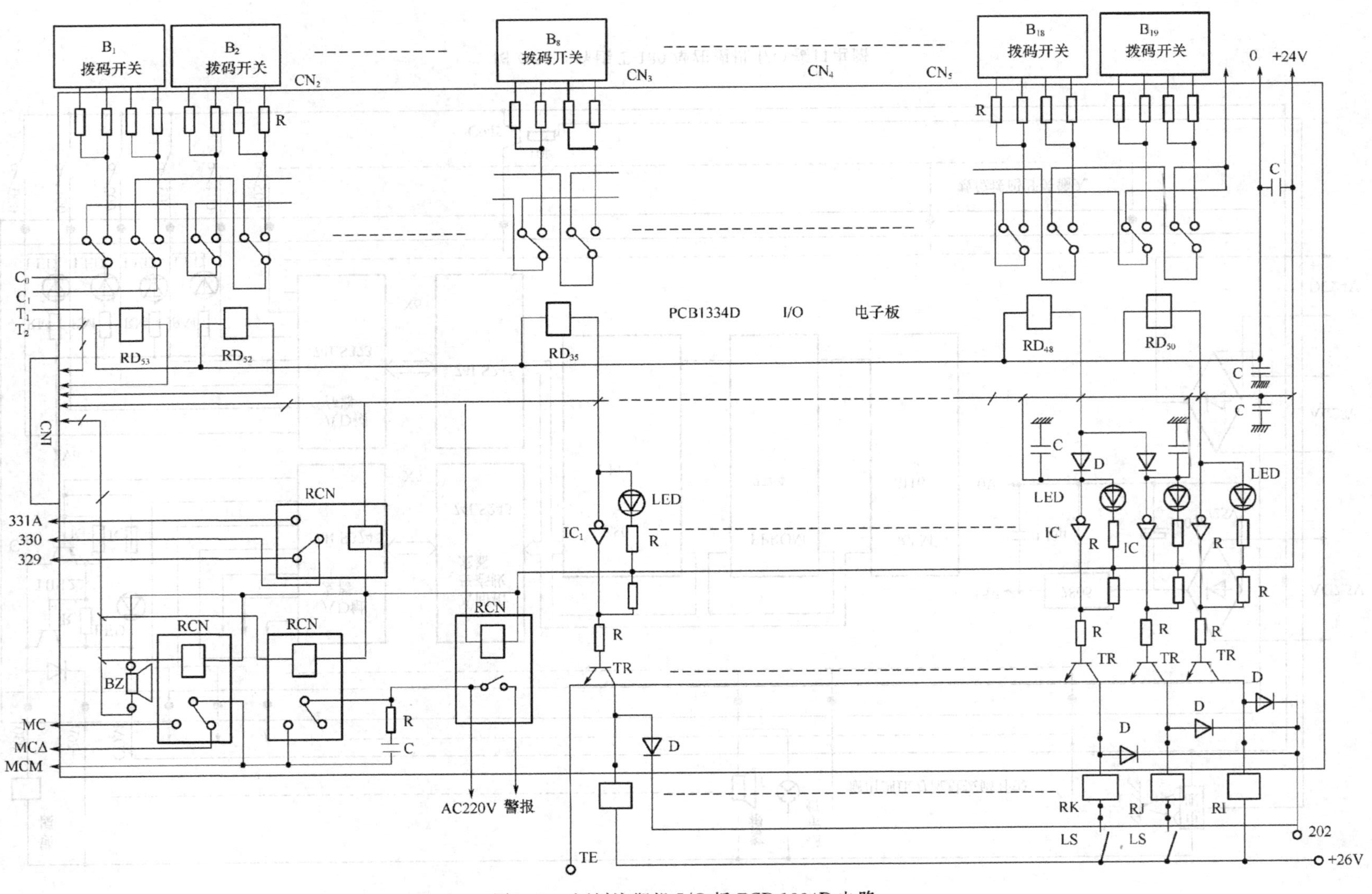

图 4-58 河川注塑机 I/O 板 PCB-1334D 电路

第5章 常见注塑机故障处理

5.1 注塑机故障排查步骤

5.1.1 故障处理的一般步骤

注塑机常见故障的判断是按故障方框图顺序进行检查，综合电路、油路和机械动作，为常见故障的判断提供依据。检查方法如下。

(1) 初步检查

初步检查包括操作人员提出故障维修申请和检查一般明显的故障，如保险线断，热继电器跳闸等。当操作人员提出故障维修申请时，不要忙于处理，要了解设备运行情况，检查一下是否设备有其他严重故障，外部设备是否存在故障隐患。外部设备应包括电源输入、自动空气开关、保险器及闸刀等电气设施，还要包括其他如主控油泵电机电路、发热筒的加热电路、调模电机的电路等是否输出电压正常，有无开路、短路、短相等隐患。要根据具体部位，顺序检测一下，才能在送电合闸时，心中有数。

再者外观检查也相当重要。有些故障初期，先从外观上变化，逐步形成故障。例如接触不良，开始时先是发热，逐渐发热引起局部发热，而后过热损坏器件。不论是触点固定座，还是接线端子座，均能烧焦烧坏，最后端子和导线烧断。所以，外观检查既包括视觉，还要有听觉、触觉和嗅觉同时进行。听觉可以发现机械调校是否正常，油泵电机是否正常，振动是否剧烈，轴承是否良好。触觉可以用手背触摸器件运行有无过热，电机是否有过热，电源线缆和电气器件如空气开关接触器、保险器等是否有过热现象。嗅觉可以检查有无电器件烧焦、烧煳的气味。一般变压器、电机绕组、油阀线圈以及导线短路损坏都是烧焦，发出气味。在外观检查过程中，物理检查就包括上述几种方式，是维修工作最基本的工作方法。只要仔细、严格，就可以早期预防故障发生，减小故障带来的损失。

(2) 确定故障

通过询问操作人员以及对设备的初步检查，了解设备的运行状况和故障现象后，应先根据机器的动作流程与机器的工作原理确定是机器哪个功能或哪个动作有故障，再根据注塑机控制逻辑梯形图中该动作的完成条件来确定一个逐步排查故障的思路。例如，不锁模故障就要看关连锁模的条件是否达到，检查锁模终止开关是否闭合，顶针后退终止开关是否闭合，安全门限位开关是否闭合等条件是否达到。就是这些条件达到，还要要求油路及油掣阀正常，机械部分的锁模油缸部分正常，才能进行工作。确定故障需要了解注塑工艺，注塑机原理、结构和动作程序。

(3) 找出故障

注塑机故障确定之后，要把故障缩小到故障级，把要检测的部件、元器件减少到最低。为此需按照“先输出，后输入；先外围，后主机；先简单，后复杂”的检测顺序来逐渐缩小故障范围。比如，电机不转动，如果电源没问题，应先检测按下启动按钮时电机控制电路是否有输出，再检查其输入是否正确，如果输出没问题，则控制电路没问题；如果输出错误，但输入正确，则控制电路有问题；如果输入错，则应先排除外围输入故障。如此逐级检测每级输入和输出点的数据参数。检测中须注意电路的耦合方式，需要断开测试的要断开，以免在线测试中电路耦合。

故障级测试点可直接测量和判断，并且测量方便、简捷、实用、快速。可以用示波器、万用表等仪器来测量、寻找故障级，最通用的是用万用表来测试，如电阻、电压、电流等参数测定。

(4) 找出故障元器件

找出故障级后就是找出故障元器件。如何找出故障元器件是处理故障的关键，常用的几种方法有电路板替换法、元器件替代法，在线测试可进行快速测试。例如注塑机比例压力不正常，达不到注塑压力，通过检查和判断，估计故障出现在比例压力方面，而电子放大板输出控制比例压力。所以，更换 VCA-060G 电子板，经调校后就达到正常。然后，对原电子放大板进行维修检查，测定出光电耦合器 4N35 性能变坏。虽然输入信号幅值相同，但输出线性度变化范围变小，所以造成压力不正常。

元器件替代法也是检查电路寻找故障元件的方法之一，尤其在电子元器件性能检测较为困难时，以及对一些不易解决的软故障情况，经常采用元器件替代法对集成电路块和模拟电路块进行元件替代。因为集成电路块或模拟元器件引脚排列较密，常见双列 4 脚、双列 8 脚、双列 14 脚、双列 16 脚、…双列 40 脚等，替代时只能将原来的元器件卸下，换上新的元器件，然后进行调校（若有条件的可预先进行集成块老化检测和筛选最好）。这种方法的使用，也要有较成熟的经验，对于故障元器件的确定要有把握，以免造成误判。在这方面，故障的判断、电路系统的分析、故障的可能原因、实际的维修经验是故障处理的重要内容和方法。

(5) 更换元器件

通过上述方法寻找出故障的元器件，需要更换的更换，电路中起重要作用的、性能不良的也要更换。更换元器件首先要了解损坏的元器件的技术规格及要求，可通过损坏元器件的标称值来替换，但原则不能降低原设计标准。如原来电解电容是 220μF/50V，只能是 220μF 电解电容，耐压可以等于或大于 50V，但不可以小于 50V 耐压值。也可根据体积而定。

若手里没有类似的元器件，要用替代元器件时，就要先查清楚原来元器件的性能指标和功用，再查清替代元器件的功能及指标，还要考虑外形尺寸及引脚等。例如三极管型号 BC945，参数是 Si-NPN 型，电压 50V，电流 0.1A，工作频率 2501MHz。若手头没有这种类型的三极管，可以选择如 BC237、BC183 等型号的三极管，要求其参数与 BC945 基本相同，这样才可以替代。

元器件更换时，要注意电容器要放电，电源要断开，损坏的元器件不要在线测试，要焊开一侧进行测试，做最后的鉴定。对电路中的软故障，尤其是功率元器件，可以用短路法进行快速测定，如可控硅元件、功率三极管元件在似坏非坏阶段，检测参数还可以，一旦带负载就出现问题或者稍热后就出现故障，使维修工作人员很为难。常用短路法瞬间短路冲击可控硅控制板或三极管基极，对有故障的元器件一般即刻见效，马上更换处理。

通过上述工作后，必须对新安装元器件进行检测，对整机进行复查，重新调整电路和进行调校以达到原参数为准。

5.1.2　常见故障的排查方法

一个好的维修工应能快速、准确地找到故障原因，应尽量少走弯路。这就要求维修工在平时工作中遵循一个科学的故障处理程序，并养成习惯。正确的故障处理程序可归结为四个字：一问，二看，三想，四动手。第一步“问”，就是问明操作人员故障现象与故障形成过程。很多维修人员不重视问，其实问是维修工作的第一步也是很重要的一步。问得好可以让我们少走很多弯路，因为操作人员不太了解机器却往往喜欢根据自己的理解告诉维修人员某某东西坏了，这时没有良好维修习惯的维修人员往往容易被操作人员的思路所主导而多走很多弯路。此时，维修人员应坚持问明故障现象，并根据自己的初步推断弄清故障发生的过程，问明故障发生过程可以节省很多不必要的检测。问明情况后不要急于动手，应先自己“看”，也就是外观检查，这是第二步。通过看来确认故障现象和自己的初步判断。第三步是“想”，就是做出初步判断，想明白了才动手。一些简单的故障通过“问”、“看”、“想”就能准确地找出故障，故障较复杂时就只有通过实验与检测来逐步排查故障了。

现以震雄注塑机为例来说明故障的排查流程。

(1) 常见故障判断程序图

图 5-1～图 5-6 是震雄注塑机的常见故障判断程序图。

图 5-1 是油泵电机和加热电路的故障判断程序，图 5-2 是调模电路和比例流量、比例压力电路的判断程序，图 5-3 是锁模动作的判断程序，图 5-4 是开模动作和射台前、后动作的判断程序，图 5-5 是射胶、熔胶动作的判断程序，图 5-6 是顶针前进、后退和倒索动作的判断程序。

图 5-1～图 5-6 可拼接组合成一幅完整的故障判断流程图。该图主要用于对故障做出初步判断。应用方法是先看故障是否符合图中最左边菱形中的故障现象，如果是，则看右边的故障可能原因，否则沿着竖向箭头往下看。

建议初级维修人员能把图 5-1～图 5-6 拼成一个完整的流程图，并经常阅读，可很快掌握注塑机常见故瘴的处理。如果机型不同建议照此模式自己总结出一幅常见故障判断程序图。这样可使维修人员对注塑机及其常见故障有一个整体的宏观认识，使自己的维修水平有质的飞跃。

(2) 故障的排查流程图

有时候故障较隐蔽，通过初步判断和静态的初步检测不能发现问题，此时就要试机，在试机的过程中对照机器正确的控制逻辑逐一检测排查。这就是故障排查流程图的作用（见图 5-7）。

震雄注塑机的故障排查流程如下所示共有 15 个。具体有手动锁模、手动射台前进、手动熔胶、手动射胶、手动开模、手动顶针前进和手动顶针后退、全自动/半自动锁模、射台前进、射胶熔胶、倒索、射台后退、开模、顶前、顶后等流程图。故障排查流程图的作用类似于控制逻辑梯形图，主要说明注塑机在完成锁模、射胶等各种动作时需要满足什么条件，在动作过程中显示电路、控制电路、液压油路、机械部分按顺序依次发生哪些变化。所以故障排查流程图或者说控制逻辑梯形图是注塑机维修的最根本的依据。

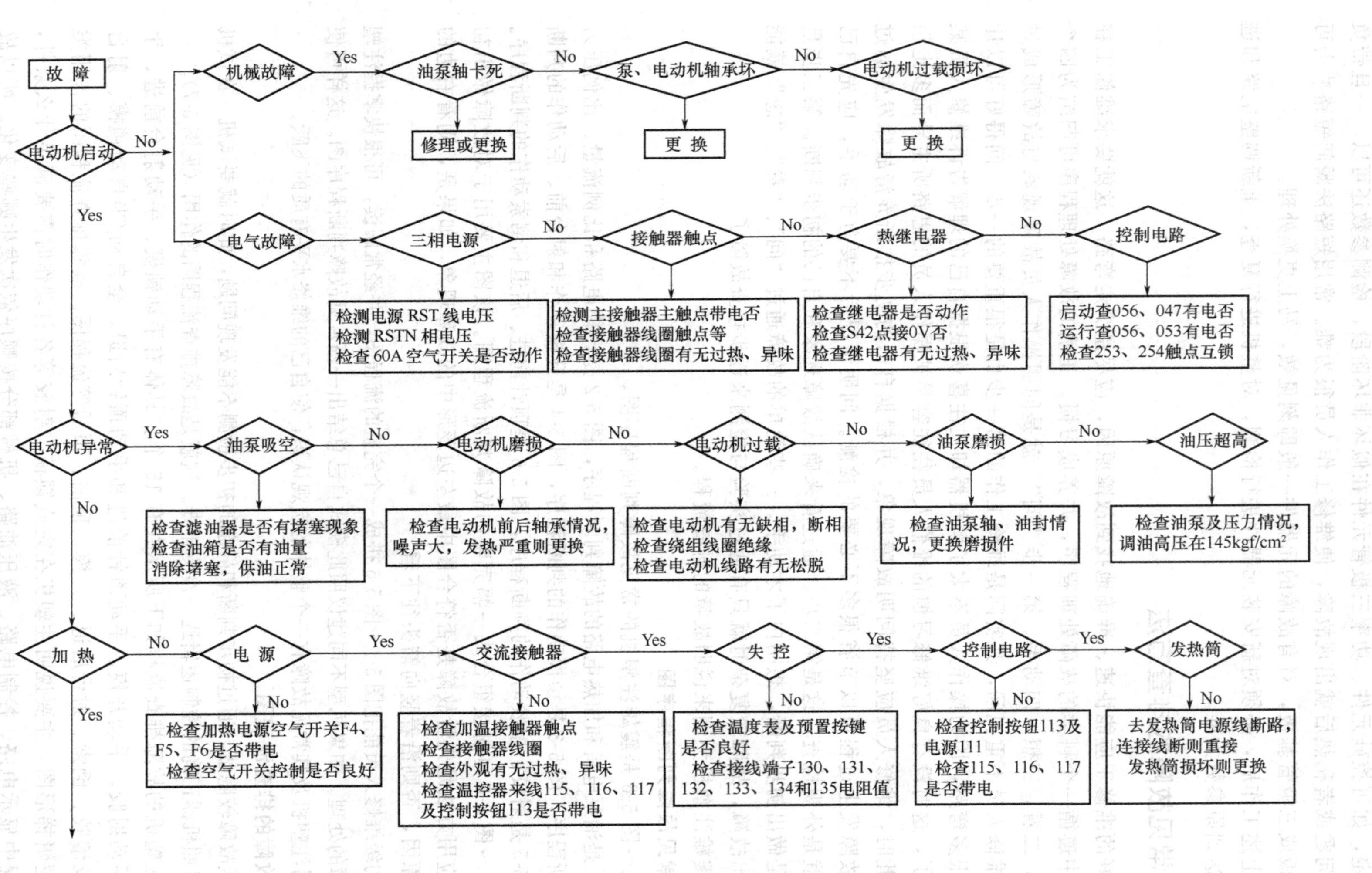

图 5-1 震雄注塑机油泵电机和加热电路的故障判断程序

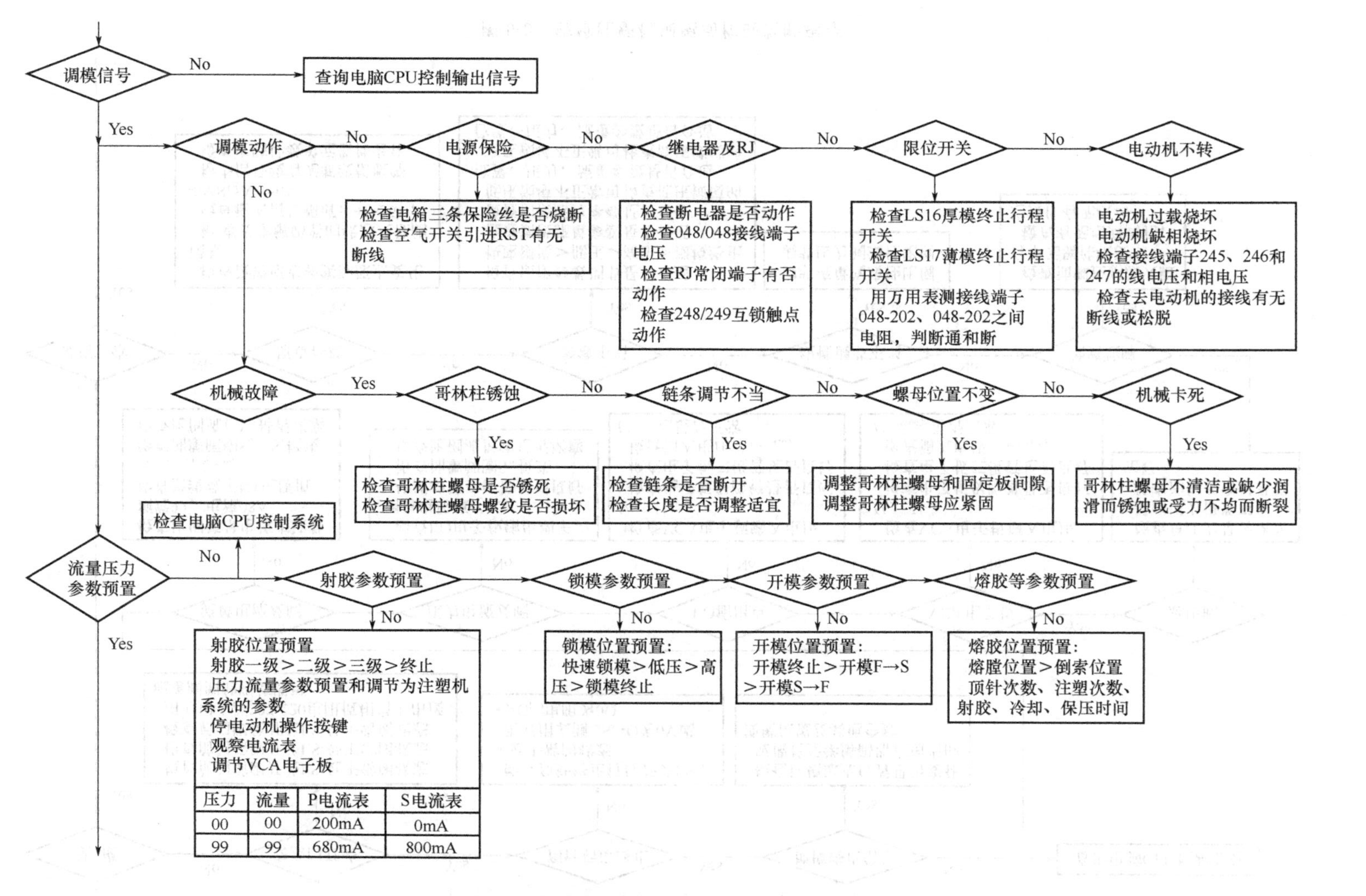

压力	流量	P电流表	S电流表
00	00	200mA	0mA
99	99	680mA	800mA

图 5-2　震雄注塑机调模电路和比例流量、比例压力电路的判断程序

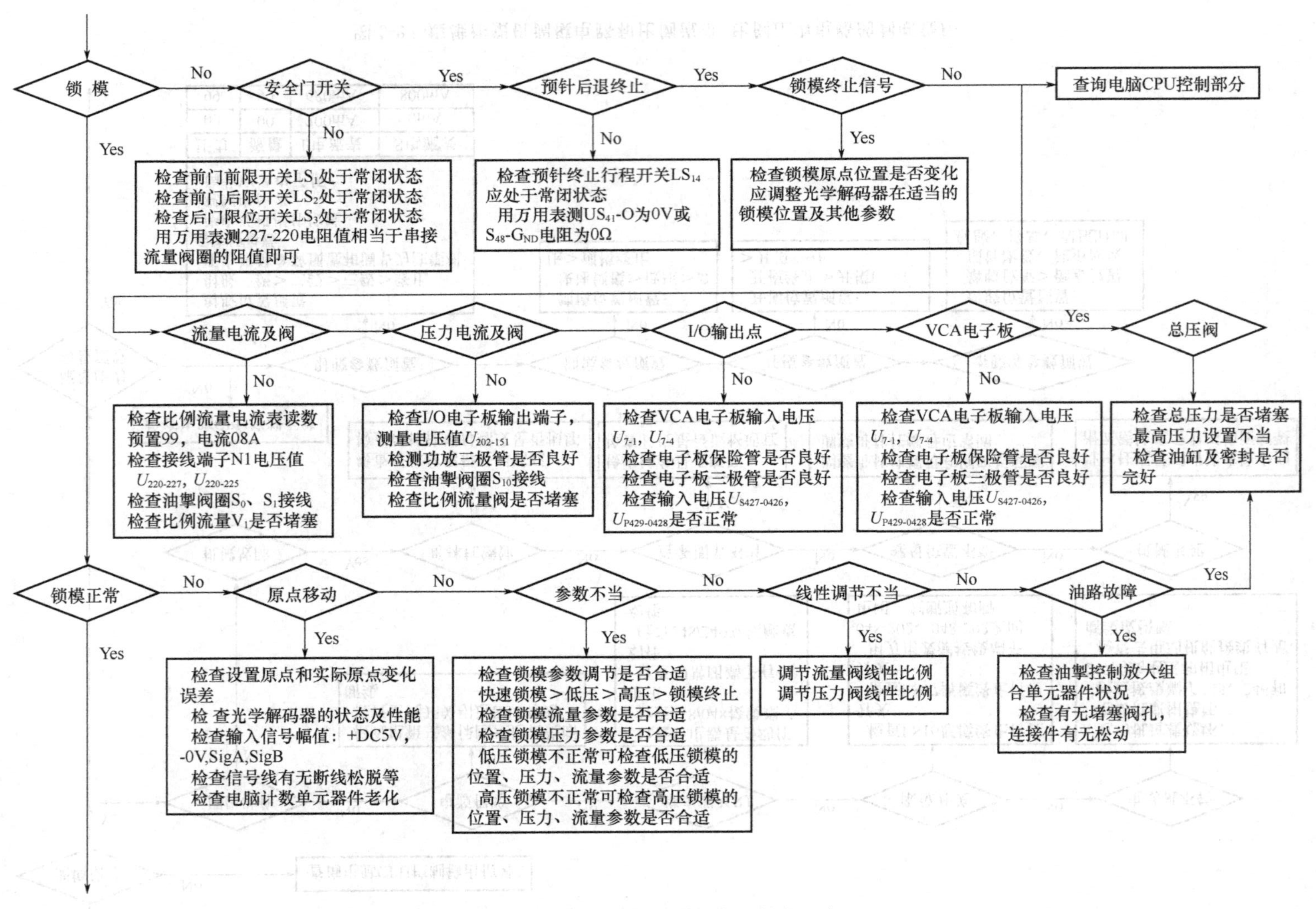

图 5-3　震雄注塑机锁模动作的判断程序

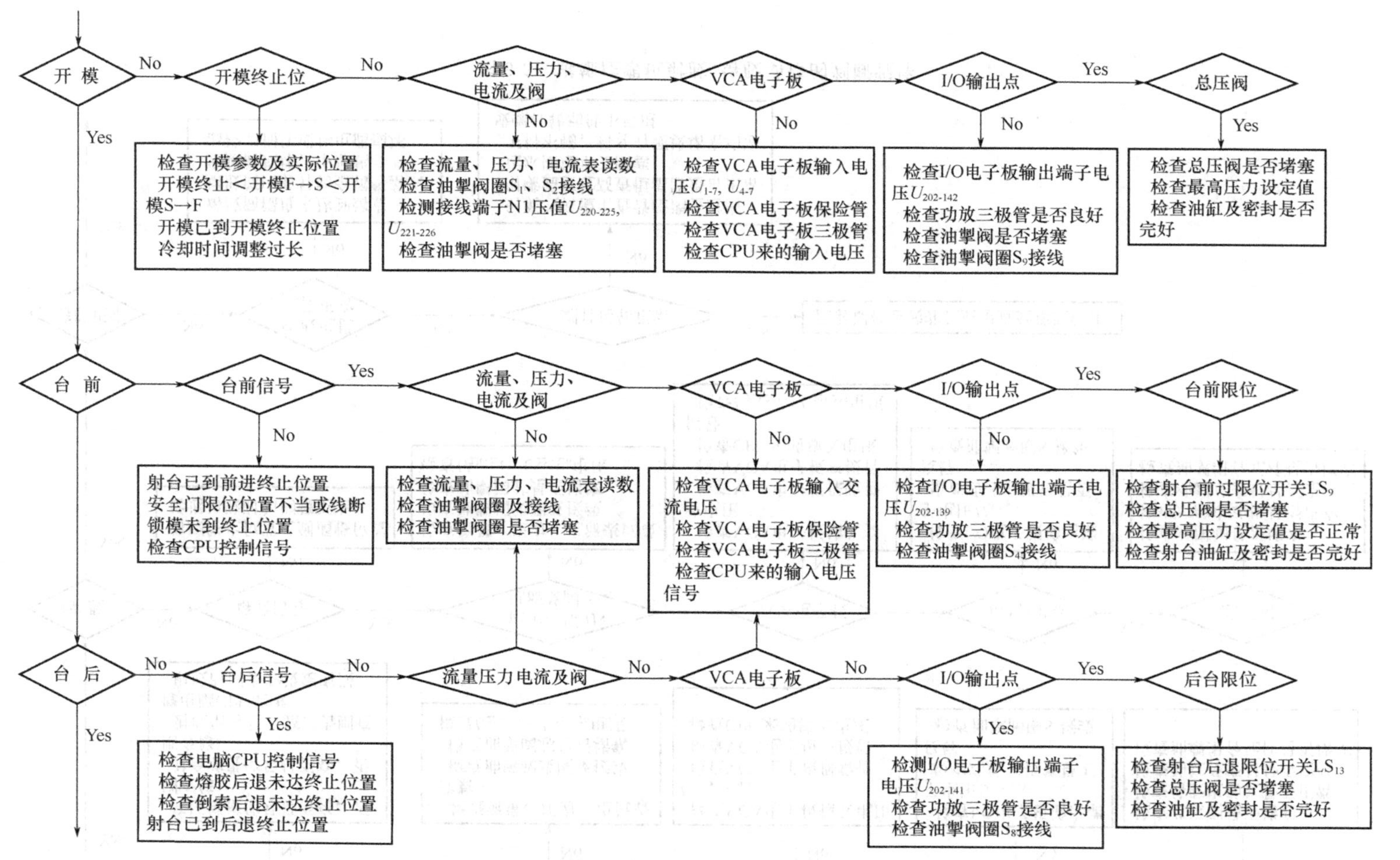

图 5-4 震雄注塑机开模动作和射台前、后动作的判断程序

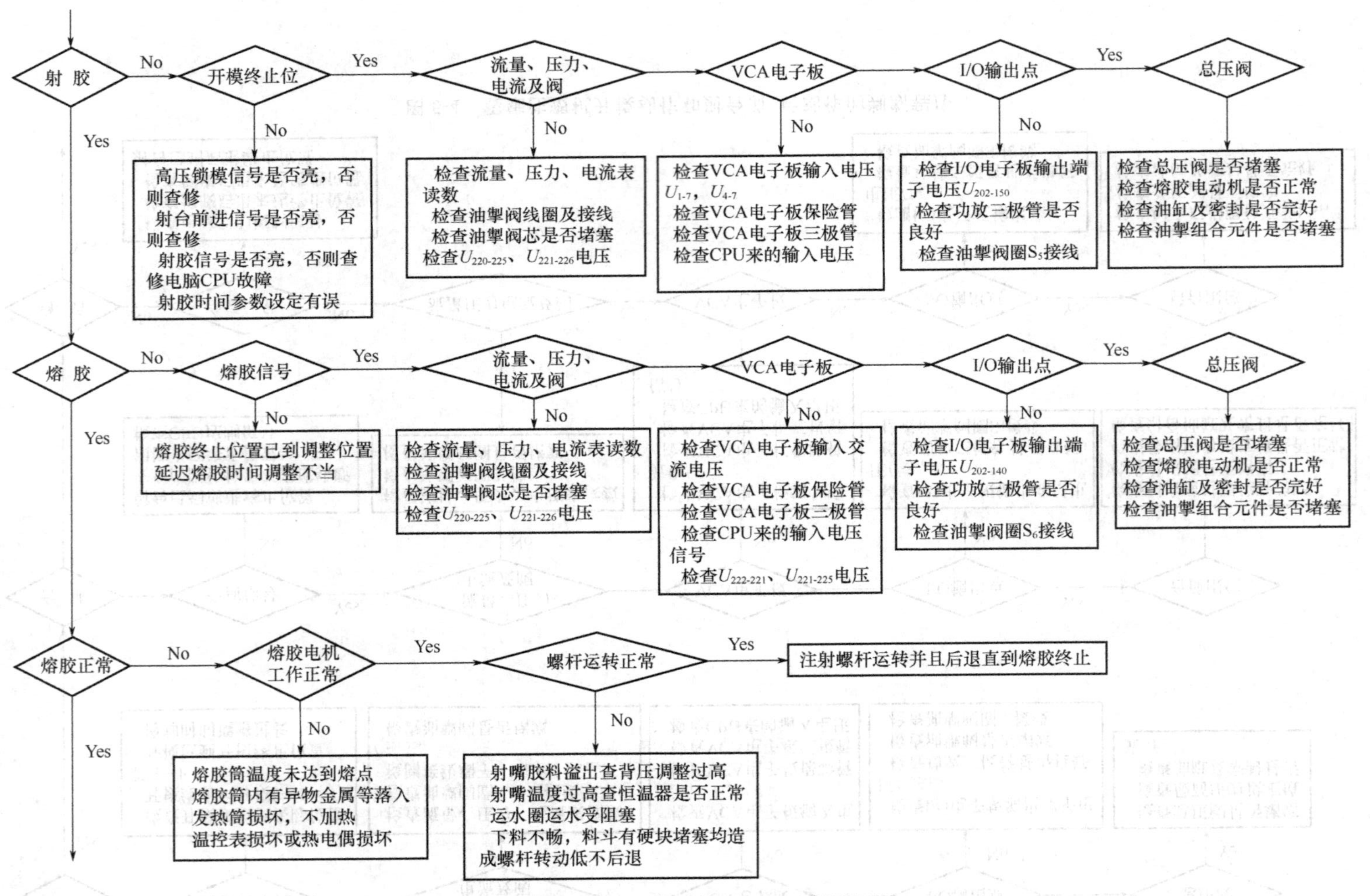

图 5-5 震雄注塑机射胶、熔胶动作的判断程序

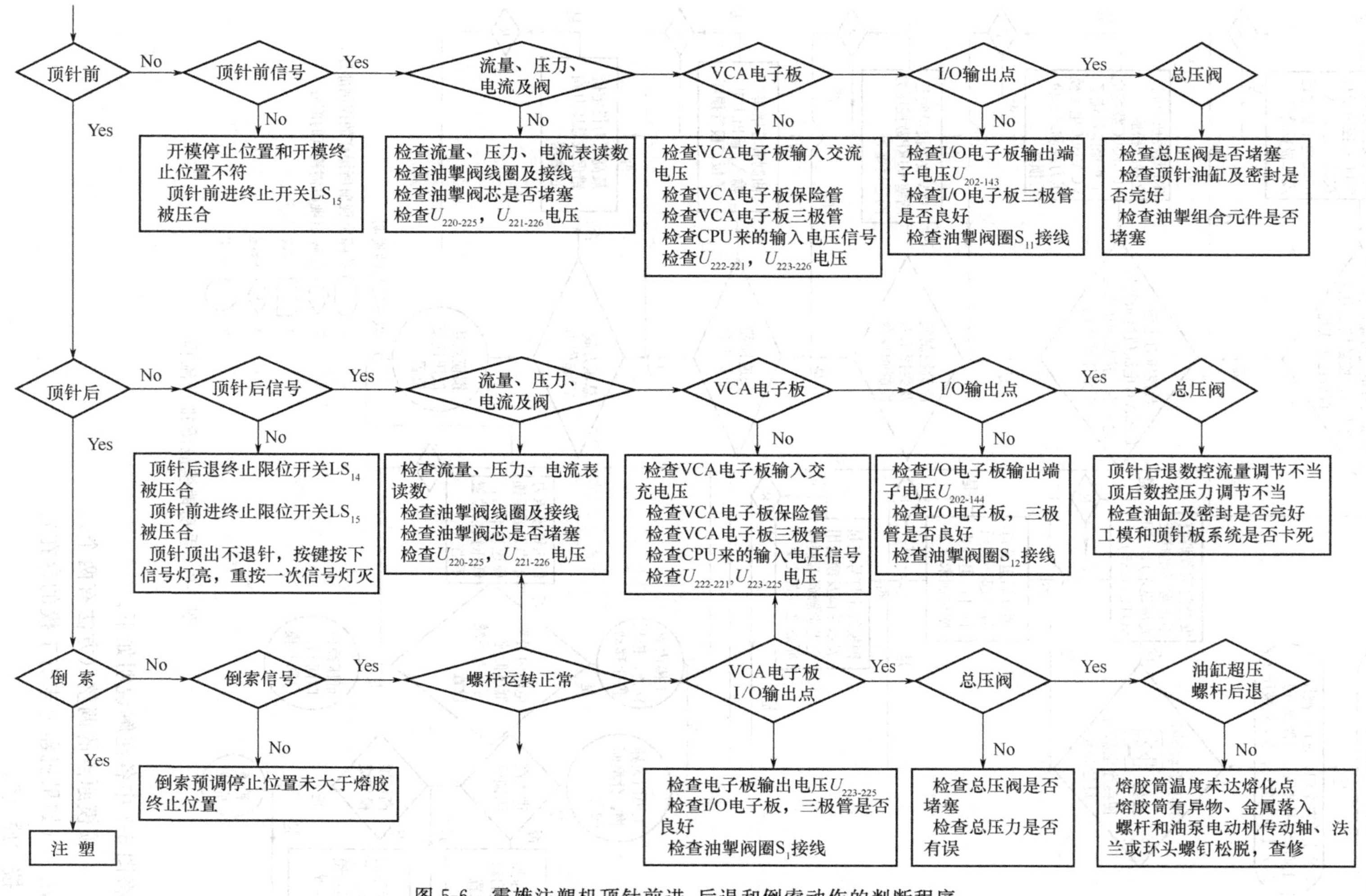

图5-6 震雄注塑机顶针前进、后退和倒索动作的判断程序

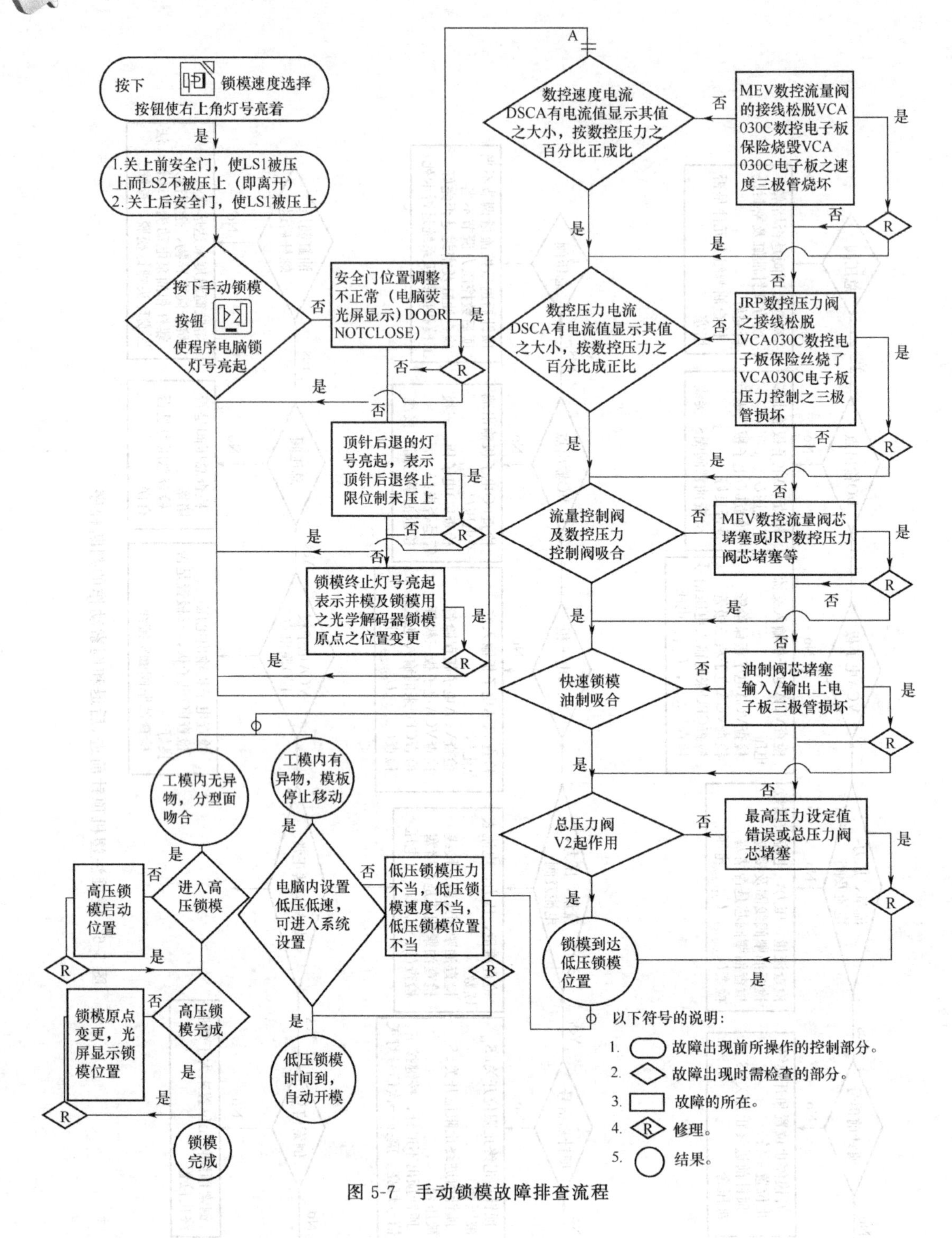

图 5-7 手动锁模故障排查流程

现将图 5-7 中各注解说明如下。

注一：锁模原点的调整（方法有两个）。

方法一（如果机器上未有工模的存在）。

① 按“原点”。

② 按“锁模”直到机铰完全伸直后，仍保持按着此按钮，最后同时按下另一键盘“取消”。

③ 荧光幕出现“ORIGING END”表示锁模零位已调整完毕。

方法二（机器上已经安装了模具）：必须先将头模板与移动模板之间的距离调阔，具体操作如下。

① 按“开模”。

② 按调模开关“M”，使右上角灯号亮起。

③ 按调模“厚”之按钮，将头模板与移动模板之间的距离调阔（目的：要使机铰完全伸直后，工模两平面仍不接触为原则）。

④ 按照上述方法一的第①点～第③点的操作程序，使荧光幕出现“ORIGING END”的文字。

⑤ 重新“开模”。

⑥ 按调模开划“M”，使右上角之灯号亮起。

⑦ 按调模“薄”之按钮，使头模板与移动模板之间的距离拉近至适当距离停止。

⑧ 按锁模，使锁模压力合乎产品的需求便可。

⑨ 若不行，重新上述第①～第③点及第⑤～第⑧点的操作。

注二：若是普通速度锁模，则快速锁模油掣不吸合，而需要普通锁模油掣吸合，但必须先按下快速及慢速锁模选择之按钮，使右上角之灯号不亮。

(3) 手动锁模故障排查流程（见图 5-7）

注三：高压锁模启动位置的调整。

① 按“取消”。

②“读写”。

③“锁模”。

④“输入”。

⑤“↓”HPCLAMP。

⑥ 荧光幕会显 PSPR。

⑦ 将 P 的数据改为 500。

⑧“输入”。

⑨ 按“检查”。

⑩ 按“4/自动检视”。

⑪ 按“锁模”。

⑫ 荧光幕会显示：

CLAMP	1000	S50
INJ	2000	P60

锁模位置　速度

射胶位置　压力

⑬ 将上述第⑫点锁模位置的数据加上 10 脉冲的总和（即循①～⑦点把 P 的数据改为此总和数值），再按“输入”代替旧数据便可。

注四：低压锁模启动位置的调整。

① 按“读写”。

② 按“锁模”。

③ 按“输入”HPCLAMP。

④ 荧光幕会出现 PSPR。

其中，P 代表位置，S 代表位置，PR 代表压力。P 常用位数为 2800 脉冲，S 常用百分数为 20～30，PR 常用百分数为 10～15。

⑤ 将如上 P、S、PR 的数据分别输送入有关的位置。

注五：锁模位置的检视，可根据以下步骤进行。

① 按“检视”。

② 按“4/自动检视”。

③ 按“锁模”。

④ 当机铰完全伸直后，从荧光屏上可看出锁模停止时的实际数字。

⑤ 若数字大于 150，需重新调整锁模原点，便可解决锁模原点变更的故障。

(4) 射台前进（手动）故障排查流程（见图 5-8）

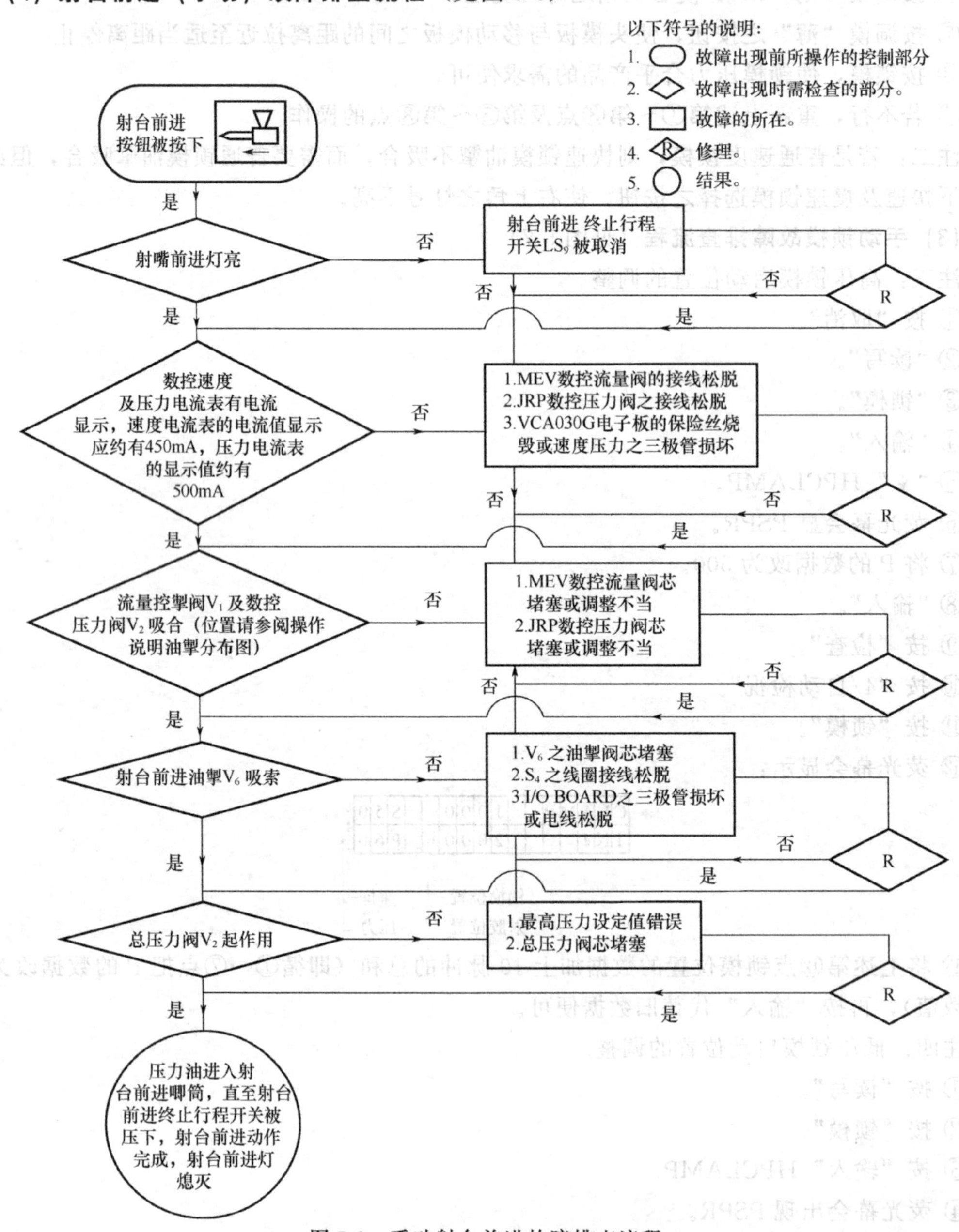

图 5-8 手动射台前进故障排查流程

(5) 手动熔胶故障的排查流程（见图 5-9）

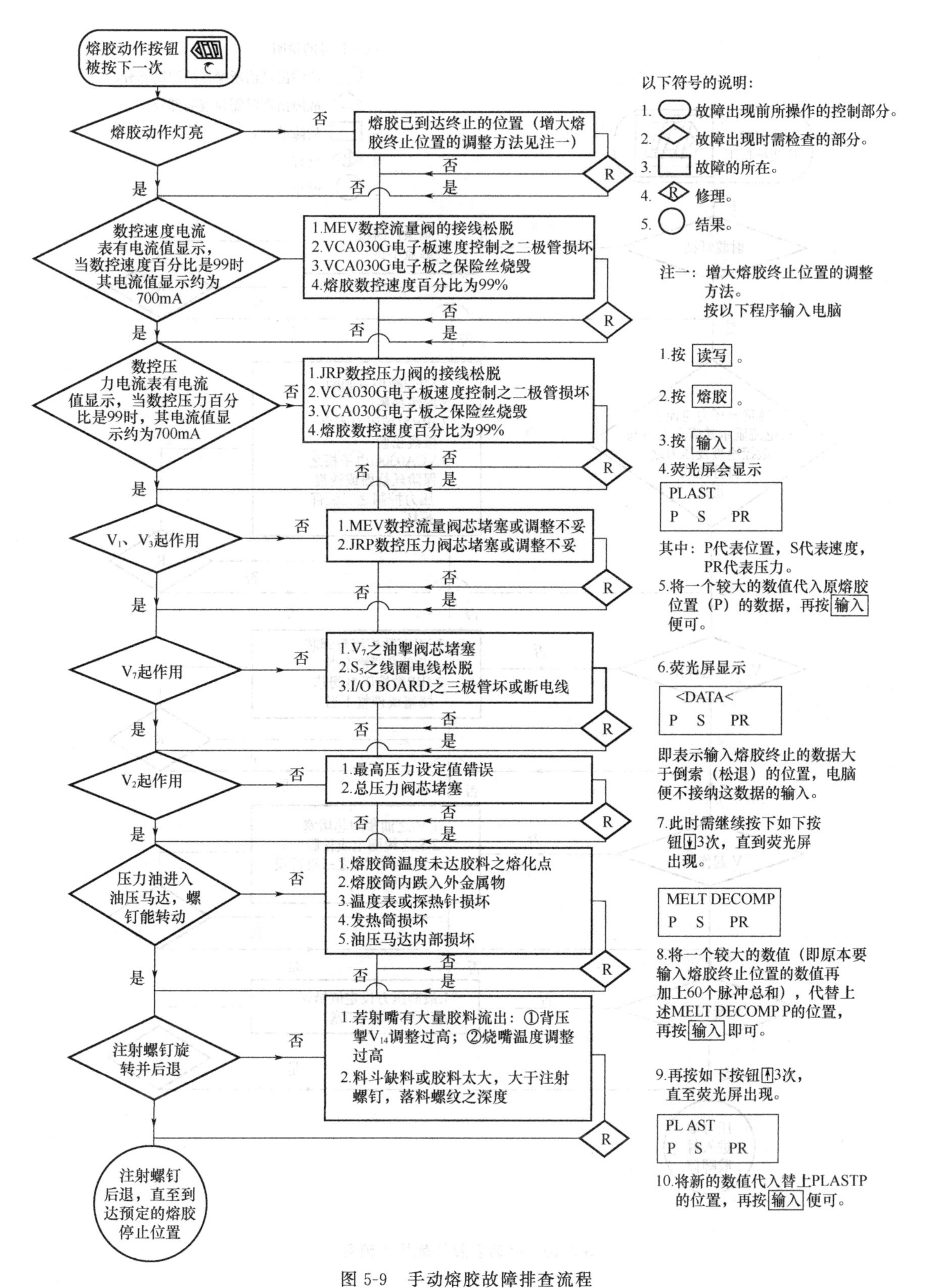

图 5-9　手动熔胶故障排查流程

(6) 手动射胶故障排查流程（见图 5-10）

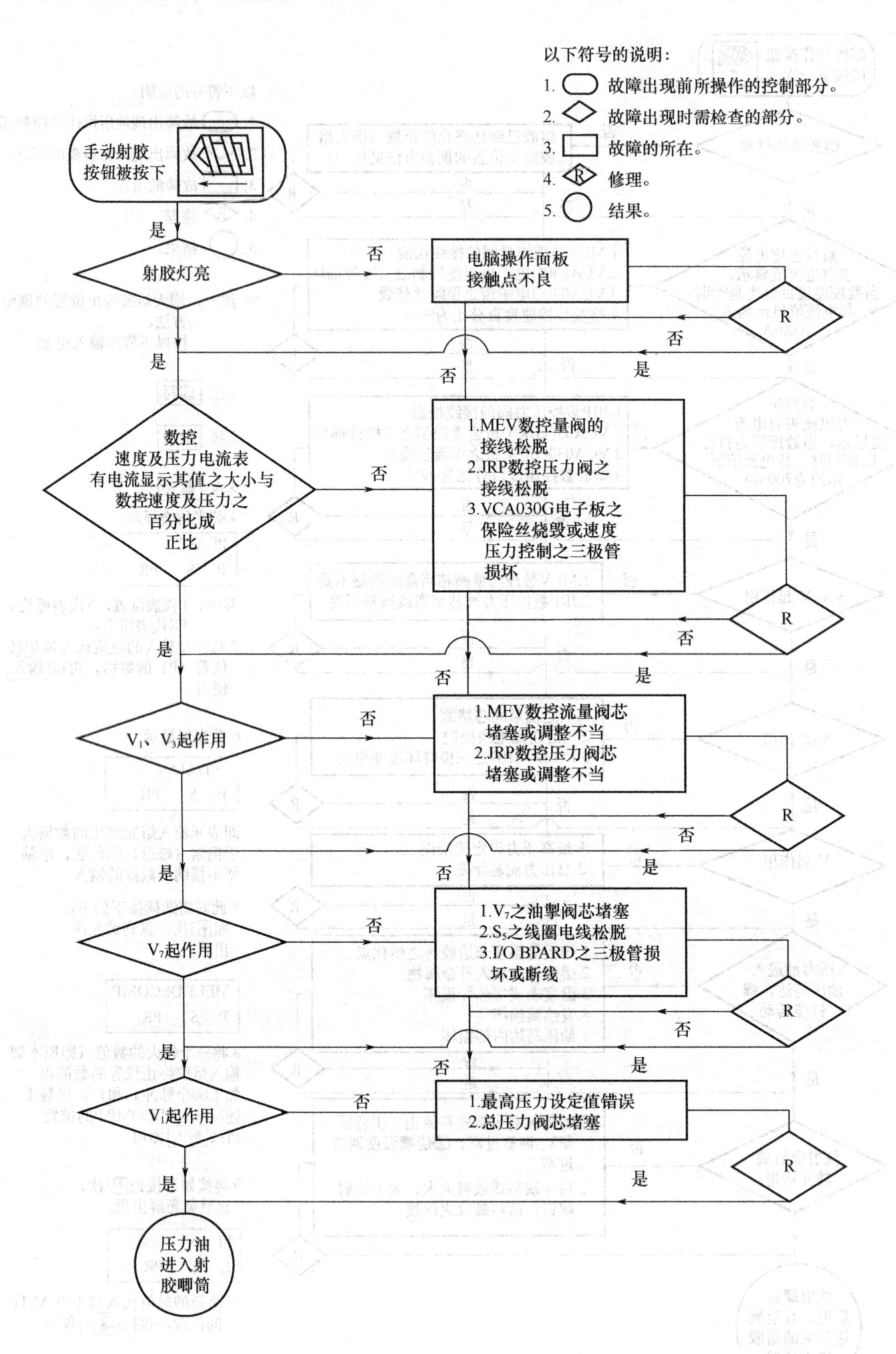

图 5-10 手动射胶故障排查流程

(7) **手动开模故障排查流程**（见图 5-11）

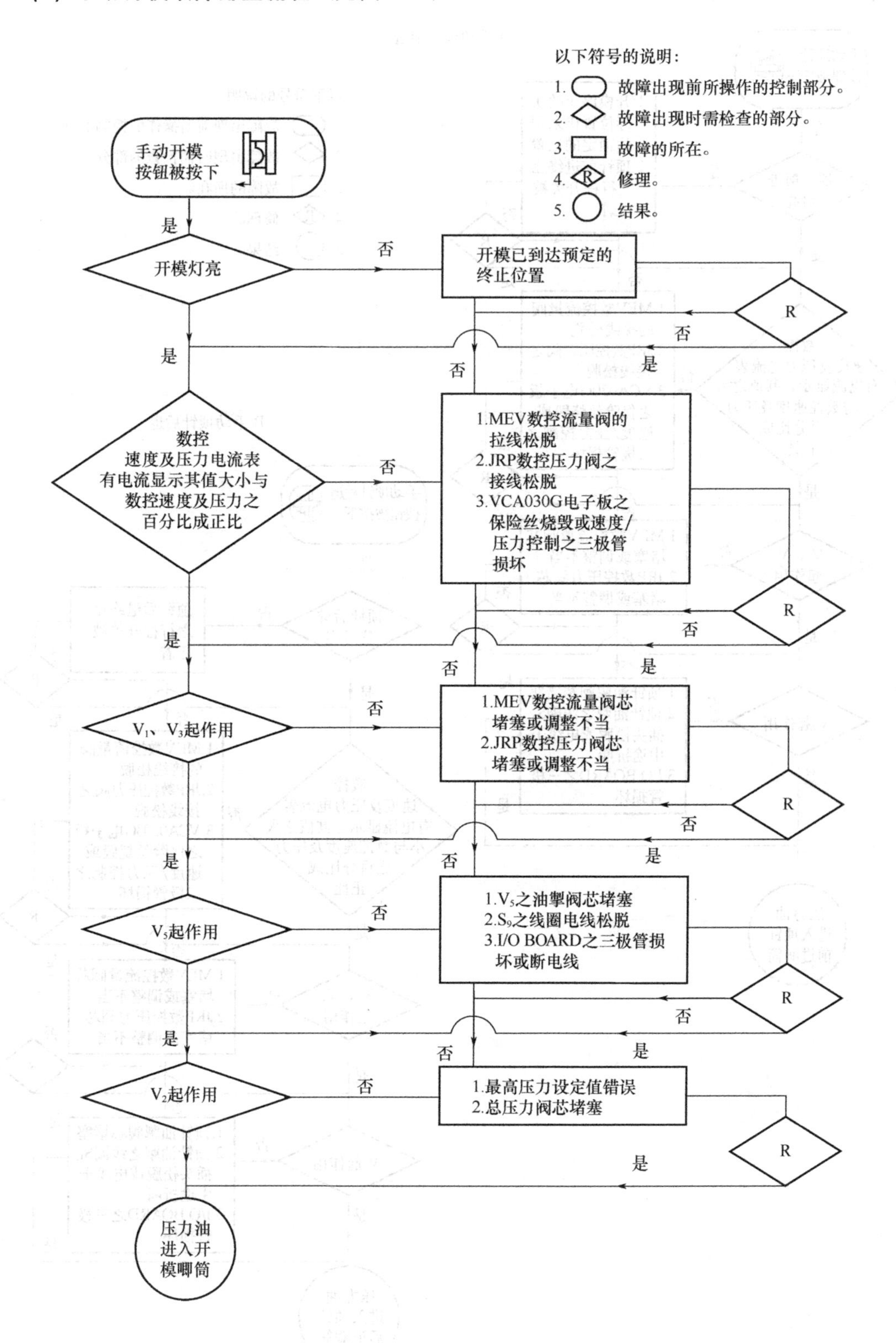

图 5-11　手动开模故障排查流程

(8) 手动顶针故障排查流程（见图 5-12）

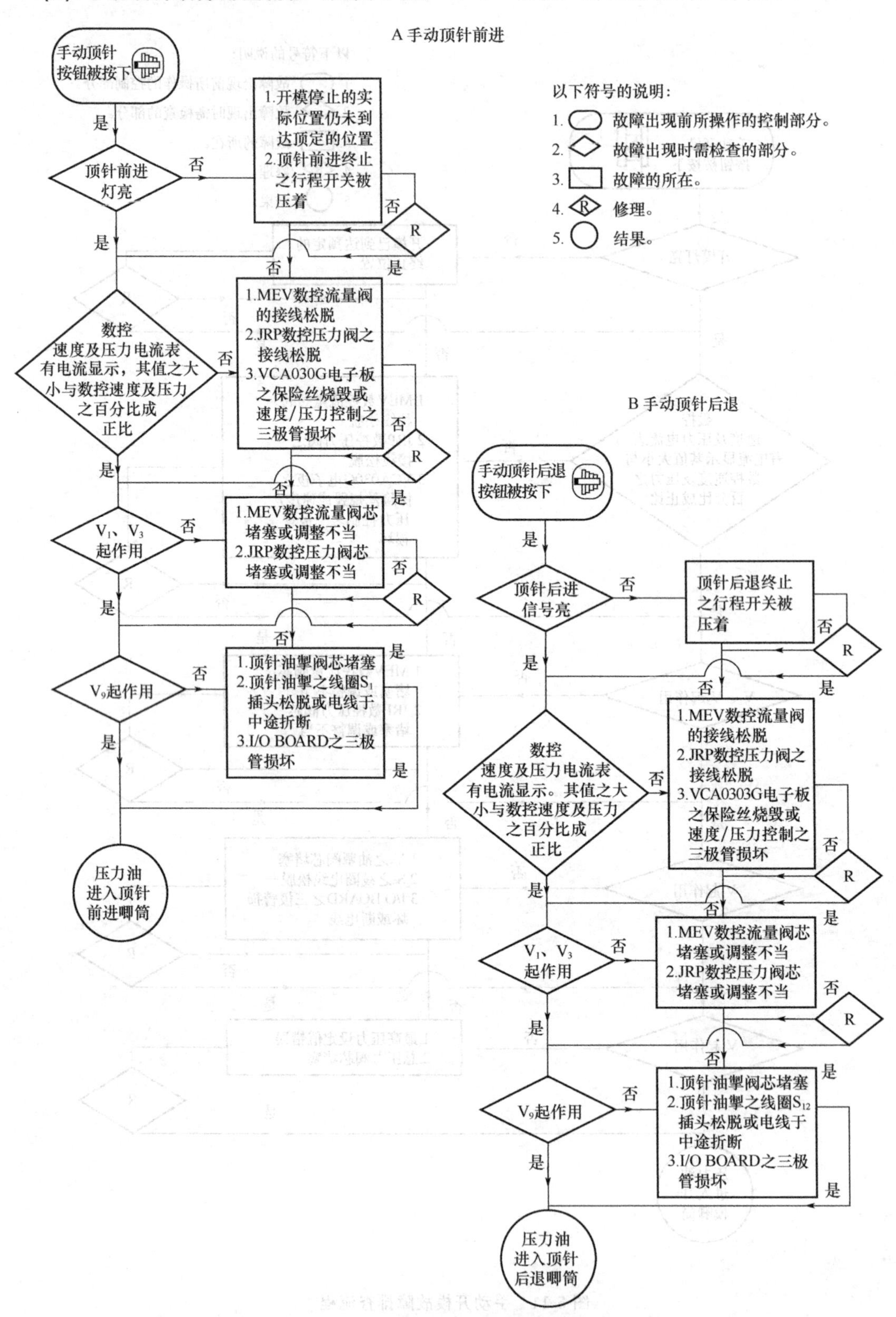

图 5-12 手动顶针故障排查流程

(9) 全自动锁模故障排查流程（见图 5-13）

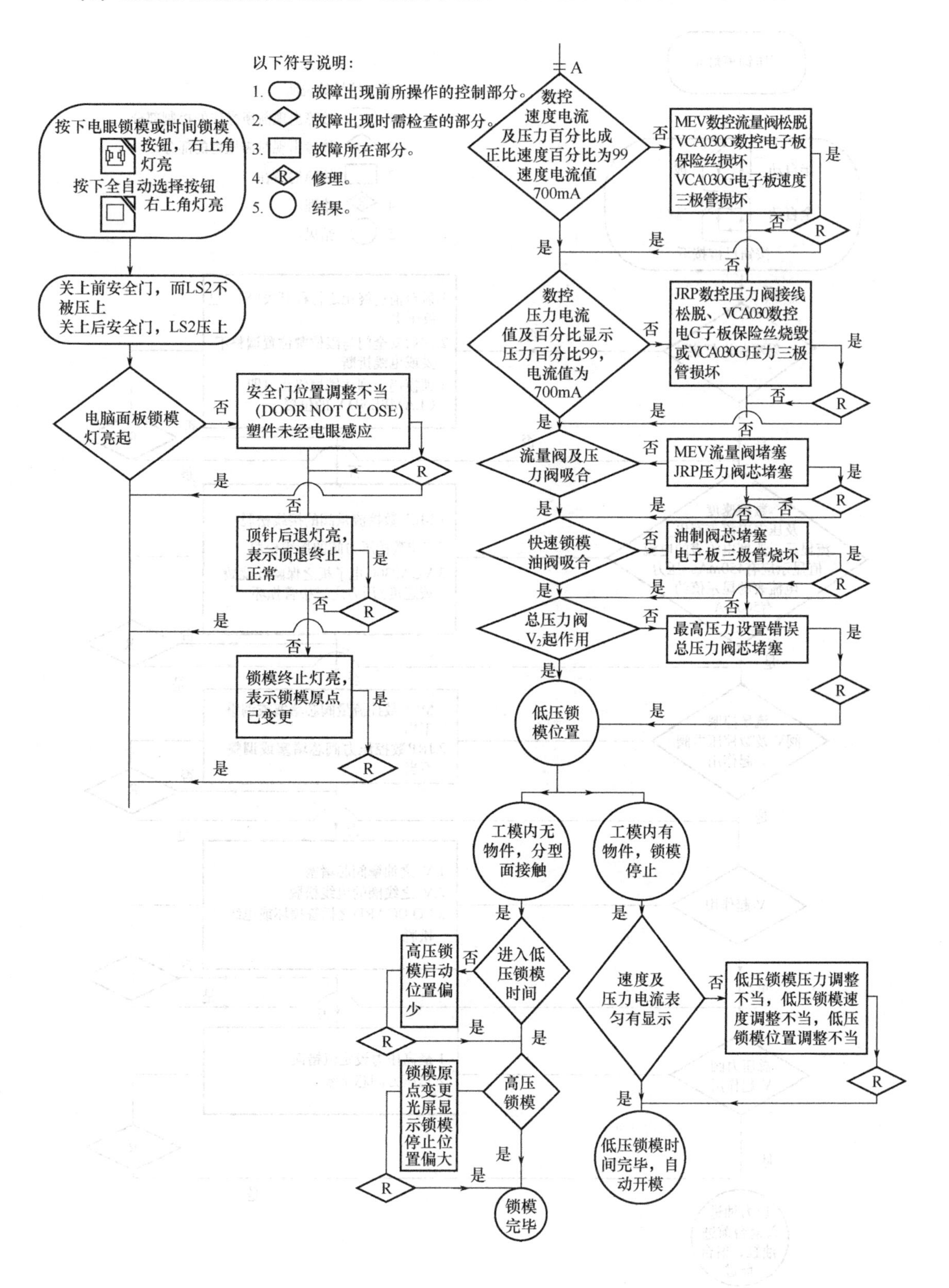

图 5-13 全自动锁模故障排查流程

(10) **射台前进故障排查流程(全自动/半自动)**(见图5-14)

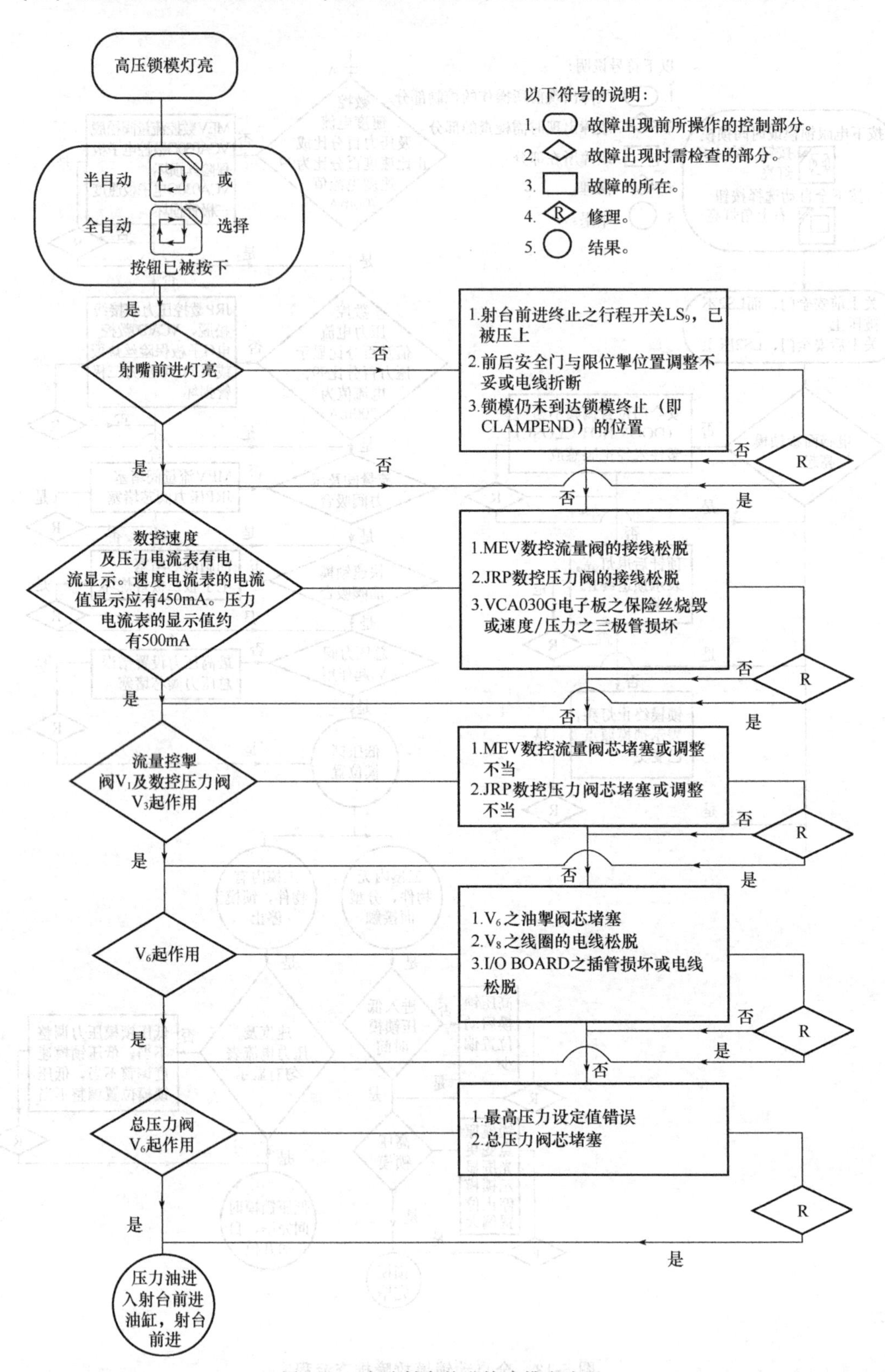

图5-14 自动射台前进故障排查流程

(11) 射胶故障排查流程（全自动/半自动）（见图 5-15）

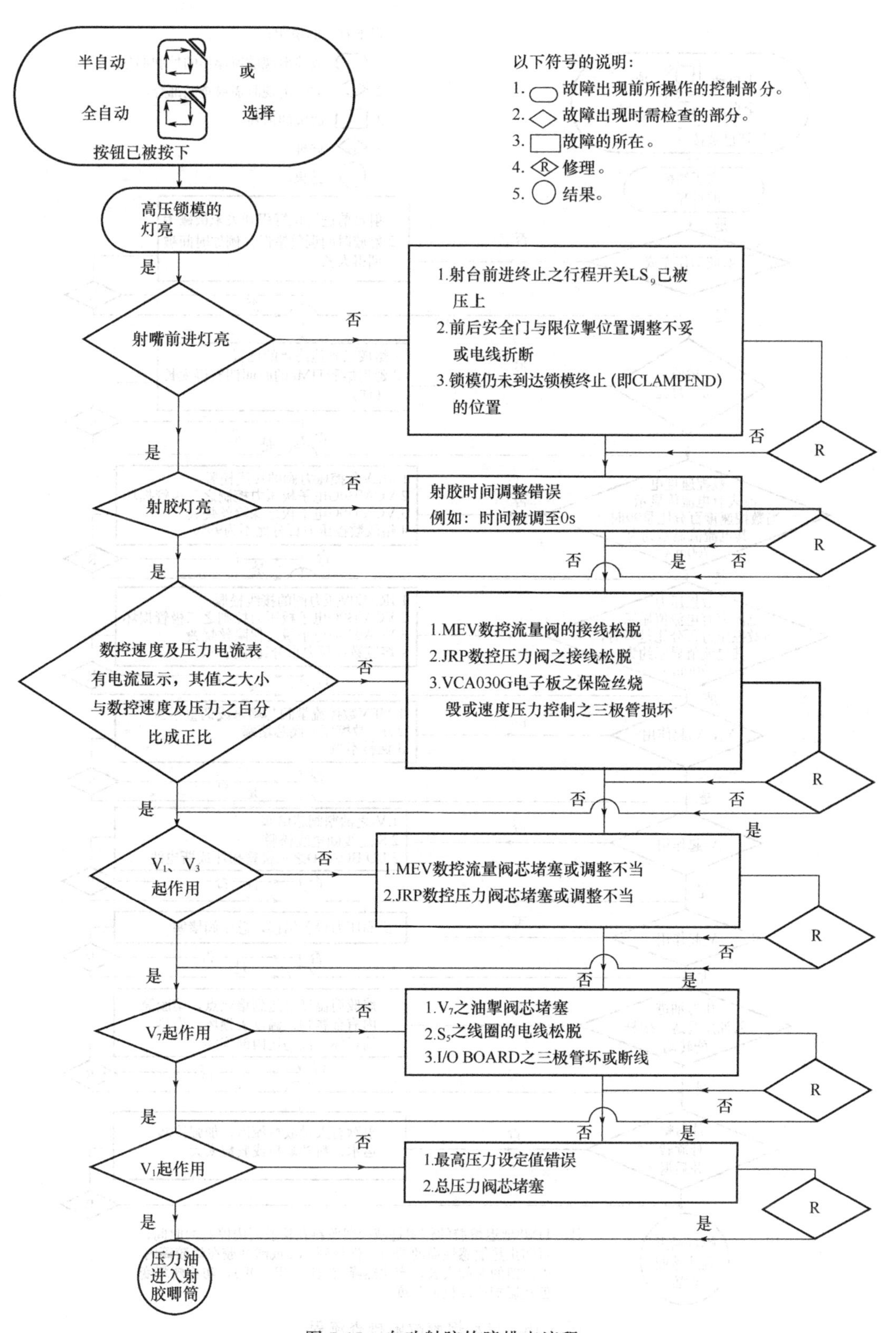

图 5-15　自动射胶故障排查流程

（12）熔胶故障排查流程（全自动/半自动）（见图 5-16）

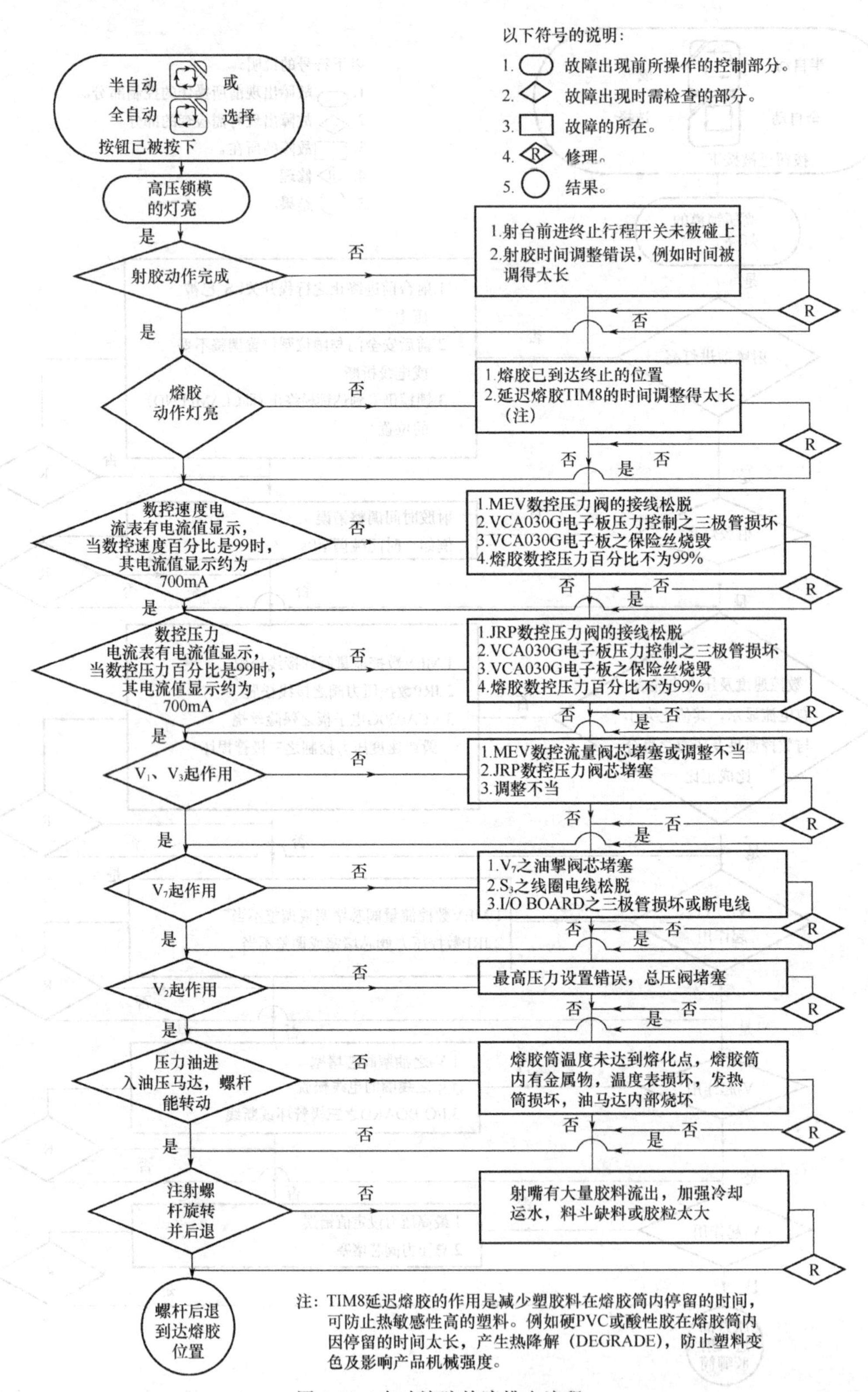

图 5-16 自动熔胶故障排查流程

（13）倒索故障排查流程（全自动/半自动）（见图 5-17）

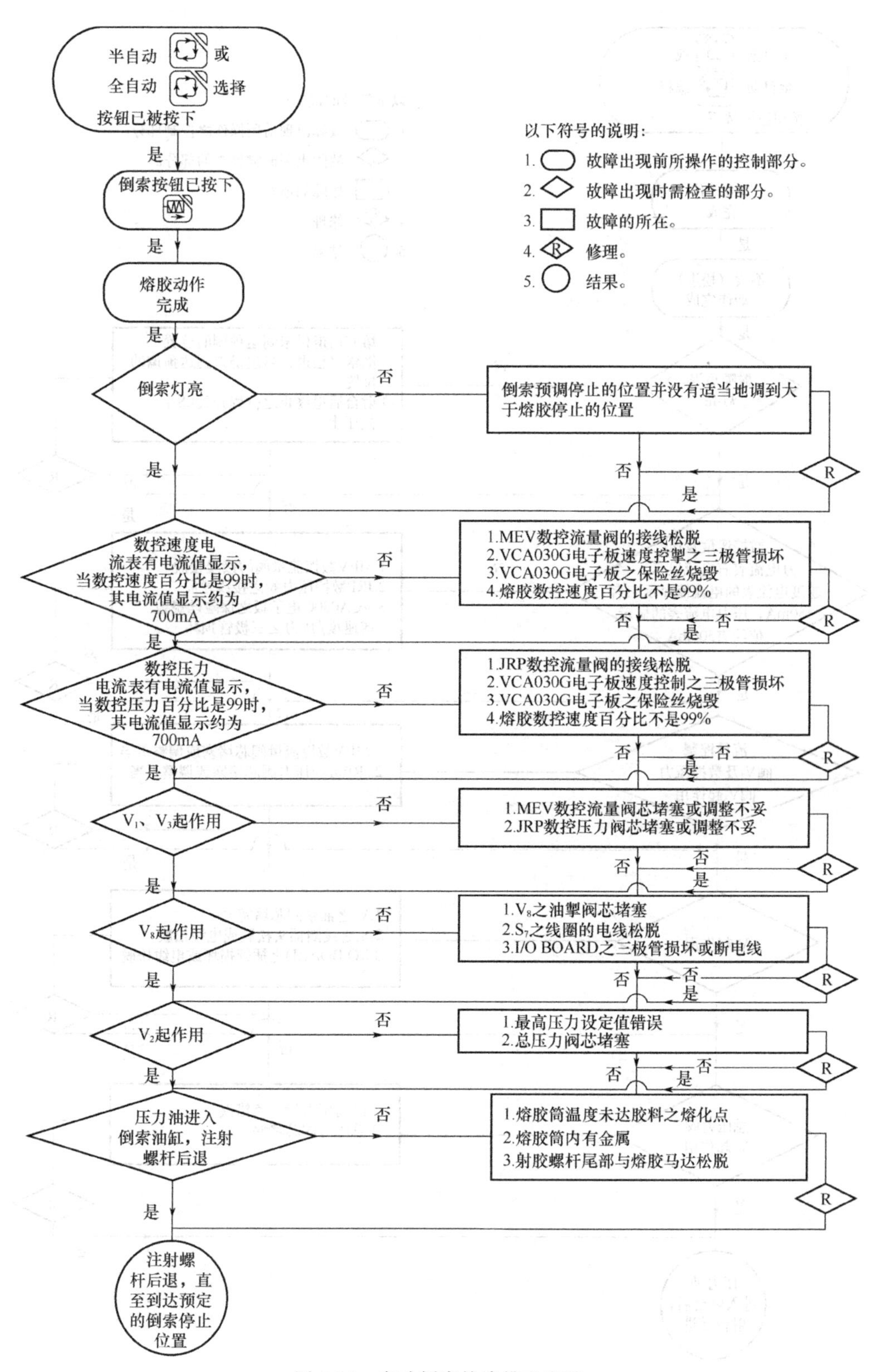

图 5-17 自动倒索故障排查流程

(14) **射台后退故障排查流程(全自动/半自动)**(见图 5-18)

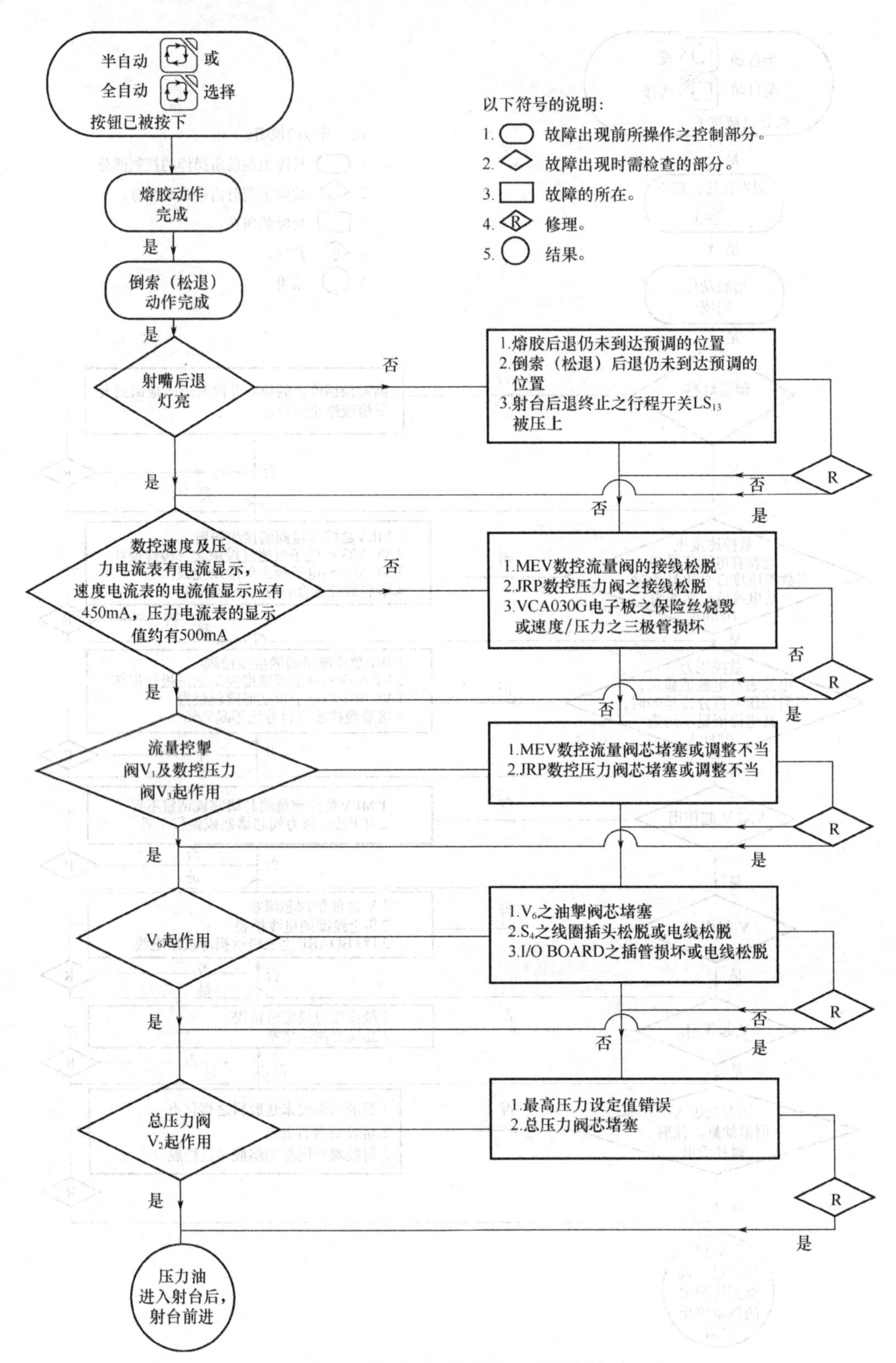

图 5-18 自动后退故障排查流程

(15) 开模故障排查流程（全自动/半自动）（见图 5-19）

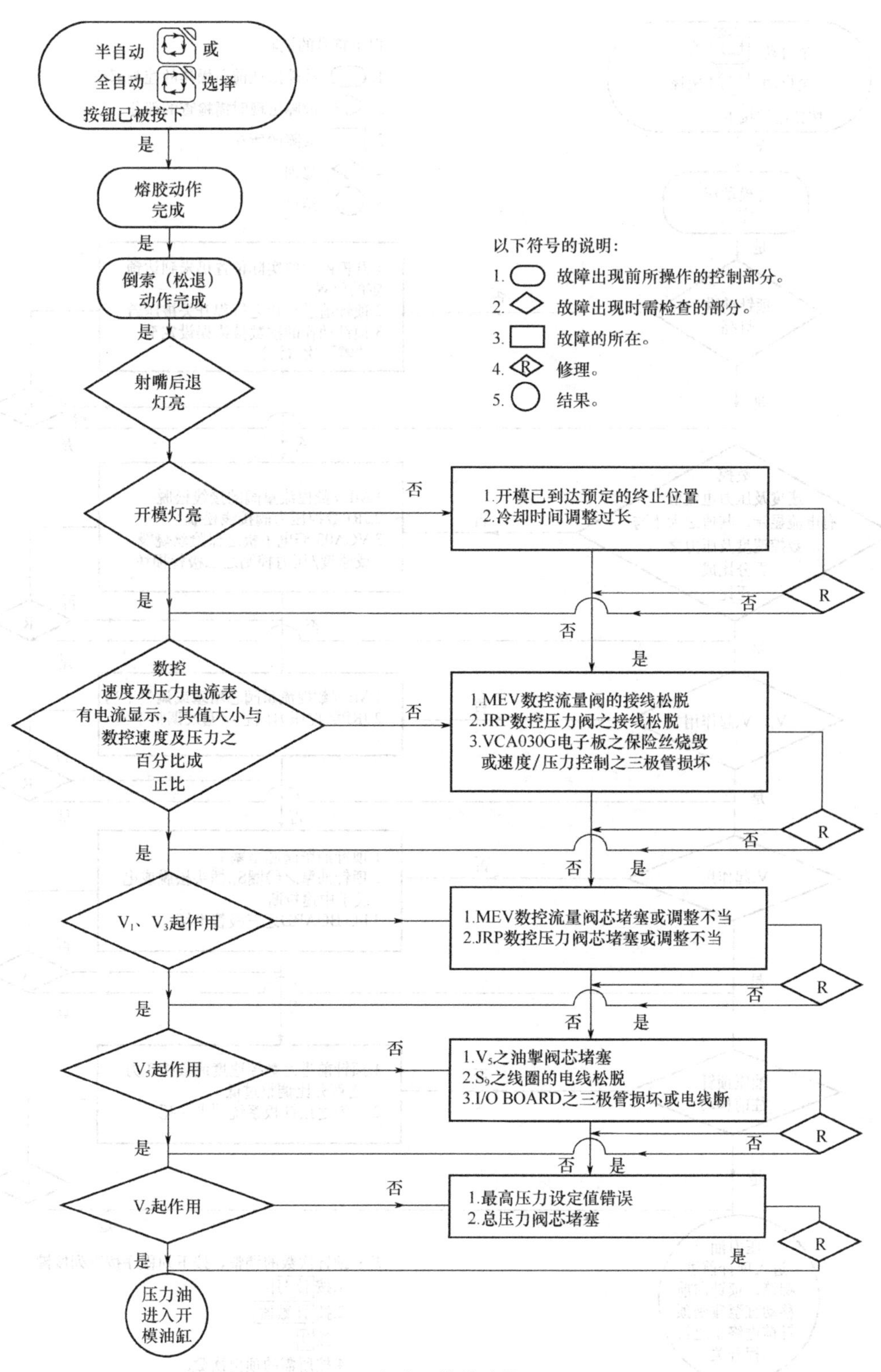

图 5-19　自动开模故障排查流程

(16)顶针前进故障排查流程(全自动/半自动)(见图5-20)

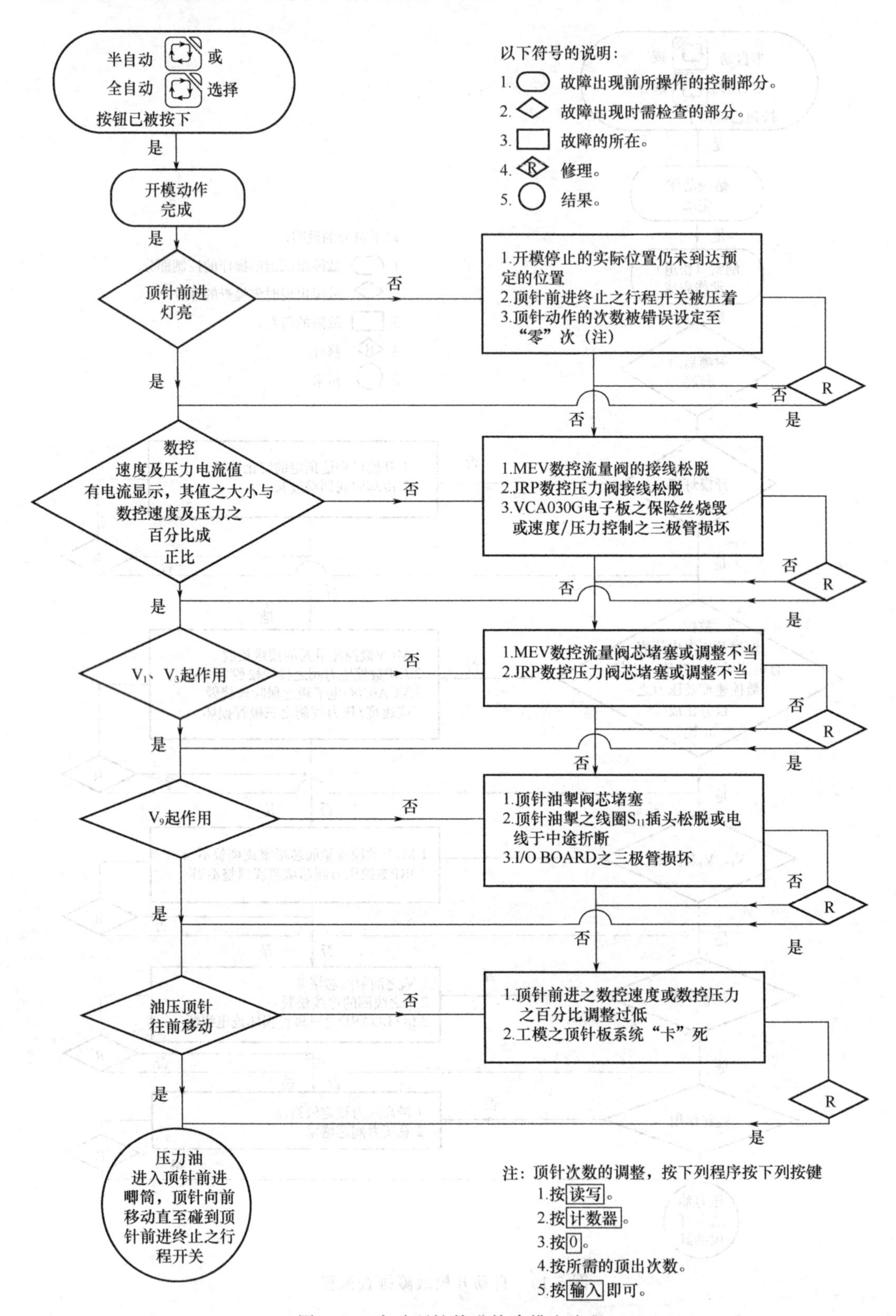

图5-20 自动顶针前进故障排查流程

(17) 顶针后退故障排查流程 (全自动/半自动) (见图 5-21)

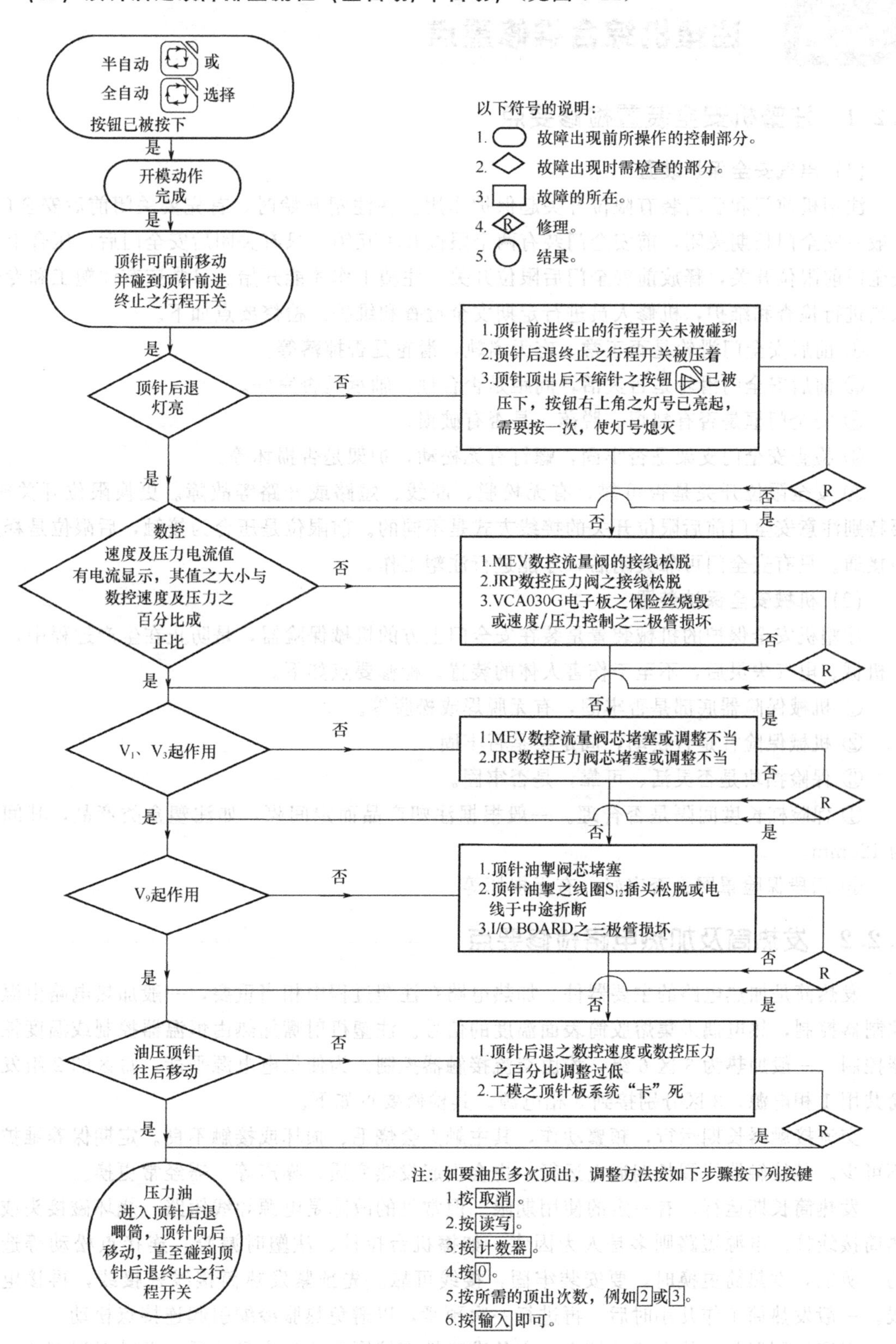

图 5-21 自动顶针后退故障排查流程

5.2 注塑机综合维修重点

5.2.1 注塑机安全装置检修要点

(1) 电气安全保护装置

注塑机前门和后门装有限位开关起保护作用。在注塑开始时，首先要关闭前后安全门。一般后安全门长期关闭，前安全门装有两个限位开关互锁。只有关闭后安全门后，压合上前安全门前限位开关，释放前安全门后限位开关，注塑工作才能开始。日常应有注塑工和专修人员进行检查和维护，机修人员进行定期安全检查和维护。检修要点如下。

① 前后安全门滑轮是否正常。有无离轨，滑轮是否掉落等。

② 前后安全门滑轮是否灵活，间距是否合理，轴承是否完好。

③ 安全门框是否有裂焊、脱落，是否有破损。

④ 检查安全门支架是否牢固，螺钉有无松动，护架是否损坏等。

⑤ 安全限位开关是否可靠，有无松脱、断线、短路或开路等故障。更换限位开关时，要特别注意安全门前后限位开关的接线方式是不同的。前限位是压合为接触，后限位是释放为接通。只有安全门可靠关闭后，才能进行注塑工作。

(2) 机械安全保护装置

注塑机安全保护的机械装置是装在安全门上方的机械保险器，是防止在生产过程中，万一机械、电气失灵后，不至于伤害人体的装置。检修要点如下。

① 机械保险器底部是否牢固，有无脱焊或松脱等。

② 机械保险杠是否松动，固定架是否牢固。

③ 保险挡块是否灵活、可靠，是否牢固。

④ 保险杠长度间隔是否合理。一般根据注塑产品而定间隔，如注塑盒类产品，其间距为 120mm。

⑤ 后段保险罩网是否完好，有无损坏等。

5.2.2 发热筒及加热电路检修要点

发热筒是加热电路的主要器件。加热电路在注塑过程中相当重要，一般加热电路由温度控制器控制，热电偶采集熔胶筒表面温度的信号。注塑机射嘴加热由恒温器控制或温度控制器控制。一般加热为 3 区 6 组，均由交流接触器控制。为使供电电源平衡，每区的 2 组发热筒共用 1 相电源，3 区分别接到 3 相电源。其检修要点如下。

交流接触器长期运行，频繁动作，其主触点会烧毛、损坏或接触不良。定期保养维护必不可少。其接触器线圈长期通电运行，也会引起发热变质、噪声等。需经常更换。

发热筒长期运行，有一定的使用期限。但常见的故障是电源导线短路，烧坏磁接头或发热筒接线柱。电源短路则多是人为因索，如擦机台拉扯、注塑时漏胶、连接点松动等造成的。所以，发热筒更换时，要安装牢固，接线可靠。先预紧发热筒接线柱接线，再接电源线。一般发热筒工作几小时后，再进行一次预紧，以避免热胀冷缩引起连接点松动。

温度控制器是加热电路的核心。它的准确性直接影响注塑产品质量，尤其对温度要求较准的塑料非常重要，否则胶料就烧焦变色或烧伤。温度控制器采集发热筒的温度信号，与设定温度信号进行比较，通过温发控制器进行控制，是否加温或保温。热电偶是采温感应元件，应当安装可靠，插入温度检测孔位置适当，热电偶引导线连接也要牢固可靠。一般使用过程中，温度控制表有一定误差，可用温度计测量来校核温度控制精度，常用的胶料一般是误差±10℃亦可使用。

温度控制器最常见故障是控制失灵，主要是表内继电器触点烧毛、烧结使温度失灵，温度控制不准确。误差范围大由拨盘开关故障引起或温度表内部集成电路性能变坏引起，还可由内部电路如稳压二极管、电位器、精密电阻等故障引起。温度表头坏也导致失控。

检修加热电路，可由电源部分到发热筒部分人手检查，测量、调校电路以确定故障点及元器件，然后再更换损坏元器件，最后再调试校正。更换元器件时要注意型号、形状、规格及参数，尤其对热电偶的分度号、发热筒的功率以及并联安装等要注意。喷嘴加热筒应尽量避免受到漏胶的损坏。

5.2.3　主电机及控制电路检修要点

注塑机主电机也称油泵电机，常用的功率在 10kW 或 15kW 以上，接线常用三角形、星形或星形/三角形启动接法。三角形和星形接法适用于 10kW 以下的电机。10kW 以上的电机就接成星形/三角形启动器或自耦减压启动器，保证电网在电机启动时供电正常。具体接法如图 5-22 所示。

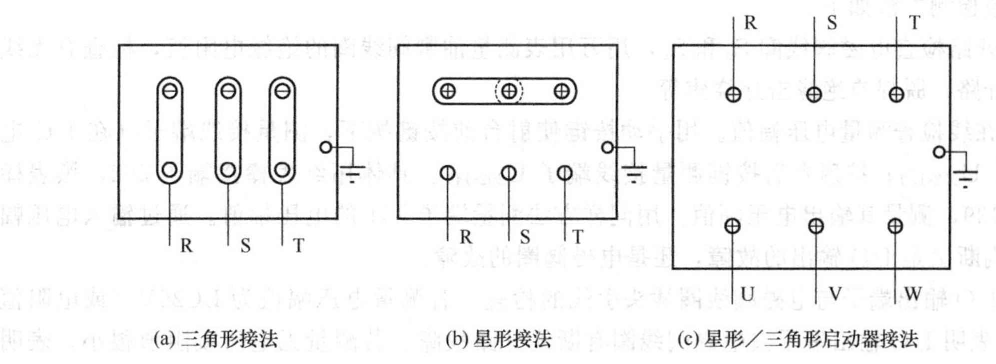

图 5-22　电机接线示意图

导线与接线柱之间连接要可靠，紧固加平垫、弹垫，不要有松动，以防止发热引起氧化。长期运行则会烧坏绝缘端子或电机内部绕组。维护检修要点如下。

① 电机接线应当正确、连接可靠牢固。电机本身绝缘良好，对地绝缘电阻至少大于 0.5MΩ，三相电源在运行时电流基本平衡。

② 电机运转时声音正常，无杂乱噪声和较大振动。常由于轴承损坏引起噪声或撞铁烧坏电机。

③ 检测控制电路交流接触器主触头是否良好，有无因烧坏而引起缺相或电源导线损坏。常见故障均由于缺相造成电机烧坏或因机械卡死导致过载而烧坏电机。

5.2.4　油掣阀与电路检修要点

注塑机油路中油掣阀是关键的部分，注塑各个动作均靠油掣阀动作去推动。而油掣阀的工作又要靠电路输出去推动，所以维修工作要熟悉电路和油路的工作过程，在处理故障时便能准确地判断故障原因，及时地进行维修。因此检测各油掣阀、阀圈（电磁阀圈）、阀体及油掣阀与电路的对应关系非常重要。还要熟悉各阀体的结构构造以及检查、清洗、装拆方法。

(1) 射台前后动作油掣阀与电路

震雄注塑机油掣阀与电路的对应关系如图 5-23 所示。

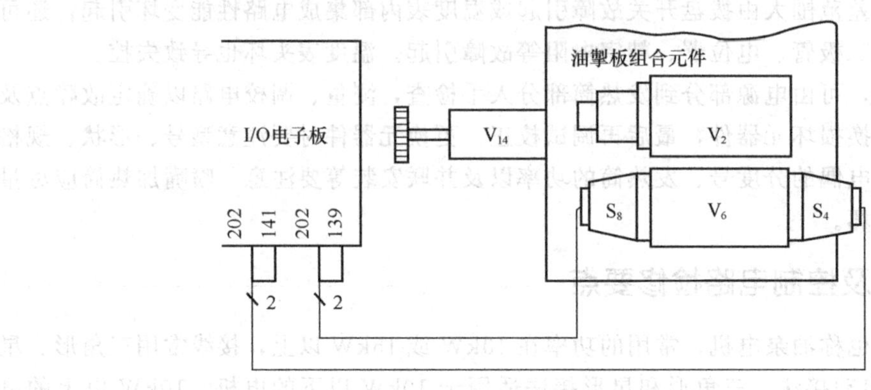

图 5-23 射台前后动作油掣阀与电路

射台前进、射台后退动作由 V 电磁阀控制，是三位四通方向阀。电磁阀线圈为 S_8 和 S_4。一般检测方法如下。

① 开路检查电磁阀线圈 S_8 和 S_4，用万用表测量油掣阀线圈的绝缘电阻值，检查有无线圈引线开路，脱焊或绝缘击穿烧焦等。

② 在线检查测量电压幅值。用手动按键使射台前按键按下，测量接线端子（在 I/O 电子板侧）$U_{202\text{-}139}$；按射台后按键测量接线端子 $U_{202\text{-}141}$。具体用红表棒接端子 202，黑表棒接端子 139，测量其输出电压幅值。用同样方法测量端子 141 的电压幅值。通过输入电压幅值可以判断出是 I/O 输出的故障，还是电磁阀圈的故障。

③ I/O 输出端子与电磁阀线圈插头引线的检查。若测量电压幅值为 DC26V（或电阻值很大），表明 I/O 输出端子去电磁阀线圈有断线开路故障。若测量无电压或阻值很小，表明有短路现象，包括自身短路、引线对外壳短路、电磁阀线圈短路等。

(2) 射胶、熔胶和倒索油掣阀与电路

图 5-24 是油掣板组合体与电路。射胶和熔胶是电磁阀 V_7 控制的。V_7 是三位四通方向阀，电磁阀线圈是 S_6 和 S_5。倒索动作是由电磁阀 V_8 控制的，V_8 是二位四通电磁阀，电磁阀线圈是 S_7。检查方法和维修同上所述。先是开路检查电磁阀及线圈的绝缘电阻与连接，再在线检查输出电压幅值 $U_{202\text{-}140}$、$U_{202\text{-}150}$ 和 $U_{202\text{-}145}$，最后检查插头、端子、引线及连接等。

(3) 流量比例阀与电路

图 5-25 是流量比例阀与电路。它由流量比例阀 V_1 控制，电磁阀圈 S_3 和 S_1 分别为锁模动作流量控制和其他动作流量控制。与它连接的线路较为复杂，要通过 VCA-060G 电子放大板，通过安全门限位开关 LS_1、LS_2 和 LS_3，通过接线端子 N_1 连接形成电路。

流量比例阀控制在注塑机油路系统中占有很重要的位置，若出现故障会影响整机动作。由于它连接线路复杂，既有外来的输入信号如安全门限位开关等，又有来自电子放大板来的输出电压，而输出电压的幅值又要靠 CPU 中央处理单元输出的信号来控制电子放大板的输出电压。

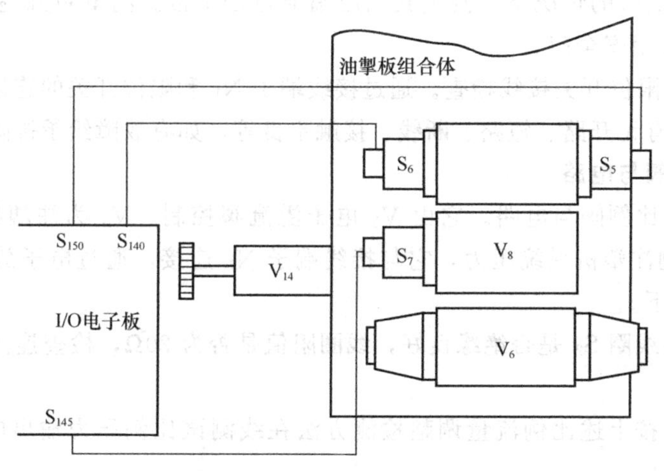

图 5-24　油掣板组合体与电路

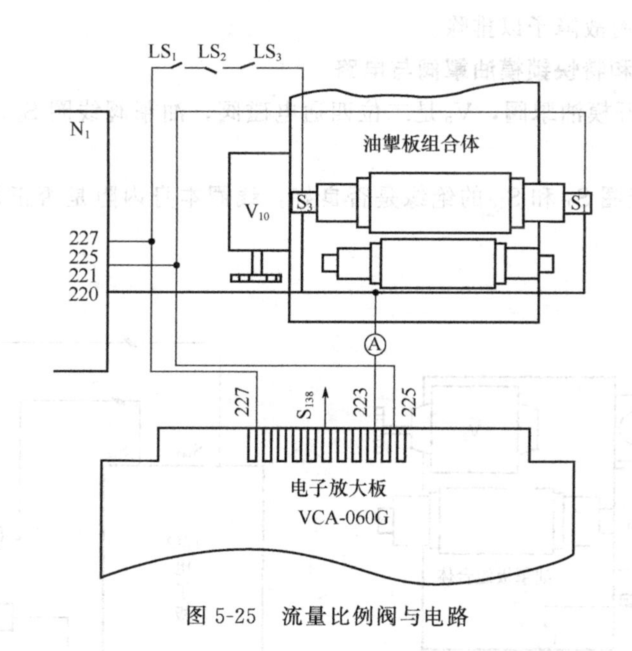

图 5-25　流量比例阀与电路

流量比例阀控制中，S_3 电磁阀线圈为锁模油掣线圈，S_1 为其他动作流量控制油掣线圈。图 5-25中 A 为电流表，调试过程中测试流量比例阀阀圈的电流参数。一般检测方法如下。

① 开路检查电磁阀线圈。拆下油掣阀圈的接线插头，用万用表测量阀圈（线圈）的绝缘阻值，一般阻值不大，20Ω 左右，检测接线及连接点有无虚焊、脱线和对地短路等。

② 开路检查外来的输入线是否接通。如安全门限位开关，测量接线端子 N_1 上 227 与 220 之间阻值或 227 与电磁阀线圈 S_3 的接线插头一端，关闭安全门和打开安全门应当有明显的阻值差别。检查安全门限位开关时，应注意电路图中的要求，分清常开、常闭点，换接时不要错接或误接。

③ 在线测试。一般测量电压前，先通电使注塑机电脑工作，在操作面板上操作，但不开启油泵。操作主要预置注塑参数，一般常预置射胶参数为流量比例阀的基准参数。设置好后，再按比例流量电子板的调节方法调节比例流量所需的最佳工作电流。完成这些工作之

后，在不开动油泵电机的情况下，测量其电压幅值是否正常。测量$U_{220-225}$、$U_{223-225}$，测量$U_{220-227}$时注意关闭安全门。

④ 连线检查和限位开关接线检查。通过接线端子 N_1 和限位开关的连接和对电子放大板插座的连接，查看有无开路、短路、断线、接触不良等，如有故障给予排除。

（4）压力比例阀与电路

图 5-26 是压力比例阀与电路。它由 V_3 电子溢流阀控制。V_3 为注塑机提供压力控制，电磁阀线圈 S_2 控制注塑机系统压力，它与接线端子 N_1 连接，通过电子放大板的接线构成电路。检修要点如下。

① 检测电磁阀线圈 S_2 是否绝缘良好，线圈阻值是否为 20Ω，检查连接是否可靠，有无开路、短路现象。

② 在线测试。按上述比例流量调整检测方法在线测试比例压力输出电压幅值$U_{222-221}$和$U_{221-226}$。

③ 连线检查。可通电测量插头端电压是否正常，连线有无串线等。也可停电，用万用表逐号依次查找，若有故障予以排除。

（5）开模油掣阀和特快锁模油掣阀与电路

图 5-27 中 V_5 是开模油掣阀，V_5 是二位四通电磁阀，油掣阀线圈 S_9，油掣阀线圈 S_{10}。检查要点如下。

① 检测油掣阀线圈 S_9 和 S_{10} 的绝缘是否良好，线圈本身内阻是否正常，有无脱焊、断线等。

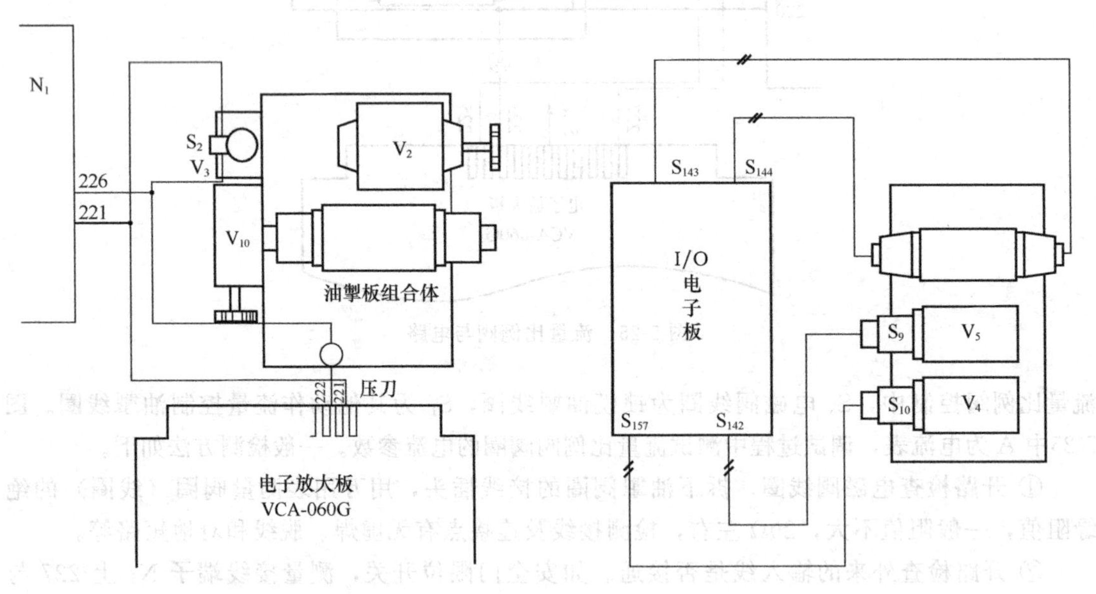

图 5-26 压力比例阀与电路　　图 5-27 油掣组合体与电路

② 在线测试。测量输出电压幅值，用万用表测量$U_{202-142}$和$U_{202-151}$电压幅值，方法同上。由于油掣板组合体位于注塑机后侧。控制油掣线圈电源线较长，应注意其连接引线是否有异常，如短路、开路及接触不良等，若有应及时处理。测量时可在 I/O 电子板端子处测量，然后再到机后油掣板组合体上的油掣线圈接线测量，达到准确判断，及时处理。

5.3 常见放大板故障处理实例

5.3.1 LCK-022 比例压力、比例流量电子放大板维护修理

图 5-28 是 LCK-022 电子板结构示意。具体维修如下。

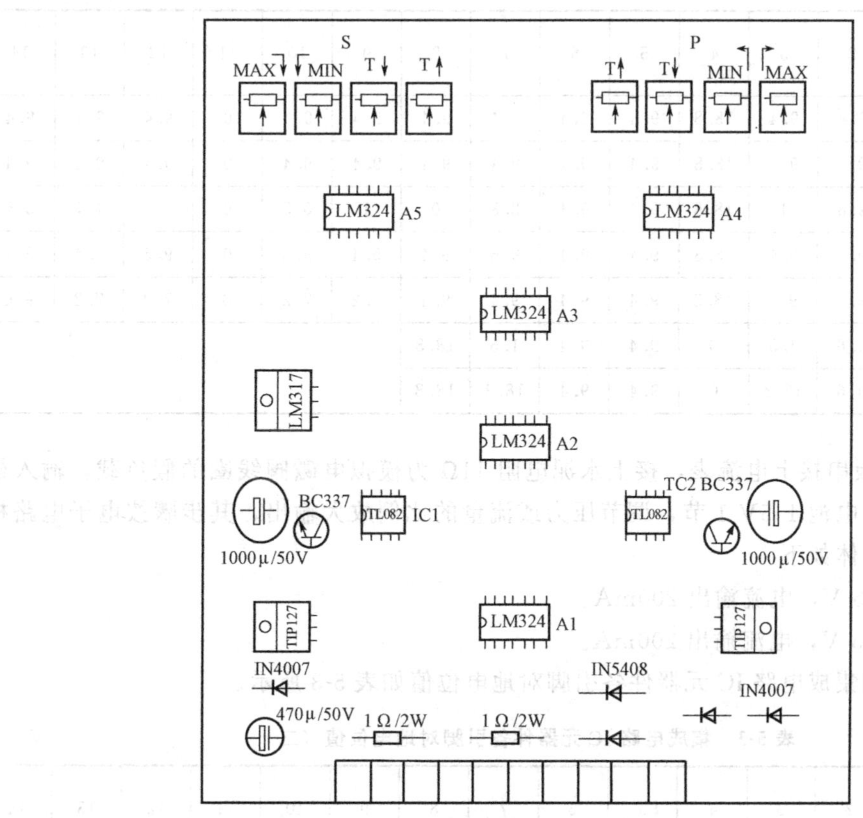

图 5-28　LCK-022 电子板结构示意

(1) 易损元器件性能检测

LCK-022 电子放大板易损元器件包括：保险管（3A）、BC337 三极管、LM317 主端稳压器、BV327 三极管、LM324 集成运放 IC、IC TIP127 功放管。

对集成运放 IC 可用引脚电阻值来判断性能好坏，通过用万用表测量集成运放 IC 各引脚的正常电阻值为依据，类比电子板上的集成运放 IC 来判别其参数正常与否。LM324 及 TL082 集成运放 IC 引脚间正常电阻值如表 5-1 所示。

表 5-1　集成运放 IC 引脚间电阻　Ω

型号	接地	测量	1	2	3	4	5	6	7	8	9	10	11	12	13	14
LM324	黑	红	1862	1	1	1869	1	1	1863	1863	1	1	0	1	1	1863
	红	黑	690	745	744	585	744	745	690	690	738	736	0	735	738	691
TL082	黑	红	1770	1	1	0	1	1	1760	1560						
	红	黑	1264	621	621	0	621	620	1259	574						

(2) 动态检测电子板元器件的引脚对地电位值

通过电子板正常通电来判断元器件是否工作正常。模拟输入控制情况，检查是否按比例放大、脉宽调制，是否准确地转换成功率输出。应用假负载法来模拟检测，具体如下。

① 电子电路板正常通电情况下，集成电路IC各元器件引脚的对地电位值如表5-2所示。

表5-2 集成电路IC各元器件引脚对地电位值（一） V

IC芯片 \ 引脚	1	2	3	4	5	6	7	8	9	10	11	12	13	14
A5	9.4	9.4	9.4	18.8	9.4	9.4	9.4	9.4	9.4	9.4	0	9.4	9.4	9.4
A4	9.4	9.4	9.4	18.8	9.4	9.4	9.4	9.4	9.4	9.4	0	9.4	9.4	9.4
A3	17.6	2.8	1	18.8	9.4	9.4	8.8	0	1	0.5	0	0.7	1.7	3.5
A2	9.4	9.4	9.4	18.8	9.4	9.4	9.6	9.4	9.4	9.5	0	9.5	9.4	9.4
A1	9.4	9.4	9.4	18.8	9.4	9.4	9.4	9.4	7.2	7.2	0	7.2	7.2	9.4
IC1	1.5	9.6	1.5	0	9.4	9.4	1.5	18.8						
IC2	17.9	9.6	18.3	0	9.4	9.4	18.3	18.8						

② 电子电路板串接上电流表，接上水泥电阻11Ω为模拟电磁阀线圈的假负载，输入模拟控制信号，用干电池1.5V 1节，调节压力或流量的比例放大输出，其步骤按电子电路板调节方法进行，具体如下。

a. P：输入1.5 V，电流输出200mA。

b. S：输入1.5 V，电流输出200mA。

用万用表检测集成电路IC元器件各引脚对地电位值如表5-3所示。

表5-3 集成电路IC元器件各引脚对地电位值（二） V

IC芯片 \ 引脚	1	2	3	4	5	6	7	8	9	10	11	12	13	14
A5	7.4	9	9	18.8	9	9	7.4	10.7	9.1	9.1	0	9	9.1	9.1
A4	9.2	9.2	9.2	18.8	9.2	9.2	9.2	9.3	9.2	9.2	0	9.2	9.2	9.3
A3	6.8	2.8	1.1	18.8	9.1	9.1	8.8	0	0.9	0.6	0	0.5	1.2	3.2
A2	9.4	9	9	18.8	9	9	9.4	9	9	9.2	0	9.4	9	9
A1	10.8	9.9	10	18.8	9.1	9.1	9.1	9	6.9	6.9	0	6.9	7	9.1
IC1	4.7	9.4	6.3	0	9	9	6.3	18.8						
IC2	17.7	9.5	18	0	9.2	9.2	18	18.8						

③ 电子电路板连接同上，将输入模拟控制信号用于电池9V 1节，进行压力流量的调节，具体如下。

a. P：输入9V，电流输出800mA。

b. S：输入9V，电流输出680mA。

再用万用表进行检测，其集成IC芯片各引脚对地电位值如表5-4所示。

表 5-4　集成电路 IC 元器件对地电位值（三）　V

IC 芯片＼引脚	1	2	3	4	5	6	7	8	9	10	11	12	13	14
A5	3.8	7.6	7.7	5.4	7.6	7.7	3.8	11.8	7.6	7.6	0	7.6	7.6	5.2
A4	7.6	7.7	7.7	15.4	7.6	7.7	7.6	7.7	7.7	7.7	0	7.7	7.7	7.8
A3	14.2	2.5	0.7	15.4	7.7	7.7	8.2	0	0.7	0.4	0	0.4	1	3.2
A2	8.2	7.9	7.9	15.4	7.8	7.8	7.9	7.6	7	7.8	0	7.9	7.7	7.7
A1	13.2	10.5	10.6	15.4	7.7	7.7	7.7	7.7	5.9	5.9	0	6.1	6.1	7.9
IC1	10.1	8	9.4	0	7.7	7.6	9.4	15.4						
IC2	14.4	7.9	14.9	0	7.7	7.6	14.8	15.4						

④ 对电子板上的达林顿功放三极管的检测包括：达林顿功放管各引脚间的直流电阻阻值，正常值见表 5-5；功放管各引脚对地电阻，其正常值见表 5-6；正常通电时电子板上各脚之间的对地电位值，其正常值见表 5-7；模拟控制时电子板上各板之间的比例放大调节电压幅值等。

表 5-5　极管各引脚间直流电阻值　Ω

型号	IN4007	IN5408	LM317	BC327	BC337	TIP127
外形	1　2	1　2	LM317 1 2 3			TIP127 1 2 3
引脚电阻	$R_{12}=536$ $R_{21}=1$	$R_{12}=520$ $R_{21}=1$	$R_{12}=1$ $R_{13}=1$ $R_{21}=1$ $R_{23}=540$ $R_{31}=1$ $R_{32}=785$	$R_{12}=650$ $R_{13}=1$ $R_{21}=1$ $R_{23}=1$ $R_{31}=1$ $R_{32}=660$	$R_{12}=1$ $R_{13}=1$ $R_{21}=660$ $R_{23}=660$ $R_{31}=1$ $R_{32}=785$	$R_{12}=1$ $R_{13}=1$ $R_{21}=640$ $R_{23}=550$ $R_{31}=971$ $R_{32}=1$

表 5-6　极管各引脚对地电阻值　Ω

型号	LM317			BC327			BC337			TIP127			BC337		
状态	1	2	3	b	c	e	b	c	e	b	c	e	b	c	e
黑表棒对地	909	853	1426	1889	172	1231	1642	1	1215	1	1	1778	1606	1	1215
红表棒对地	637	499	996	737	124	537	1618	1169	537	1100	547	940	1042	1293	537

表 5-7　通电情况下各引脚对地电阻值　Ω

型号	LM317			BC327			TIP337			BC337			TIP127		
状态	1	2	3	b	c	e	b	c	e	b	c	e	b	c	e
正常通电值	22	18.8	17.5	8.8	9.4	20	20	0	20	8.8	9.4	20	19	19.7	20
“00”状态值				8.8	9.1	17.1	18.3	3.2	18.7	9.9	9.2	9.3	18	18.9	19.3
“99”状态值				7.9	7.6	10.7	15.8	9.7	14.8	8.3	7.8	7.7			

(3) 常见故障检测与处理

常见故障检测与处理见表 5-8。

表 5-8 常见故障检测与处理

常见故障	检查测试	故障处理
工作电源不正常	查 LM317、调电位器 VR、测量引脚 2 输出电压变化	无变化则更换 LM317
工作电压不正常	查 ICLM324，A 对地电压值应 $UP_4-GND=9V$、$UP_{11}-GND=-9V$	不正常则更换 BC327、BC337
压力或流量无输出	查达林顿功放管 TIP127 查各自电源供给保险管 e、c 之间不通 e 接红棒、b 接黑棒 c 接黑棒、b 接红棒 b 接红棒、c 接黑棒 b 接黑棒、c 接红棒 查 LM324 输出端电压是否随模拟输入电压而变化	更换保险 通则更换 阻值 700Ω 阻值 1500Ω 阻值 1Ω 阻值 650Ω 无变压则更换 LM324
反应迟缓	检查电位器 T↓，顺时针最大为 500kΩ，逆时针最小为 0Ω	不正常则更换
输出不稳定	检查反馈电阻 1Ω/2W 是否正常，检查滤波电容充放电是否正常	不正常则更换 1Ω/2W 电阻或电容

5.3.2 VCA-060 电子放大电路板的维护修理

图 5-29 是 VCA-060G 电子板结构示意，其具体维修如下。

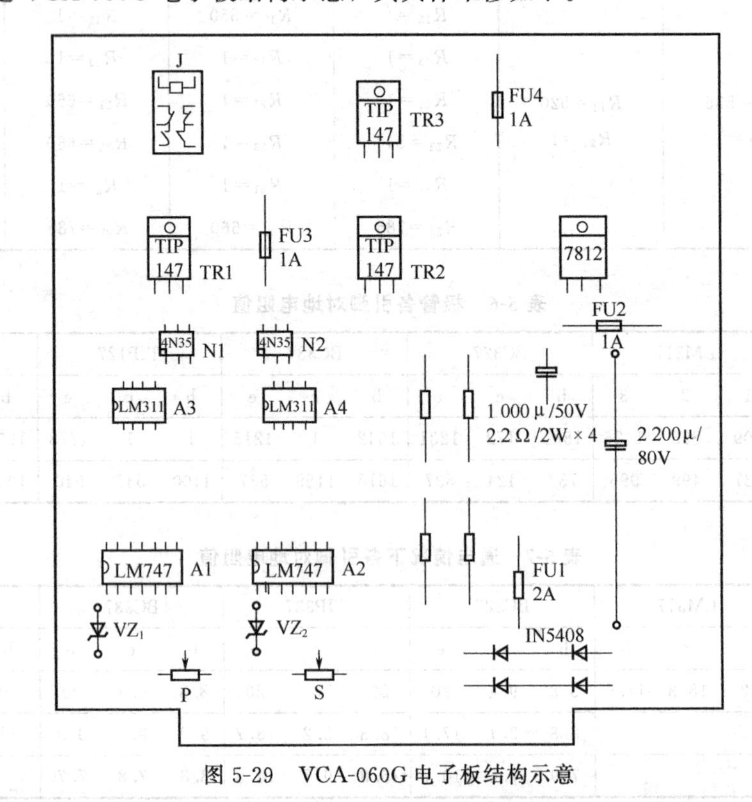

图 5-29 VCA-060G 电子板结构示意

（1）易损元器件性能检测

VCA-060G 电子放大电路板易损元器件有：保险管（2A）、（1A）、4N35 光电耦合器、LM747 集成运放 IC、7812 三端稳压器、LM311 集成运放 IC、TIP147 达林顿功放管。

对集成运放 IC 也用引脚电阻值来判断性能好坏，通过万用表测量集成运放 IC 各引脚的正常电阻值，以此为依据，类比电子板上的集成运放 IC 芯片的参数值来判断正常与否。集成运放 IC 芯片引脚间电阻值如表 5-9 所示。

表 5-9　集成运放 IC 芯片引脚间电阻值　　Ω

型号	接地	测量	1	2	3	4	5	6	7	8	9	10	11	12	13	14
LM747	黑棒	红棒	1	1	859	0	859	1	1	682	1	1966	1	1966	1	688
	红棒	黑棒	1	1	709	0	709	1	1	680	670	750	1	750	670	675
LM311	黑棒	红棒	1260	1	1	0	1690	1690	1	1655						
	红棒	黑棒	1520	734	734	0	1380	1259	636	632						

（2）动态检测电子板元器件的引脚对地电位值

通过电子板正常通电来判断元器件是否工作正常，并通过模拟输入控制信号，检测电子板是否按比例放大、按脉宽调制，还可检测功放管是否准确地转换成功率输出。具体如下。

① 电子电路板正常通电，检测各元器件的对地电位值，如表 5-10 表示。

表 5-10　各元器件对地电位值　　V

IC 芯片 \ 引脚	1	2	3	4	5	6	7	8	9	10	11	12	13	14
LM747A1	11.5	6.8	0	0	0	4.0	0.3	0	12.3	11.6	0.3	2	12.3	0
A2	11.5	6.8	0	0	0	4.0	0.3	0	12.3	8.9	0.3	2	12.3	0
A3	0	0	0	0	12.3	12.3	11.6	12.3						
A4	0	0	0	0	12.3	12.3	8.9	12.3						
A1	12.3	11.6	0.1	30.5	45	21.5								
N211.5	12.3	8.9	0.1	30.5	45	21.5								

② 电子电路板外接假负载，串联电流表，并且模拟输入控制信号，用于电池 1.5V 两节来对电路板的压力和流量进行调节，按照下面参数进行调节：

a. P：输入 3V，电流输出 800mA。

b. S：输入 3V，电流输出 680mA。

③ 用万用表检测集成电路 IC 芯片各引脚对地电位值，如表 5-11 所示。

表 5-11　集成电路 IC 芯片各引脚对地电位值　　V

IC 芯片 \ 引脚	1	2	3	4	5	6	7	8	9	10	11	12	13	14
A1	11.5	6.8	0	0	0	4.0	0.3	0	12.3	11.6	0.3	2	12.3	0
A2	11.5	6.8	0	0	0	4.0	0.3	0	12.3	8.9	0.3	2	12.3	0
A3	0	1.4	1.4	0	12.3	12.3	11.6	12.3						
A4	0	1.4	1.4	0	12.3	12.3	8.8	12.3						
N1	12.3	11.5	0.1	23.5	32	20.7								
N2	12.3	9	0.1	20.3	31.7	23.2								

④ 检测达林顿功放三极管各引脚间的直流电阻值，测量通电和模拟控制时各引脚对地电压幅值，见表5-12。

表 5-12 功放管及稳压器各引脚对地电阻值 Ω

型号	7812			TR1			TR2			TR3		
状态	1	2	3	b	c	e	b	c	e	b	c	e
黑表棒对地	1	567	0	1	1136	1662	1	1114	1662	1	1142	1
红表棒对地	0	1430	554	558	1478	807	533	1478	807	549	1	1008

⑤ 检测通电和模拟控制状态时各引脚对地电位值，见表5-13。“00”状态通1.5V，“99”状态通3V电。

表 5-13 通电和模拟控制状态时各引脚对地电位值 Ω

型号	7812			TR1			TR2			TR3		
状态	1	2	3	b	c	e	b	c	e	b	c	e
正常通电值	20.2	0	12.3	45	0	45	45	0.8	45.1	45	0	45
带载状态值												
“99”				33	9.8	33	32.6	9.9	33			

(3) 常见故障检测与处理

常见故障检测与处理，见表5-14。

表 5-14 常见故障检测与处理

常见故障	检查测试	故障处理
工作电源不正常	查交流输入电源接线 查整流二极管是否正常	连接可靠 异常则更换
工作电压不正常	查7812输出是否正常，查集成IC工作电压情况	不正常则更换7812
压力或流量无输出	查功放管TR1、TR2或TR3 查各功放供电保险管 功放管e、c之间不导通 e接红棒、b接黑棒 e接黑棒、b接红棒 b接红棒、c接黑棒 b接黑棒、c接红棒 查光耦4N35是否正常 查集成ICLM311是否正常	更换保险管 更换保险管 通则更换 阻值750Ω 阻值1（∞）Ω 阻值1（∞）Ω 阻值630Ω 异常则更换 异常则更换
输出不稳定	检查反馈电阻2.2Ω2W是否正常 检查滤波电容器充放电是否正常 检查基准电压供给端的稳压二极管IN4736 VZ1或VZ2是否正常 集成运放IC LM311软击穿，工作性能不稳定 光电耦合器工作性能差，导致工作不稳定	异常则更换 异常则更换 异常则更换 更换LM311 更换4N35

注：1. 上述测试值用数字万用表9205型在常温状态下进行测量，仅供参考。

2. 通电测试变压器选用220V/18V×2.50V·A容量，供电电网电压略低一些。幅值仅供参考。

3. 测试各种阻值、对地电位值仅作参考。可根据具体情况分别对待，只是在数量上有一个大概数值或数量变化趋势，不做定性判断的依据。

4. 测量电阻值数字表，数字“1”表示（∞）无穷大、数字“0”表示接通或短接状态：测量引脚电阻 R_{12} 表示红表棒接1脚、黑表棒接2脚的电阻，所以下标前数字为红表棒、下标后数字为黑表棒。如：

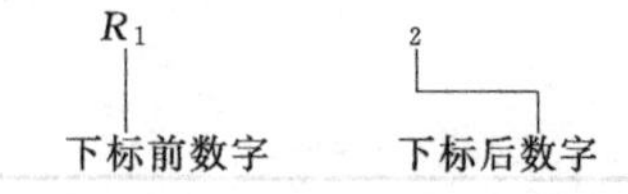

5.4 几种机型的常见故障及处理方法

5.4.1 震雄 MKII 型注塑机的故障及处理方法（表 5-15）

表 5-15　震雄 MKⅡ型注塑机的故障及处理方法

故障现象	应检查内容或处理方法
油泵电机失灵有不正常噪声	① 保险丝及接线 ② 三相电源供应及这三相供应是否相等 ③ 电机的转动方向是否正确 ④ 油泵是否损坏 ⑤ 油压系统工作压力是否超过额定的最高压力。检查溢流阀数控压力部分
油泵电机突然停止工作	① 电机超载切断器上的回复按钮是否因过载而弹起。如有需要可重新调整超载切断器上的电流负荷的最高数值，调整后，等 2min 后才能再按下回复按钮及启动电机 ② 启动电机的断电器及其他保险丝是否有烧毁？更换烧毁元件 ③ 电机是否有烧毁？更换损坏电机 ④ 检查紧急停机按钮与其他有关的接线
油泵转动，但没有工作压力	① 若启动的是一部新安装的注塑机，应检查电机转动方向是否正确。如电机转动方向错误则没有工作压力，而油泵也会很快损坏，应立刻停机 ② 总压力溢流阀 V_2 的把手松开，需重新调节电子板，此外检查是否有外物阻塞溢流阀的阀芯移动，还有溢流阀的弹簧折断也会造成类似的问题 ③ 检查电磁溢流阀 V_3 的阀芯是否因外物阻塞或电磁线圈的接线不良。清洗油掣及修妥接线故障 ④ 检查电磁比例阀 V_1，清洗油掣 ⑤ 检查数控压力控制部分是否失灵或调节不善
不能锁模，包括不能完全锁紧	① 检查安全门是否完全关上，安全门的卡掣（LS_1、LS_2 及 LS_3）是否适当地给安全门控制压杆压着及松开，要注意 LS_2 是常闭接驳的 ② 检查电脑程序控制器的操作信号指示图上的指示灯，此外再检查程序控制器的辅助电子板上的输出点，是否有失灵或其他故障 ③ 检查控制周期回复锁模的电眼装置是否有故障，发射与接收部分是否安装到最适当的位置 ④ 数控锁模压力的数值（即低压锁模力）太低，不足以抵消锁模时遇到的摩擦力，增加数控数值及调节启动低压锁模吉掣与低压锁模终止吉掣的位置，使有足够推力进行锁模 ⑤ 调模厚薄不当，应增加容模厚度 ⑥ 检查锁模终止位置 ⑦ 油压顶针终止后退不到位或顶针后退终止吉掣有故障或调放不妥 ⑧ 检查比例阀 V_1、方向阀 V_4 及 V_5 内是否有外物阻塞阀芯移动。此外检查电磁线圈 S_{14}、S_9 及 S_{10} 的接线
不能开模	① 检查开模终止的位置是否适当 ② 检查比例阀 V_1、方向阀 V_5 内是否有外物阻塞阀芯移动。此外检查电磁线圈 S_3 和 S_9 的接线 ③ 假若是停机一段长时间后发生，停机时模具是被高压锁紧，机铰或哥林柱变形，而普通的开模力不足以开模，因开模力比锁模力低，解决方法：一是将开模压力调到最高，用慢速开模及手动操作开模；假若第一种方法不能生效，则需要把开模动力的油压工作压力提高超过额定的最高压力，方法是把电子溢流阀 V_3 的阀芯压下（阀芯是被一块有弹性的外盖掩着），同时进行开模。请谨记于每次停机后把模具略微打开，或于长期停机前把容模量略微增加，使机铰哥林柱不致长期处于巨大拉力下

续表

故障现象	应检查内容或处理方法
失去高压锁模力	① 检查低压锁模终止位置是否适当 ② 检查油温是否太高，正常油温是 30～50℃ 如果以上正常，但输入操作信号后没有反应 ①检查调模按键有没有开启，它应该是不开启的 ② 检查变压器的 AC20V 供应及电子板 POU-C 的（10Amp）保险丝 ③检查电子板 VCA070G ④检查程序控制器的辅助电子板是否损坏
射胶动作失灵	① 半自动及全自动操作时，射台前进终止吉掣应被触动，否则不能进行射胶，检查各级射胶位置 ② 检查控制方向阀 V_7 内是否有外物阻塞阀芯移动及电磁线圈 S_5 的接线 ③ 检查控制倒索的方向阀 V_8 内，是否有外物阻塞阀芯移动及电磁线圈 S_7 接线 ④ 检查程序控制器辅助电子板是否损坏
熔胶动作失灵	① 熔胶筒温度太低，检查电加热器及温度表 ② 熔胶终止行程位置不当 ③ 检查方向阀 V_7 的阀芯是否受外物阻塞及电磁线圈 S_6 的接线 ④ 有坚硬外物进入熔胶筒内 ⑤ 熔胶筒末端的运水圈温度太低 ⑥ 熔胶速度太低 ⑦ 熔胶电机损坏 ⑧ 检查程序控制器的辅助电子板是否损坏
射胶时螺钉不正常转动，造成射胶量不稳定	射胶部分组合损坏，不能阻止射胶时熔胶向后流动，导致螺钉转动，更换损坏部分
射胶螺钉转动，但螺钉不能后退及不回料	① 背压掣 V_{14} 损坏，或调节太高 ② 熔胶筒尾部的运水圈受堵塞或冷却运水不足，胶料在料斗出口附近熔化，以致拖慢甚至堵塞其他胶粒进入熔胶筒。解决方法是关闭熔胶筒尾部电热供应，拉开料斗，消除熔胶，再调节适当的熔胶筒尾部温度 ③ 料斗无料
项目	方法
预防性维修行动	① 尽量保持电流与电压供应稳定 ② 尽量降低控制电箱内的温度 ③ 保持控制电箱内的温度 ④ 更换模具要小心，不可让冷却水流入控制箱内
检查电子板与数控部分的方法	标准件捷霸 MKⅢ型注塑机的数控及控制部分主要使用两块电子板，包括 VCA070G 数控电子板及电子程序控制器的辅助电子板 注塑机动作失灵： 输入任何操作信号，例如射胶。在射胶试验中，改变射胶速度与压力数据，假若 DSCA 及 DPCA 电流表没有指示出电流有变化，则应检查 ① VCA070G 的插入式接座是否有松脱及接线是否良好 ② 变压器损坏，更换烧毁的变压器 ③ 变压器的输入与输出电量供应 VCA070G 需要 2 个 20V 交流电供应 ④ VCA070C 的 2A 保险丝烧毁，更换（VCA070G 板上供有 2 个 2Amp 保险丝）

续表

项目		方法
检查电子板与数控部分的方法	注塑机动作失灵	⑤ VCA070G 电子板失灵 ⑥ 辅助电子板失灵 ⑦ 比例阀 V_1 的电磁线圈 S_1 及 S_3 是否松脱或电力供应是否正常 ⑧ 电磁溢流阀 V_3 的电磁线圈 S_2 是否松脱或电力供应是否正常 ⑨ 比例阀 V_1、总压力溢流阀 V_2 及电磁溢流阀 V_3 内的阀芯是否有外物阻碍不能移动及检查阀内弹簧的弹性是否良好。清洗阀芯，当重新安装油轚板时，只可使用适当（不可太高）及平均扭力于安装螺钉上 ⑩ 整流电子板 POU-C 损坏，检查保险丝
		假若只是 DSCA 电流表没有反应则应切断注塑机电源供应，检查 ① DSCA 电流表是否损坏 ② 辅助电子板失灵
		假若只是 DPCA 电流表没有反应则应切断注塑机电源供应，检查 ① DPCA 电流表是否损坏 ② 辅助电子板失灵
	注塑机个别动作失灵	辅助电子板上的微型继电器的损坏或其他地方接线松脱，可能造成个别动作失灵 油压系统压力不能达到最高压力，检查 ① 数控压力是否调节得正常及线性比例是否良好 ② 油温是否高于 60℃ ③ 总压力溢流阀 V_2 的把手松开，需要重新调整电子板 VCA070G
		动作的速度与压力与输入数控数据不成线性比例或不受控制，检查 VCA070G 电子板是否调节好
数控速度与压力的检验及调节方法	在正常的情况下，注塑的速度与压力经过最严谨的调校，用户是无需调校的，在特别的情况下才需要再次调校电脑上的压力与流量限额控制钮	
	数控压力线性比例控制的检验方法	① 认清楚在电脑中央处理器上的四颗流量与压力限额控制钮的位置 ② 把四个级别射胶速度即 INJTERMSOEED 调到“50”。而背压压力（COMPPR）调到“00” ③ 启动油泵，手动射胶至射胶螺杆顶到低部（注意熔胶筒内塑料温度要够热）输入射胶信号，油压压力表应指示一个低于 20kgf/cm^2 的压力数值。把“压力最低限额控制”钮向逆时针方向转动，可使压力降低 ④ 把背压压力按“10”级增加，油压表指示应按比例增加。当压力数控数值达到“50”时，油压压力表应指示 87.5kgf/cm^2。利用“压力最低限额控制”钮去调整油压表指示，但如果油压表指示的误差不超过 2.5kgf/cm^2，则不用调整（即高过 90kgf/cm^2 或低过 85 kgf/cm^2），把“压力最低限额控制”钮向顺时针方向转动可增高油压表指示，反之则降低油压表指示。最后当背压压力数控值达到“99”时，油压压力表应指示最高 175kgf/cm^2，利用“压力最高限制控制”钮去调整油压指示，但如果油压表指示的误差小于 2.5kgf/cm^2 则不用调整 ⑤ 停止输入射胶信号，重复②至④步骤，利用“50”及“90”射胶压力数控数值作检查点，当其中一个检查点（最好是“99”）达到所需的压力指示而另一个检查点的压力指示误差不超过 2.5kgf/cm^2，则不用再调整。但在射胶压力数控数值为“00”时，油压表的压力指示不可高于 2.5kgf/cm^2（约在 5～15kgf/cm^2 之间） ⑥ 避免在“99”检查点内调整油压表指示太久，因为会引起油温热或电机超载切断器动作。油温高于 40℃时不可调节电子板，应在调整时把冷却运水输入冷油器内以降低油温 ⑦ 当枕压数控数值在“05”至“10”及“90”至“99”时，油压表可能有不合线性比例的压力指示。但如果这些指示的误差额不高于 5～6kgf/cm^2，则不用调整 ⑧ 如注塑机是 JM168MKⅢ时，则最高系统压力为 145kgf/cm^2，当数控压力达到 50 时，油压表应指示 72.5kgf/cm^2，而误差不超过 2.5kgf/cm^2 则不用调整

续表

<table>
<tr><th>项目</th><th colspan="2">方法</th></tr>
<tr><td>数控速度与压力的检验及调节方法</td><td>数控速度线性比例控制的检验方法</td><td>① 拆下模具，取消特快锁模操作
② 取消低压锁模
③ 关上安全门
④ 把数控调整锁模速度调到“0”的数值，把数控高速开模速度及数控低速开模速度调到“40”的数值
⑤ 启动油泵，用手动操作方式开模，开盖后再输入锁模信号，移动模板不应移动，把数控高速锁模速度调到“10”，移动模板此时应开始慢慢移动
⑥ 在电脑中央处理器电子板上利用“流量最低限额控制”钮去达到⑤步骤的要求，数控速度正确时，若把高速锁模速度调到“10”时，移动模板会停止移动，再转回“10”时，模板会再慢慢开始移动。假若移动模板前进时，震动幅度大，应检查是否未取消特快锁模
⑦ 假若高速锁模速度是“O”时，移动模板，可以把“流量最低限额控制”钮向逆时针方向转动，直至模板停止移动为止
⑧ 假若调整锁模速度是“10”时，移动模板不移动，可以把“流量最低限额控制”钮向顺时针方向转动，直到模板慢慢移动为止
⑨ 重新调整低压锁模的位置及警号时间掣，TIM7 的预调时间</td></tr>
<tr><td rowspan="2">更换数控电子板的步骤</td><td colspan="2">可以把旧的数控电子板从插入式接座拆下来换上新的，数控电子板 VCA070G 则需要在安装后加以调节，以保持数控压力与速度的线性比例控制。更换及调节 VCA70G 电子板的步骤如下</td></tr>
<tr><td colspan="2">① 把插入式接头松下，拆下旧 VCA070G 电子板
② 装上新的 VCA070G 电子板，插回插入式接头
③ 在整个更换调节过程中射胶螺钉要顶底
④ 把数控四级射胶速度调到“00”
⑤ 转动紧急停机掣，使它弹起，开启电源开关掣，但不用启动油泵
⑥ 输入手动射胶信号，利用“流量限额控制”钮调节数控流量（速度）控制电流表 DSCA 指示直至 200mA 电流数值为止。向顺时针方向转动“流量限额控制”钮可增加 DSCA 电流表指示数值，反之则降低电流表指示数值
⑦ 把数控四级射胶速度调到“99”，利用“流量限额控制”钮调整电流直至电流表指示 680mA 为止
⑧ 把背压数控调至“99”，再输入射胶信号。利用“压力限额控制”钮调整电流直至压力控制电流表 DPCA 指示 800mA 电流数值为止。顺时针方向转动可增加电流表指示数值，反之则降低电流表指示数值。停止输入射胶信号
⑨ 把四级射胶速度调到“50”，枕压压力调到“99”
⑩ 启动油泵，输入射胶信号
⑪ 把“压力限额控制”钮向逆时针方向转动，直至油压压力表指示最高额定压力为止。注：假若有意或无意扭松了总压力溢流阀 V_2 的把手，则需重新调节电子板，调节方法和调节新安装上电子板一样，所以千万不要随便转动 V_2 把手</td></tr>
</table>

5.4.2 震雄 MKⅢ型注塑机的故障及处理方法（表 5-16）

表 5-16 震雄 MKⅢ型注塑机的故障及处理方法

故障现象	应检查内容或处理方法
机器无法启动	① 检查电源输入是否每相电压皆正常，以及电箱内左侧整流板保险丝 10A 是否正常，AC 电源 3A 无熔丝开关是否跳脱 ② 面板上电源开关及急停开关接点是否通路

续表

故障现象		应检查内容或处理方法
油泵电机失灵	有不正常的噪声	如有不正常的噪声，应检查 ① 空气开关及接线 ② 三相电压是否平衡 ③ 旋转方向是否正确 ④ 油泵是否损坏 ⑤ 油压系统工作压力是否超过额定的最高压力，检查溢流阀数控压力部分
	突然停机	若电机突然停止工作，应检查 ① 电机热继电器上的回复按钮是否因过载而弹起，如有需要可重新调整电流负荷的最高值，故障处理后 2min 再按下回复按钮及启动电机 ② 启动电机的接触器是否烧坏 ③ 检查紧急停按钮与其他有关的接线是否断线，急停按钮是否损坏
油泵转动但没有压力		① 电机转动方向错误则没有工作压力，而油泵也很快烧坏，应立即停机。应注意：拆散油泵修理后，油泵内部的组件应按原来的正确位置重装，否则油泵可能依正确方向转动时，也不能产生工作压力 ② 总方向阀卡死，不能换向，拆下清洗 ③ 把数控压力调到最高，用手动操作开模 ④ 假若方法③不能生效，则需要把开模动作油压工作压力提高超过额定压力，方法是把比例压力阀电流调高，同时进行开模。另外应记住，每次停机后把模具略微打开，或在停机前把容模量略微增加，使机脚、哥林柱不致长期处于最大拉力状态下
电机转动有异音		① 检查电机座与机架固定螺钉、电机与油泵固定螺钉及电机尾部散热叶片是否松动 ② 油压管固定夹松动或机架摩擦
松退动作异常		① 在自动状态下确认螺杆松退速度、压力、位置设定值 ② 背压调整过高。检查压力、速度功能、方向阀启动电压是否正常，阀芯是否有堵塞现象 ③ 螺杆与油压电机传动轴连接半月环是否松脱
液压油异常		① 油泵有间断异音，可能是吸油管螺钉松动或O形圈损坏，吸入空气，造成气泡 ② 液压油呈乳白色且无黏度，表示冷却器破裂，水进入油路，必须检验水质的酸碱成分，水压低于 $10kgf/cm^2$，彻底清理油箱、油路并更换冷却器及液压油 ③ 油泥，清洗滤油网，将油完全抽出过滤，必须使用加有抗磨损剂且黏度 200～250 SUS 的液压油
电热温度无法控制		① 温升太高时，检查计算机设定温度是否调整过高或故障 ② 温度无法控制。检查接触器接点是否粘死无法控制，或线圈无电压造成 ③ 温度无法升温，电箱内自动保险丝跳脱。检查电热片是否有短路现象 ④ 感温断路故障导致接触器关闭 ⑤ 电热片断路量测，将电热片两端接线拆开，利用欧姆表量电热片两端，必须有低阻值，表示电热片正常
射胶动作异常		① 计算机面板射胶输出灯亮状况下，检查压力、速度功能、射胶方向阀启动电压是否正常，网芯有无堵塞现象，自动状态下射胶时间调整是否足够 ② 确认料嘴各段温度，若太低，则射胶无法启动，温度及射出条件皆正常而无法射出时拆下射嘴检视有无杂物堵塞 ③ 逆胶现象：表示止逆圈严重磨损，判别方法可试射一模到模具其内，再行熔胶至定位，保留制品在模具内（不开模），第二次注射倘螺杆仍然能够前行，则表示止逆圈磨损必须拆下更换 ④ 射胶螺杆转动，但螺钉不回料：a. 熔胶筒尾部温度的运水幽受堵或冷却运水不足，胶料在料斗出口处附近熔化，以至于拖慢或堵塞其他胶粒进入熔胶筒，解决方法是关闭料管尾都电热供应，拉开料斗，清除熔胶，再适当调节熔胶筒尾部温度；b. 背压阀损坏，或调节压力太高；c. 料斗无料 ⑤ 射胶螺杆不能正常运转，造成射胶量不稳定：a. 射胶螺杆止逆阀损坏，不能阻止射胶时熔胶向后流动，引致螺钉转动，更换损坏部分；b. 检查熔胶电机进油管处阀是否被异物堵塞

续表

故障现象	应检查内容或处理方法
熔胶动作异常	① 熔胶筒温度太低，检查电热片及计算机温度显示 ② 熔胶终止信号未启动。检查熔胶压力、速度功能、油压电机方向阀启动电压是否正常，阀芯有无堵塞现象，并重新设定基准点 ③ 背压旋转调整太高，或背压阀堵塞，以致射胶螺杆螺钉无法后退，原料由射嘴一直溢流出来 ④ 在自动状态下熔胶延迟时间设定太长 ⑤ 荧屏显示报警信号可能落料斗无胶料，或冷却时间设定太短
锁模动作异常	① 检查安全门限位开关是否正常 ② 确认顶针动作是否完成 ③ 检查退针压力的动作压力、速度功能、油压方向阀是否堵塞，若堵塞则拆下清洗 ④ 曲肘伸直瞬间有弹开现象，高压锁模位置不当，或锁模力调整太高，曲肘芯严重磨损，开闭模方向阀故障造成 ⑤ 锁模动作无法终止，检查光学尺是否松动，并重新设定基点 ⑥ 锁模动作跳动现象，十字头固定螺母松动，比例流量阀复位弹簧断裂
开模动作异常	① 确认开模、压力、速度、位置的设定无误，检查开闭模方向阀启动电压是否正常，阀芯有无堵塞现象 ② 射胶压力太高或模具产生真空现象，造成无法开模，将开模速度、压力调在最大值。确保模具压板锁紧，先锁模再按开模。打开模具后，再将模具排气修改，并将压力、速度调回标准值
开模完顶出动作异常	① 顶针动作输出状态下，检查压力、速度功能、顶针方向阀启动电压是否正常，阀芯有无堵塞现象 ② 顶针设定次数是否正确 ③ 定针固定螺钉松动，模具顶出力不平均 ④ 顶针行程调整不当
循环动作异常	① 中间循环时间设定不当，成品未脱落或电眼调整不当，制品确认信号未启动 ② 显示周期异常报警、重新设定周期时间，先行切入手动状态后再行全自动 ③ 显示安全门未关，可能安全门上的限位开关松动或滑轮磨损太多
压力不稳定（飘移）	① 压力表压力指针有严重跳动现象。检查电子板电流有无震动现象 ② 压力指示高低不定，表示总压弹簧损坏或疲乏。调整锥形体磨损或阻塞 ③ 压力指示缓慢下降，则可能油泵磨损，方向阀内漏太大，油泵磨损可能产生大量粉状物。应彻底清理油箱，管路，更换新油 ④ 油缸活塞严重磨损，油封老化

5.4.3 特佳注塑机故障与处理方法（表 5-17）

表 5-17 特佳注塑机故障与处理方法

故障现象	应检查内容及处理方法
电动机不转，且有异声	① 马上关闭电源。检查来电是否正常，检查油泵电动机继电器及过载保护，检查 200VAC 控制电路及油泵开关 PB_2、PB_3 ② 油泵电动机转动，但油泵不出油，检查油泵急轮是否松脱，油泵电动机转向是否正确，油泵是否损坏（通常在此情况下油泵会有异常声音） ③ 油泵转动正常，而且有油出，但没有动作。检查数控比例油掣（V_1）是否正常，供电油掣部分（LCK-022）是否正常

续表

故障现象	应检查内容及处理方法
螺纹筒温度控制不正常	① 温度表“ON”红灯在任何温度不灭，不能转为绿灯。查探热针是否松脱，正负线是否接驳正确，电热筒是否烧掉 ② 发热筒不能达到调节温度。热筒是否烧掉或接线松脱，温度表开关是否正常，电热继电器是否正常 ③ 发热筒达到调节温度后仍继续加热不停。检查电热继电器是否接点烧坏。螺纹筒是否产生高热
开机后完全不能锁模	① 无压力且电气线路没有反应。检查前、后挡门吉掣（LS_6、LS_7、LS_8），锁模完成吉掣（LS_{10}），若在手动控制中，查锁模吉掣（S_3） ② 锁模时间掣（TS_1）是否太短时间 ③ 起压力，但不能锁模，锁模压力不够。检查锁模开模油掣（V_2） ④ 顶针是否已退后或顶针后退吉掣不能压到（开模停止吉掣 LS_{10} 要压着） ⑤ 锁模动作尚未完成已经自动弹开。锁模压力不够，或低压锁模失效。锁模时间过完后模具会自动打开 ⑥ 顶针后循环时间掣（TS_6）时间太长，调短些
低压锁模失效	① 没有低压动作，锁模高压由开始到锁模完成。低压锁模力调节太高，低压速度调得太快（DS_2），低压吉掣不良（LS_1）或行程太短 ② 碰到低压吉掣后，锁模动作停止。低压压力及速度（DS_2）调得太低 ③ 调节螺钉松，未能碰到（LS_4）高压吉掣
不能高压锁模	① 模具经过低压锁模后，起高压，但不能锁模，自动打开。检查是否锁模时间（TS_1）太短或锁模压力（DS_1）不够。调模太紧或调节螺钉松，未能碰到（LS_4、LS_5）吉掣 ② 模具经低压锁模后，不再起高压，再自动开模。查高压吉掣（LS_4）是否压到
射台不能前	① 射台前在手动中扭旋转掣（S_2）向前时没有动作，不起压。查射台前扭掣（S_2），射台前吉掣（LS_{11}），及调模选择掣（SP_3） ② 起压力但射台不能前，射台压力不够。射台前后油掣（V_4）不良 ③ 在自动中射台不前，锁模完成吉掣（LS_5）未压到
不射胶	① 没有反应，不起压。查射胶扭掣（S_1）。在自动中查射胶及保压时间（TS_2）、（TS_3），射胶停止吉掣（LS_{15}）是否压着，及查调模选择掣（SP_3） ② 起压力，但不射胶。查射胶油掣（V_5）有否不良，或射嘴堵塞。螺钉损坏，塑胶温度未够。在自动控制中，检查射台前吉掣（LS_{11}）是否未压着
保压不能控制	① 保压只在自动控制中生效。检查保压时间掣（TS_3） ② 检查保压拨码（DS_4）是否控制正常
螺纹不能转	① 在手动中，扭手掣全无反应，不起压力。检查熔胶旋转掣（S_1）及熔胶限位掣（$L3_{13}$） ② 会起压力，但不转，螺纹筒温度达不到要求。筒内有金属物品，螺纹转动油掣（V_7）不良 ③ 油摩打转，但螺纹不转。检查转动轴键 ④ 熔胶压力不够，升高至 140bar（调校 EPS-001），油压电动机不够力
螺纹不转但后退倒索	熔胶吉掣（LS_{13}）不良
螺纹转，但不后退	① 背压流量控制不良，或背压太大。减少背压（V_6） ② 塑料之形状或附加剂影响不能落料 ③ 落料口冷却不足。塑料堵塞入口，清理 ④ 落料斗无料

续表

故障现象	应检查内容及处理方法
不能倒索	① 检查倒索油掣（V_5）是否不良或胶料温度是否不够，注意料筒内是否有异物卡死 ② 不起压力。检查倒索按手（PB_4）及倒索限位掣（LS_{14}）
射台不能后退	① 没有压力。检查射台后限位掣（LS_{12}）、射台后扭掣（S_2）及调模选择掣（SP_3） ② 起压力，射台不后退。检查射台前/后油掣（V_4）是否不良 ③ 射台压力不够。调校（FPS－001）的射台压力及速度
不能开模	① 没有反应，不起压力。在自动操作中，冷却时间掣（TS_4）失灵，开模停止吉掣（LS_3）不良。在手动中，开模扭掣（S_3）不良 ② 起压力，不开模。检查开模油掣（V_2）是否不良。开模压力不够，调校开模压力（FPS－001）至 140bar
开模停止太震动	① 慢速拨码调节（DS_7）太快，再调节至适当速度 ② 开模吉掣、慢速吉掣（LS_2）不良 ③ 慢速吉掣（LS_2）太迟碰到，加长慢速行程
不能顶出	① 开模停止吉掣（LS_3）未压到 ② 起压力，不能顶出，或顶出压力不够。顶针后吉掣（LS10）没有压着，或机械部分损坏 ③ 顶出油掣（V_9）不良，顶出按手（PB_5）不良
顶针不能后退	① 顶针前限位掣（LS_9）未能碰到 ② 顶针油掣（V_5）不良
不能多次顶针	① 选择掣（SP_7）选用 1 次顶出 ② 顶针前（LS_9）或顶针后（LS_{10}）限位掣未能适当调节碰到，或顶出压力不够 ③ 顶出次数拨码（TS_5）拨到 1 次
调模不能前后	① 调模前/后限位掣（LS_{17}）、（LS_{18}）是否压着 ② 调模油掣（V_{10}）不良 ③ 哥林柱及调模丝母之间有杂物卡死。清洗 ④ 电磁（液）继电器不供电

5.4.4 宝源注塑机故障及处理方法（表 5-18）

表 5-18 宝源注塑机故障及处理方法

故障现象	可能原因或处理方法
电动机不运动	其原因可能是 ① 电源开关未接上 ② 保险丝损坏而形成开路 ③ 因连接电动机的油泵受损或受阻而不能转动 ④ 连接电动机的电线松脱或损坏 ⑤ 电动机已损坏
油泵噪声大	其原因可能是 ① 吸油筛被阻塞 ② 油箱内的压力油容量不足够，或有空气进入油泵内腔或各油管中 ③ 叶片泵的叶片受损 ④ 连接油泵及电动机的联轴器受损或已折断 ⑤ 连接油泵及电动机之间的螺钉松脱

续表

故障现象	可能原因或处理方法
压力低或没有压力及压力不稳定	其可能原因是 ① 未开启电动机 ② 不正确的电动机运转方向 ③ 油泵故障 ④ 油掣板 H-101 的压力比例阀故障或电源供应有问题 ⑤ 检查压力输出电流是否正确 ⑥ 检查压力油是否被污染 ⑦ 检查有没有发生内漏的地方，如唧筒或各油压元件 ⑧ 检查是否有空气进入压力比例阀内 ⑨ 检查各压力控制元件的阀芯是否活动正常 ⑩ 检查各电控压力控制元件的供电是否正常 ⑪ 压力的设定数字是否过低
锁模动作不能完成或不能开始	① 电器安全门还未关上，即安全门卡掣 D1020 并未压合 ② 检查安全门卡掣是否操作正常 ③ 顶针向后限位卡掣 D1024 是否未压合 ④ 锁模油掣线圈已烧坏或接线不当或松脱 ⑤ 锁模油掣 DI 阀芯被卡死。清洗油掣阀芯 ⑥ 锁模动作的速度设定数字太低 ⑦ 检查低压锁模油掣 D_5 是否正常 ⑧ 还处于调模选择模式中 ⑨ 如客户装置了油压安全锁，请检查是否正常
低压锁模或自动开模动作不正常	① 锁模保护时间设定太少 ② 控制低压锁模压力的流量阀 S_3 被完全关掉或松掉，锁模方向油掣 D_1 不正常 ③ 低压锁模压力及速度设定数字不对
射台不能向前移动	① 射台移动方向油掣 D_2 不正常 ② 射台移动压力及速度设定数字太低 ③ 检查连接线圈的电线和供电是否正常 ④ 未完成锁模动作
射胶动作失灵	① 检查连接线圈的电线和供电是否正常 ② 射胶及抽胶方向油掣 D_3 不正常 ③ 射嘴被凝固的塑料阻塞 ④ 在熔胶筒内的塑料未被熔化。检查发热筒 ⑤ 如使用储能射胶，应检查储能终止压力继电器的设定效值 ⑥ 射胶压力及速度设定数字太低 ⑦ 熔料未到指定温度 ⑧ 未完成锁模动作
没有保压	① 没有设定保压时间 ② 转换保压的时间或位置不对 ③ 保压压力及速度设定数字太低
熔胶转速慢或熔胶量不正常	① 熔胶筒温度过低，塑料还未被融化。检查熔胶筒温度控制器和发热装置，控制熔胶背压的流量阀 S_1 已被关闭（即背压过大）或其流量不足够。如在温度过低时进行熔胶动作，会对射胶螺钉造成损害而折断 ② 熔胶方向油掣 D_{11} 不正常 ③ 熔胶速度设定数字太低 ④ 塑料入熔胶筒的通道被阻塞 ⑤ 熔胶筒近落料口处温度过高，令塑料在落料口处融化和黏结一起。加大通往运水圈的冷水流量

续表

故障现象	可能原因或处理方法
开模时发出噪声	① 第一级开模压力及速度设定数额过高 ② 连接机铰结构的螺钉松脱 ③ 机铰结构，动模板和动模板滑脚等地方的润滑不足 ④ 第一级切换第二级位置不对 ⑤ 锁模力过大 ⑥ 多层模具会在开模期间发出一定声响
压力油温度过高	① 冷却水温度过高 ② 冷却水流量不足 ③ 热能交换器被闭塞 ④ 比例掣调整不正常，使工作压力过高而产生高温 ⑤ 动作压力设定数字过高
半自动工作模式失灵	因半自动或全自动工作模式是在一个动作完成后，下一个动作才开始，而动作的开始是由卡掣、时间设定或电眼等感应器控制，所以如机器在手动模式下没有问题，而半自动或全自动工作时失灵，其原因可能是卡掣、时间或位置的设定不对。在此情况下，可开动半自动或全自动模式工作，并观察机器在哪一个次序上停止工作，然后详细检查这动作的控制元件或观察程序状况
全自动工作失灵	如在半自动或手动时工作正常，而全自动时工作不正常。检查循环延迟时间设定数字或电眼感应信号

5.4.5 力劲注塑机常见故障及处理方法（表 5-19）

表 5-19 力劲注塑机的常见故障及处理方法

故障现象	产生的原因	处理方法
油泵电机声音不正常	① 缺相 ② 电机反转 ③ 油泵损坏 ④ 油压系统压力太高	① 检查三相电源线 ② 对换空气开关任意两条电线 ③ 维修油泵 ④ 调节比例阀，使系统压力达到 175bar
油泵电机突然停止转动	① 热保护继电器过载 ② 电脑板上保险丝烧断 ③ 电源线、电机启动线或零线，其线头松脱 ④ 电机坏了	① 检查是否长期进行某种动作而导致过载，如果是，则重新调节热保护继电器的电流整定值。故障处理 2min 后，才能按复位键 ② 装上新的保险丝 ③ 检查出松脱后，应将松脱的线夹紧 ④ 检查电机接线是否接地，是否缺相，如果不是则更换电机
油泵转动但没有工作压力	① 电机反转 ② 油泵损坏（伴随有噪声） ③ 比例阀控制线断开，电流表指针不动 ④ 比例阀阀芯被异物卡死，不能移动 ⑤ 总压力太低	① 立即停机，更换空气开关任意两条电线 ② 停机拆查油泵 ③ 检查比例阀控制线路 ④清洗比例阀 ⑤ 更换比例阀
不能锁模	① 安全门没有关上或安全门卡掣接线松脱 ② 锁模压力太低 ③ 锁模终止卡掣不能复位 ④ 顶针退止接近开关烧坏或感应不到 ⑤ 比例阀、锁模电磁阀、开模电磁阀、差动磁阀的阀芯被异物卡死	① 检查安全门信号 ② 适当加大锁模压力 ③ 检查锁模终止卡掣信号 ④ 检查顶针退止接近开关 ⑤ 清洗被异物卡死的电磁阀

续表

故障现象	产生的原因	处理方法
不能锁紧模	调模厚薄不当	增加或减少容模厚度
不能开模	① 开模位置设定不当 ② 锁模电子尺损坏 ③ 锁模电磁阀芯被异物卡死 ④ 电脑控制板损坏	① 重新设定开模位置 ② 更换电子尺 ③ 清洗电磁阀 ④ 更换电脑板
没有高压锁模力	① 没有设定高压锁模时间 ② 低压锁模流量设定太低，使锁模无法达到高压位置 ③ 低压锁模终止位置为“0” ④ 调模厚薄不当	① 设定适当的高压锁模时间 ② 加大低压锁模流量 ③设置低压锁模位置 ④ 重新调整模厚
输入操作信号后没有反应	① 信号输送线没有压紧 ② 电脑板保险丝烧坏 ③ 电脑主机板烧坏了 ④ 输入输出接口板坏了	① 压紧信号线插头 ② 更换新的保险丝 ③ 更换电脑主机板 ④ 更换输入输出接口板
射胶时螺杆转动不正常造成射胶量不稳定	① 射胶部分轴承损坏 ② 过胶头及过胶圈损坏，熔胶时，胶料向后回流引致射胶量不稳定	① 更换轴承 ②更换损坏零件
射胶螺杆转动但螺杆不能后退	① 背压阀调节太高或损坏 ② 熔胶筒尾部运水圈受阻塞或冷却水不足，胶粒在料斗出口处附近熔化，阻塞胶料进入熔胶筒	① 调低背压或维修背压阀 ② 断开熔胶筒末端电热圈电线，拉开料斗清除料斗出口处的熔胶，修理运水圈或加大冷却水的流量
射胶动作失灵	① 发热圈温度未到设定温度 ② 射胶电磁阀阀芯被异物卡死 ③ 射胶电磁阀控制线松脱 ④ 电脑板损坏	① 待温度到达设定值后，才能射胶 ② 清洗射胶电磁阀 ③ 检查射胶电磁阀控制线路，把松脱线头压紧 ④ 更换电脑板
熔胶动作失灵	① 发热圈温度未到设定温度 ② 熔胶电磁阀阀芯被异物卡死 ③ 熔胶筒内有坚硬异物 ④ 熔胶电机坏了 ⑤ 电脑板损坏	① 待温度到达设定值后，才能熔胶 ② 清洗电磁阀 ③ 拆下溶胶筒清除异物 ④ 维修熔胶电机 ⑤ 更换电脑板

5.4.6 海德保注塑机常见故障及处理方法（表 5-20）

表 5-20　海德保注塑机的常见故障及处理方法

故障现象	产生的原因	处理方法
油泵电机及油泵启动，但是不起压力	油泵上比例阀接线松、断或线圈烧毁	检查比例压力阀是否通电
	杂质堵塞油泵上比例压力阀油口	拆下比例压力阀清洗杂质
	压力油不洁，杂物积聚于滤油器的表面，妨碍压力油进泵	清洗滤油器，更换压力器
	油泵内部漏油，原因是使用过久，内部损耗或压力油不洁而造成损坏	修理或更换油泵

续表

故障现象	产生的原因	处理方法
油泵电机及油泵启动，但是不起压力	油唧筒、油喉及接头漏油	消除漏油的地方
	油掣卡死	检查油掣阀芯是否活动正常
不锁模	安全门吉掣之接线松断或损坏	接好线头或更换吉掣
	锁模电磁阀的线圈可能已经进到阀内，卡着“阀芯”移动	清洗或更换锁模、开模控制阀
	方向阀可能不复位	清洗方向阀
	顶针不能退回复位	检查顶针动作是否正常
不射胶	射胶电磁阀的线圈可能已烧，或有外物进入方向阀内，阻碍阀芯移动	清洗或更换射胶阀
	压力过低	调高射胶压力
	注塑温度过低	调整温度表，升高温度至要求点。如调整温度表仍不能把温度升高，检查电热筒及保险丝是否已经烧毁或松断，如已坏断，及时换新
	射胶组合开关接线松断或接触不良	将组合开关线头接驳妥当
熔胶螺杆运转，但胶料不进入料筒内	熔胶后退压力过高，背压阀损坏或调整不当	调整或更换熔胶背压阀
	运水不足，以致温度过高，令胶粒进入熔胶筒时受阻	调整运水量，取出已黏结的胶块
	落料斗里无料	加料于料斗内
射台不移动	射台移动限位行程开关被调整撞块压合	调整
	射台移动电磁阀的线圈可能已烧毁或有异物进入方向阀内卡住阀芯移动	清洗或更换电磁阀
开模发出声响	开模行程吉掣失灵	调整或更换电磁阀
	慢速电磁阀固定螺钉松开或阀芯卡死	调整至有明显慢速
压力油温度过高	油泵压力过高	应调至胶料的需求压力为准
	油泵损坏及压力油浓度过低	检查油泵及油质
	压力油量不足	增加压力油量
	冷却系统有故障致运水不足	修复冷却系统
半自动失灵	机器的半自动循环，是由机械动作的行程、触动各电气开关掣及时间掣，发出电气信号，控制油掣来实现的。如果在手动状态下，每一个动作都正常，而半自助失灵，则大部分是由于电气的开关掣及时间掣没有发出信号	首先观察半自动动作是在那一阶段失灵的，对照“动作循环图”找出相应的控制元器件，进行检查加以解决即可
全自动动作失灵	电眼失灵	固定螺钉松动或聚光不好导致，维修使电眼恢复作用
	时间掣失灵或损坏	调整或更换时间掣
	发热筒损坏	更换
	热电偶接线不良	紧固
	热电偶损坏	更换
	温度表损坏	更换

震雄捷霸 C 系列注塑机的操作及调试

6.1 震雄注塑机电脑操作面板

震雄注塑机电脑操作面板如图 6-1 所示，操作面板由显示屏幕、温度控制按键、成型条件控制按键、游标键、手动操作按键、成型条件数字输入按键及电源开关组成。

(1) 温度控制按键

温度控制按键有 7 个，具体如图 6-2 所示。温度控制按键从 N 到 6，表示射嘴加热 N 到第 6 区加热。在操作过程中，按下 N 键则显示屏幕上显示出射嘴温度参数和数据资料。可以通过温度控制按键操作，对其各区温度进行参数资料设定、变更、修改等各项工作。

(2) 成型条件控制按键

成型条件控制按键共有 24 个。具体如图 6-3 所示。

① 可选择成型操作状态：手动、半自动、全自动。

② 可以设定注塑成型条件中的各种参数，如速度、压力、时间和计数等。

③ 可设定自动调模所需要的参数资料。

④ 可以更换模号及复写模号的参数资料。

⑤ 依据注塑成品及模具设计上的要求，选择注塑成型中所需的动作或所需的功能。

⑥ 在任何操作画面下，可将游标移动到所需的位置，以便于参数或资料的修正更改等。

(3) 成型条件数字输入区按键

成型条件数字输入区按键共有 15 个，具体如图 6-4 所示。

① 输入成型条件中所需的数字参数资料有：a. 速度设定范围为 00～99，设定 00 时无速度；b. 压力设定可由 00～99，设定 00 时无压力；c. 位置设定可由 0 000～999.9mm；d. 时间设定可由 0～6 553.5s；e. 计数器设定可由 0～65535；f. 模具厚度设定可由 0～6 553.5mm。

② 可以检查键盘功能正常运行情况。

③ 可读取电脑控制程式。

④ 可检视所有输出、输入、计时器的工作运行状态。

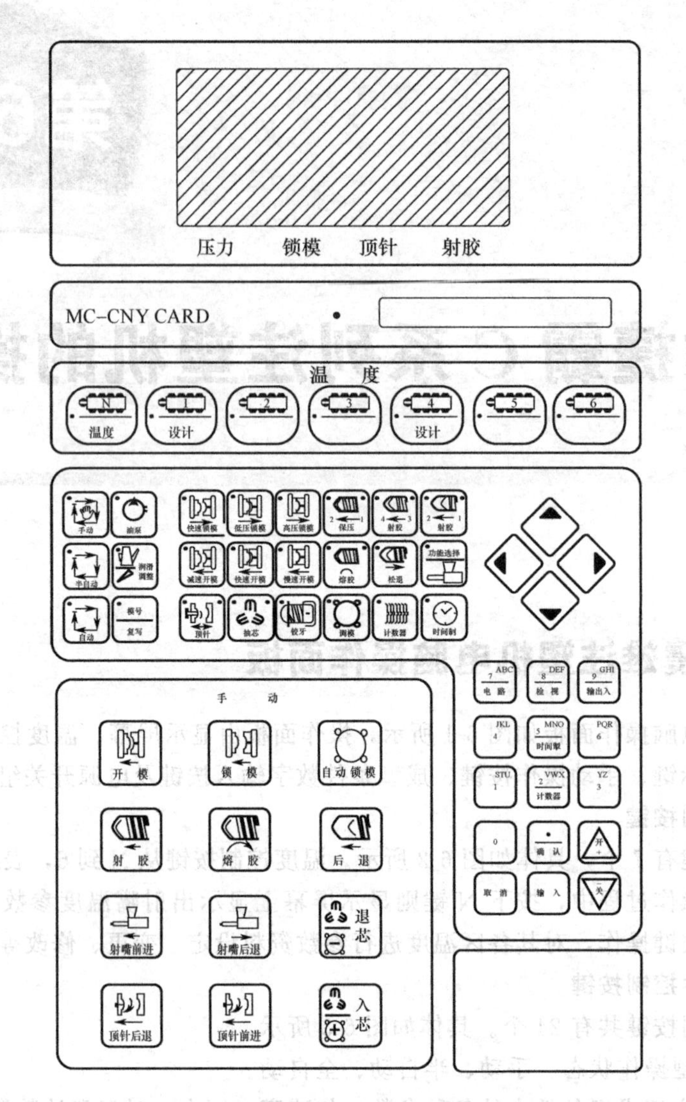

图 6-1　震雄注塑机电脑操作面板

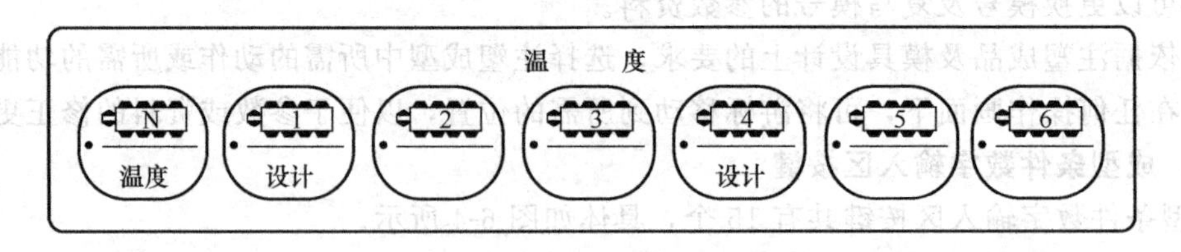

图 6-2　温度控制按键

(4) 手动操作区按键

手动操作区按键共有 12 个，具体如图 6-5 所示。

① 手动操作键盘可单独操作整个动作周期的某项动作，具体可由注塑机专用象形符号和汉字组成的按键来进行单独操作。

② 调模与自动门操作是共用键，当使用调模功能时，屏幕上必须显示调模画面。

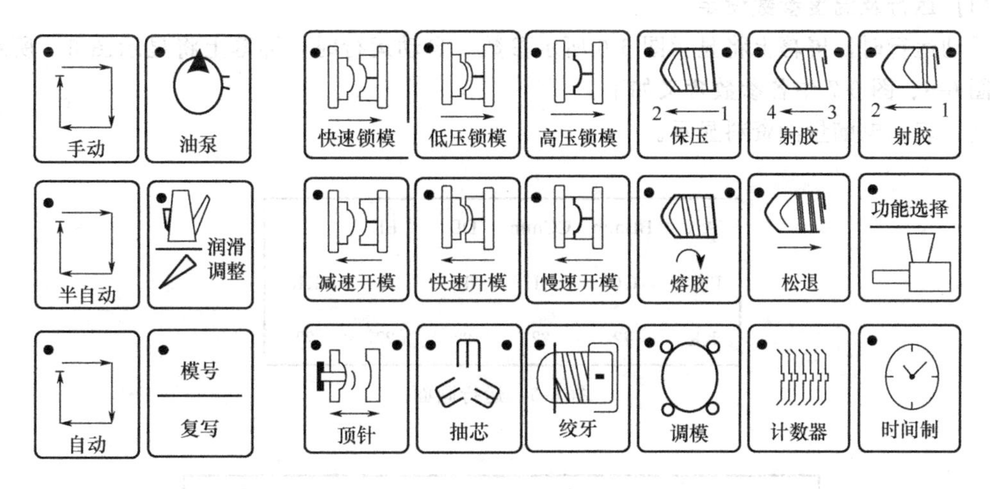

图 6-3　成型条件控制按键

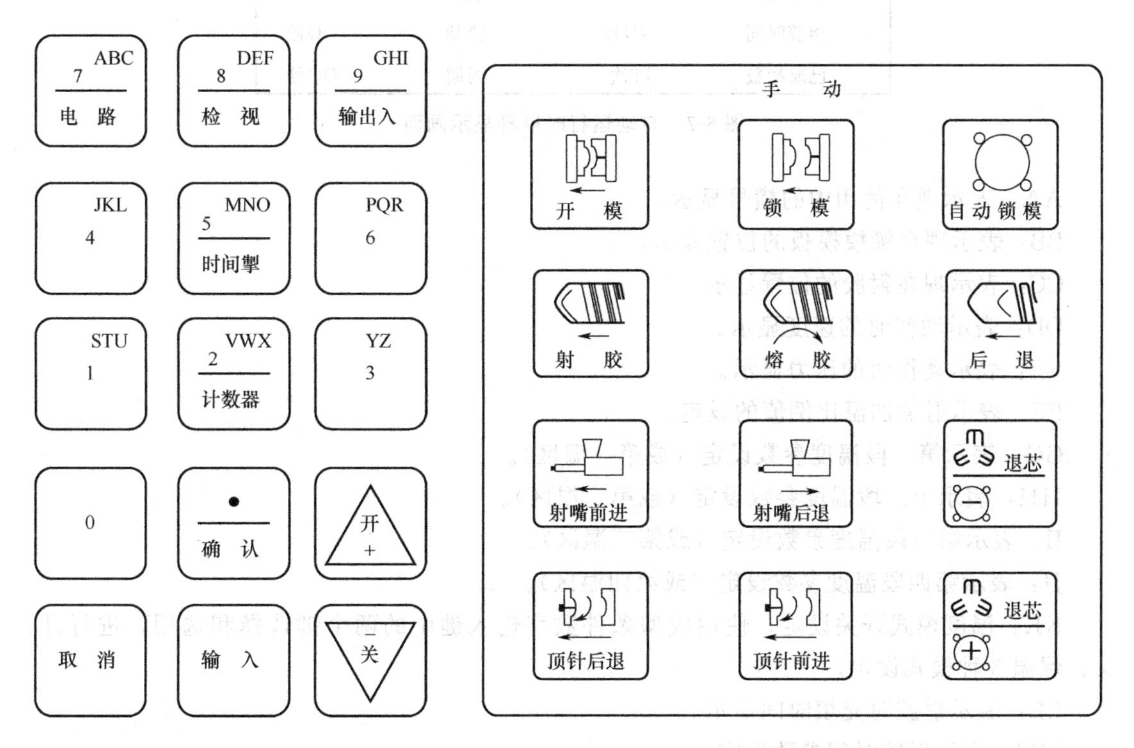

图 6-4　成型条件数字资料按键　　　　图 6-5　手动操作区按键

6.2 震雄捷霸 C 系列省电型注塑机操作与调校

震雄捷霸 C 系列省电型注塑机，在做好准备工作和检查工作后，可以进行开机操作，进行参数预置。首先打开电源总开关，按下电源启动开关，电源启动后，电脑系统会自动扫描并测试，并显示出注塑机生产厂家、机型、机号、程式和出厂日期等参数来，经过 3s 后屏幕画面会自动切换到运行画面（见图 6-6）。

(1) 运行及温度参数设定

手动运行时，屏幕上将显示图 6-6 所示参数。自动运行时，屏幕上将显示图 6-7 所示参数。图 6-6、图 6-7 中各参数含义如下：

??：表示电脑量测资料显示。

AA	BBmm	CCmm	DD	EE	
FF%	GG	HH	II	JJ	KK
KK	??	??	??	??	??

图 6-6 运行画面

AA	BBmm	CCmm	DD	EE
充填时间	LL秒	射胶		MM秒
熔胶时间	NN秒	冷却		OO秒
已成型数	PP次	周期		QQ秒

图 6-7 自动运行时屏幕显示画面

AA：表示现在使用中的横号显示。

BB：表示现在锁模模板的位置显示。

CC：表示现在射胶的位置显示。

DD：表示动作时的速度显示。

EE：表示动作时的压力显示。

FF：表示射嘴加温比例值的设定。

GG：表示第一段温度参数设定（或第一温区）。

HH：表示第二段温度参数设定（或第二温区）。

II：表示第三段温度参数设定（或第三温区）。

JJ：表示第四段温度参数设定（或第四温区）。

KK：温度模式开关设定，使用成型条件数字输入键中的两个键选择和选用，进行开、关、保温 3 种模式设定。

LL：表示射胶时充填时间显示。

MM：表示射胶时间参数设定。

NN：表示熔胶时间参数显示。

OO：表示冷却时间参数设定。

PP：表示已成型数字显示。

QQ：表示自动周期时间显示。

在自动状态时，可在此画面上更改射出、冷却时间或周期时间，利用游标按键将游标移到射胶或冷却时间的位置上，以数字输入键输入要更改的时间参数，再按下输入键即完成修改。

如果要修改温度参数的设定值，在上面的画面状态下，依照要修改的段数，按下温度控制按钮，则游标显示在画面上。具体步骤如下：

① 按下温度控制键，则游标显示在画面上，其参数是温度N区的参数值。

② 按下游标键选择温度各段设定项。再按下输入数字键，最后按下“输入”键，完成温度参数的设定。

(2) 温度偏差警报设定

按下“开＋”、“温度控制”按键，屏幕上将显示温度偏差警报参数设定画面（见图6-8）。

温度设限		T1	T2	T3	T4	T5
KK	温度上限	+AA	+BB	+CC	+DD	+LL
	温度下限	-EE	-FF	-GG	-HH	-MM
保温时设定		-H%	射嘴周期		JJ	S

图6-8　温度偏差警报参数设定画面

其中各参数含义如下。

AA：表示第一段温度偏高警报设定值。

BB：表示第二段温度偏高警报参数设定值。

CC：表示第三段温度偏高警报参数设定值。

DD：表示第四段温度偏高警报参数设定值。

EE：表示第一段温度偏低警报参数设定值。

FF：表示第二段温度偏低警报参数设定值。

GG：表示第三段温度偏低警报参数设定值。

HH：表示第四段温度偏低警报参数设定值。

H：表示保温动作时，设定温度降低百分比的设定。

JJ：表示射嘴温度周期时间设定。

LL：表示第五段温度偏高警报参数设定值。

MM：表示第五段温度偏低警报参数设定值。

KK：表示温度控制模式选择，使用按键“开＋”、“关＋”，可选择开、关、保温3种模式。

(3) 锁模参数设定

按下“快速锁模”、“低压锁模”或“高压锁模”键，屏幕上将显示锁模参数设定画面（见图6-9）。其中各参数含义如下。

AA：表示快速锁模速度参数设定。

BB：表示快速锁模压力参数设定。

CC：表示快速锁模动作终止位置参数设定。

DD：表示低压锁模速度参数设定。

EE：表示低压锁模压力参数设定。

FF：表示高压锁模参数设定。

GG：表示高压锁模速度参数设定。

锁模设定	速度	压力		位置
快速锁模	AA%	BB%	至	CC mm
低压锁模	DD%	EE%	至	FF p
高压锁模	GG%	HH%	至	H p

图 6-9 锁模参数设定画面

HH：表示高压锁模压力参数设定。

H：表示高压锁模动作终止位置参数设定。

高压锁模终止位置点的设置方法如下：

① 用手动操作，锁模开到模具闭合位置，此时机铰还没有完全伸直。

② 同时按住手动锁模和确认键，即可自动设定高压锁模位置（见下面锁模流程）。

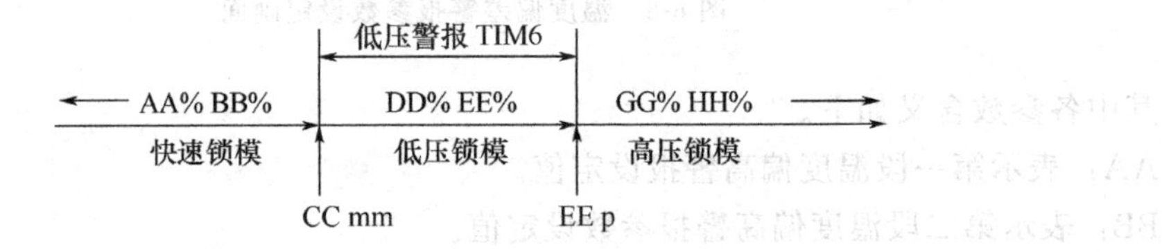

(4) 开模参数设定

按下“慢速开模”、“快速开模”或“减速开模”键，屏幕上将显示出开模参数设定画面（见图 6-10）。

开模设定	速度	压力		位置
慢速开模	AA %	BB %	至	CC p
快速开模	DD %	EE %	至	FF mm
减速开模	GG %	HH %	至	H mm

图 6-10 开模参数设定画面

其中各参数含义如下。

AA：表示慢速开模速度参数设定。

BB：表示慢速开模压力参数设定。

CC：表示慢速开模动作终止位置参数设定。

DD：表示快速开模速度参数设定。

EE：表示快速开模压力参数设定。

FF：表示快速开模终止位置参数设定。

GG：表示减速开模速度参数设定。

HH：表示减速开模压力参数设定。

H：表示减速开模终止位置参数设定。

开模动作流程如下：

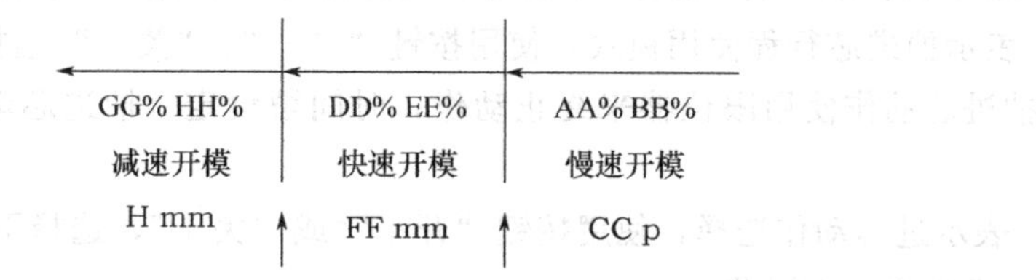

(5) 顶针参数设定

按下“顶针”键。屏幕上将显示顶针参数设定画面（见图 6-11)。其中各参数含义如下。

顶针设定	速度	压力
顶针前进	AA %	BB %
顶针后退	CC %	DD %
次数：EE次	震动：FF次	停：GG秒

图 6-11　顶针参数设定画面

AA：表示顶针前进速度参数设定。

BB：表示顶针前进压力参数设定。

CC：表示顶针后退速度参数设定。

DD：表示顶针后退压力参数设定。

EE：表示顶针次数设定。

FF：表示顶针震动次数设定，需配合多次顶针模式下使用。

GG：表示顶针停顿时间设定，需要配合顶针停顿模式下使用。

顶针的操作模式可以在功能选择设定画面内选择下面 3 种模式：①不动作；②多次顶针；③顶针停顿。

(6) 抽芯参数设定

按下“抽芯”键，屏幕上将显示抽芯参数设定画面（见图 6-12)。按“抽芯”键，可在画面上交替显示图 6-12 和图 6-13 所示画面。其中各参数含义如下。

抽进芯	速度	压力	时间
进芯	AA %	BB %	CC
抽芯	DD %	EE %	FF
抽进芯行程		GG	

图 6-12　抽芯参数设定画面（一）

抽进芯		
进芯位置	HH	IImm
抽芯位置	JJ	KKmm

图 6-13　抽芯参数设定画面（二）

AA：表示进芯速度参数设定。

BB：表示进芯压力参数设定。

CC：表示进芯动作时间设定（抽进芯行程选择时间掣设定时才有显示）。

DD：表示抽芯速度参数设定。

EE：表示抽芯压力参数设定。

FF：表示抽芯动作时间设定（抽进芯行程选择时间掣设定时才有显示）。

GG：表示抽进芯行程使用模式，使用按键“开＋”、“关＋”选择下列 2 种模式：限位掣设定，抽进芯动作使用限位器来终止动作；时间掣设定、抽进芯动作使用时间掣来终止动作。

HH：表示进芯动作选择，使用按键“开＋”或“关＋”，选择下列 4 种模式：锁模前：锁模后；锁模中途；不退芯。

II：表示开模中途抽芯动作位置参数（选择锁模中途进芯时才有显示）。

JJ：表示退芯动作选择，使用按键“开＋”、“关＋”，选择下列 4 种模式：开模前；开模后；开模中途；不退芯。

KK：表示开模中途抽芯动作位置参数（选择开模中途退芯时才有显示）。

(7) 铰牙参数设定

按下“铰牙”键，屏幕上将显示铰牙参数设定画面（见图 6-14 和图 6-15）。其中各参数含义如下。

铰牙设定	快速	慢速	压力	时间
进牙	AA%	BB%	CC%	DD秒
退牙	EE%	FF%	GG%	HH秒
铰牙回馈	H			

图 6-14　铰牙参数设定画面（一）

铰牙设定			
铰牙前进位置：		JJ	KK mm
铰牙后退位置：		LL	MM mm
进慢速	NN秒	退速慢	OO秒

图 6-15　铰牙参数设定画面（二）

AA：表示进牙动作快速速度参数设定。

BB：表示进牙动作慢速速度参数设定。

CC：表示进牙动作压力参数设定。

DD：表示进牙动作终止时间参数或次数设定。

EE：表示退牙动作快速速度参数设定。

FF：表示退牙动作慢速速度参数设定。

GG：表示退牙动作压力参数设定。

HH：表示退牙动作终止时间参数或次数设定。

H：表示铰牙行程使用模式，使用按键“开＋”、“关＋”，选择下列 3 种模式：限位掣设定，铰牙动作使用限位器终止；时间掣设定，铰牙动作使用时间掣终止；计数器设定，铰牙动作使用计数器终止。

JJ：表示进牙动作选择，使用按键“开＋”、“关＋”，选择下列 4 种模式：锁模前；锁模后；锁模中途；不进牙。

KK：表示开模中途退牙动作位置（选择锁模中途退牙时才有显示）。

NN：进牙慢速时间参数设定。

OO：退牙慢速时间参数设定。

(8) 射胶参数设定

按下“保压”键或“射胶”键，屏幕上将显示射胶参数设定画面（见图 6-16～图6-18）。其中各参数含义如下。

射胶设定	速度	压力		位置
射胶一段	AA%	BB%	至	CC mm
射胶二段	DD%	EE%	至	FF mm
射胶三段	GG%	HH%	至	II mm

图 6-16　射胶参数设定画面（一）

射胶设定	速度	压力		位置
射胶四段	JJ%	KK%	至	LL mm
射胶五段	MM%	NN%	至	OO mm

图 6-17　射胶参数设定画面（二）

射胶设定	速度	压力	位置
保压一段		PP%	QQ秒
保压二段		RR%	SS秒

图 6-18　射胶参数设定画面（三）

AA：表示射胶一段速度参数设定。
BB：表示射胶一段压力参数设定。
CC：表示射胶一段动作终止位置参数设定。
DD：表示射胶二段速度参数设定。
EE：表示射胶二段压力参数设定。
FF：表示射胶二段动作终止位置参数设定。
GG：表示射胶三段速度参数设定。
HH：表示射胶三段压力参数设定。
II：表示射胶三段动作终止位置参数设定。
JJ：表示射胶四段速度参数设定。
KK：表示射胶四段压力参数设定。
LL：表示射胶四段溢料位置参数设定。
MM：表示射胶五段速度参数设定。
NN：表示射胶五段压力参数设定。
OO：表示射胶五段溢料位置参数设定。
PP：表示保压一段动作压力参数设定。
QQ：表示保压一段动作时间参数设定。
RR：表示保压二段动作压力参数设定。
SS：表示保压二段动作时间参数设定。
射胶流程如下：

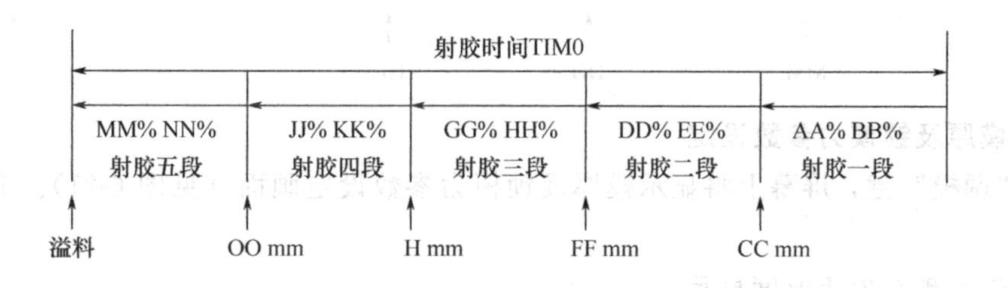

保压流程如下：

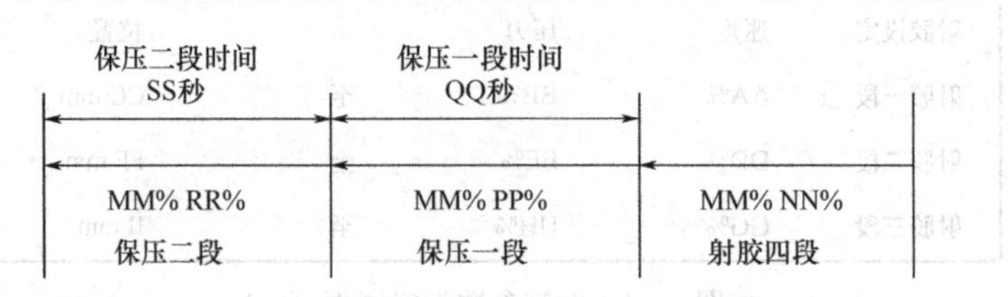

(9) 熔胶参数设定

按下“熔胶”或“松退”键，屏幕上将显示熔胶参数设定画面（见图 6-19 和图 6-20）。其中各参数含义如下。

熔胶设定	速度	压力	背压	位置
前段熔胶	AA%	BB%	CC%	DD mm
后段熔胶	EE%	FF%	GG%	HH mm

图 6-19 熔胶参数设定画面（一）

熔胶设定	速度	压力	位置
松退	H%	JJ%	退 KK mm
延时：LL秒		射胶终点：MM mm	

图 6-20 熔胶参数设定画面（二）

AA：表示前段熔胶速度参数设定。
BB：表示前段熔胶压力参数设定。
CC：表示前段熔胶背压压力参数设定。
DD：表示前段熔胶动作终止位置参数设定。
EE：表示后段熔胶速度参数设定。
FF：表示后段熔胶压力参数设定。
GG：表示后段熔胶背压压力参数设定。
HH：表示后段熔胶动作终止位置参数设定。
H：表示松退速度参数设定。
JJ：表示松退压力参数设定。
KK：表示松退动作终止位置参数设定。
LL：表示熔胶延时时间参数设定。
MM：表示射胶终点位置参数设定。
熔胶流程如下：

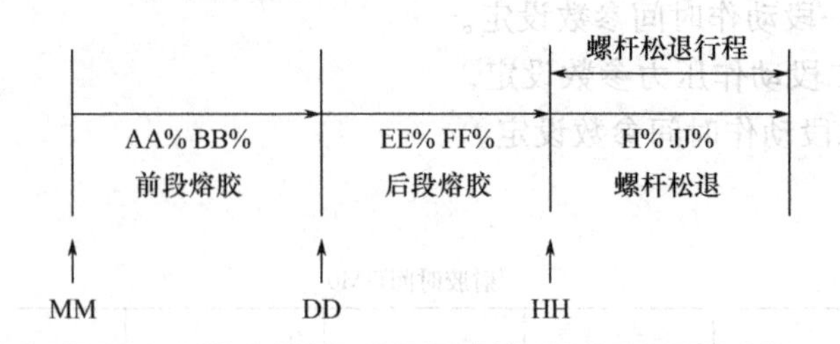

(10) 模厚及锁模力参数设定

按下“调模”键，屏幕上将显示模厚及锁模力参数设定画面（见图 6-21）。其中各参数含义如下。

AA：表示现在模板厚度显示。

模厚调整			
现在模厚	AA mm		
模具厚度	BB mm		
自动调整	CC		
锁模力	DD 吨	位置是	EE p

图 6-21　模厚及锁模力参数设定画面

BB：表示调模模具厚度设定。

CC：表示锁模力自动调整选择，使用按键“开＋”、“关＋”来设定开关。

DD：表示锁模力吨数设定。

EE：表示锁模力吨数计算位置显示。

模厚及锁模调整步骤如下：

① 手动关模到终止位置，关上安全门。

② 手动调整模具厚度，按下手动“调模进”键。模具向前调整，容模量变小；若按下手动“调模退”键，模具向后调整，容模量变大。若要停止只需再次按下按键即可。

自动调整模具厚度操作，先度量使用的模具厚度，例如 430.0mm，则输入数值 430.0mm 于模具厚度位置上，按下“自动调模”键，即可自动调整模具厚度。若要中途停止调模，只需再按下按键即可。

锁模力自动调整操作，使用按键“开＋”。选择此功能，输入锁模力吨数。锁模力自动调整后会把锁模力位置直接输入高压启动位置上，锁模力自动调整功能便完成。

(11) 射座前后参数设定

同时按下“功能选择”键和“关＋”键，屏幕上将显示射座前后参数设定画面（见图 6-22)。

射座设计	速度	压力	时间
射座前进	AA%	BB%	
射座后退	CC%	DD%	退EE秒

图 6-22　射座前后参数设定画面

按下游标键，选择射座参数设定项，输入数值，再按下“输入”键，完成射座前后参数的设定。其中各参数含义如下。

AA：表示射座前进速度参数设定。

BB：表示射座前进压力参数设定。

CC：表示射座后退速度参数设定。

DD：表示射座后退压力参数设定。

EE：表示自动操作时，射座后退动作行程时间参数的设定，设定值由 TIM18 定值。

(12) 功能选择参数设定

按下“功能选择”键，屏幕将显示功能选择参数设定画面（见图 6-23～图 6-26)。可使用游标键，选择画面的切换。按下游标键选择功能选择项，按“开＋”键选择开。按下“关＋”键选择关，最后按下“输入”键，完成功能选择设定。顶针动作项中，使用按键“开＋”、“关＋”，选择下列 3 种顶针模式：不动作；多次顶出；顶针停顿。自动停机项中，使用按键“开＋”、“关＋”，选择下列 4 种停机模式，可配合成型模数、生产批量及故障停机使用：关；停油泵；停电热；停油泵及电热。

功能选择			
特快锁模	开	电眼循环	开
吹风顶出	开	机械手	开
氮气射胶	开	保压警报	开

图 6-23 功能选择参数设定画面（一）

功能选择			
位置保压	开	低温警报	开
塞嘴警报	开	漏胶警报	开
辅助油泵	开	特快开模	开

图 6-24 功能选择参数设定画面（二）

功能选择			
射胶加速	开	熔胶加速	开
自动换模	开	自动换色	开
油压射嘴	开	熔前松退	开

图 6-25 功能选择参数设定画面（三）

功能选择	
顶针动作	不动作
自动停机	关

图 6-26 功能选择参数设定画面（四）

(13) 润滑参数设定

按下“润滑”键，屏幕上将显示出润滑参数设定画面（见图 6-27）。按下游标键，选择润滑参数设定项，输入数值，再按下“输入”键，完成润滑参数的设定。其中各参数含义如下。

润滑设定			
每成型	AA模	润滑油输出	BB秒
还有	CC模次才润滑		
润滑油警报时间		DD秒	

图 6-27 润滑参数设定画面

AA：表示润滑油下次动作间隔，次数设定值由 CNT8 定值。

BB：表示润滑油每次给油时间，时间设定值由 CNT30 定值。

CC：表示距离下次润滑还剩多少模数显示。

DD：表示润滑油动作行程检查时间，时间设定由 TIM3.1 定值。

(14) 成型模数参数设定

按下计数器键，屏幕上将显示出成型模数参数设定画面（见图 6-28 和图 6-29）。按下游标键，选择成型模数设定项，输入数值，再按下“输入”键，完成成型模数参数的设定。其中各参数含义如下。

成型模数设定	设定		现在
成型模数	AA		BB
生产批量	CC		DD
生产时间	EE	时	FF

图 6-28　成型模数参数设定（一）

成型模数设定	设定	现在
次品模数	GG	HH
备用	II	JJ

图 6-29　成型模数参数设定（二）

AA：表示成型模参数设定（CNT0）。

BB：表示成型模参数设定数量中，已经成型的模数显示。

CC：表示生产批量数设定（CNT3）。

DD：表示已经生产批量数显示。

EE：表示自动生产时间设定（CNT2）。

FF：表示实际工作时间参数显示。

GG：表示次品生产过量时，产生警报的设定（CNT1）。

HH：表示已经生产次品数量显示。

II：备用计数器参数设定（CNT9）。

JJ：表示备用计数器参数现在值的显示。

计数器现在值的重置步骤如下：

① 使用游标键将游标移到要进行重置的计数器现在值的位置上。

② 按下“输入”键，屏幕上将显示出“?”。

③ 如果确认则按下“确认”键，如果不确认则按下“取消”键。

(15) 时间参数设定

按下“时间掣”键，屏幕上将显示时间参数设定画面（见图 6-30 和图 6-31）。按下游标键，选择时间参数设定项，输入数值，再按下“输入”键，完成时间参数设定。其中各参数含义如下：

时间设定			
射胶时间	AA	冷却时间	BB
周期警报	CC	中间循环	DD
二板吹风	EE	低压警报	FF

图 6-30　时间参数设定画面（一）

时间设定			
熔前松退	GG	熔胶延时	HH
备用	H		

图 6-31　时间参数设定画面（二）

AA：表示射胶一段到四段的时间设定（TIM0）。

BB：表示冷却时间参数设定（TIM1）。

CC：表示周期警报时间参数设定（TIM5）。

DD：表示中间循环时间参数设定（TIM2）。

EE：表示二板吹风时间参数设定（TIM7）。

FF：表示锁模低压警报时间参数设定（TIM6）。

GG：表示头板吹风时间或熔胶前松退时间参数的设定（TIM4）。

HH：表示熔胶延时时间参数设定（TIM3）。

H：表示备用时间参数设定（TIM8）。

（16）时间掣参数设定

同时按下“时间掣”按键和“开＋”键，3s后，屏幕上将显示时间掣参数设定画面（见图6-32和图6-33）。按下游标键，选择时间掣参数设定项，输入数值，最后再按下“输入”键，完成时间掣参数的设定。其中各参数含义如下：

时间设定			
电机启动	AA	开模排气	BB
限位警报	CC	关模延时	DD
开模顶出	EE	顶针延时	FF

图6-32 时间掣参数设定画面（一）

时间设定			
头板吹风	GG	抽芯延时	HH
警报间断	II	铰牙延时	JJ
警报周期	KK		

图6-33 时间掣参数设定画面（二）

AA：表示电机Y/△启动时间掣参数的设定（TIM19）。

BB：表示开模排气时间掣参数设定（TIM25）。

CC：表示限位警报时间掣参数设定（TIM24）。

DD：表示关模延时时间掣参数设定（TIM26）。

EE：表示开模顶出时间掣参数设定（TIM20）。

FF：表示顶针延时时间掣参数设定（TIM27）。

GG：表示头板吹风时间掣参数设定（TIM21）。

HH：表示抽芯延时时间掣参数设定（TIM28）。

II：表示警报间断时间掣参数设定（TIM22）。

JJ：表示铰牙延时时间掣参数设定（TIM29）。

KK：表示警报周期时间掣参数设定（TIM23）。

（17）调整功能参数设定

设定原始值	
调整机器时速度限制：	AA%

图6-34 调整功能参数画面

同时按下“开＋”键和“调整”，屏幕上将会显示出调整功能参数画面（见图6-34）。此时电脑面板上相关的LED指示灯会亮，表示调整功能已被启动，这时机器的速度为原先设定值乘以调整机器时的速度限制。例如：机器射台、顶针速度设定值为50%，而调整时机器限制值为50%，则调整时机器实际速度为50%×50%＝25%。

注：此功能是为了机器调整或模具调校时而设定的，只可在手动操作使用。当功能启动后，不能使用自动操作；反之作自动操作时，此功能不能使用。

（18）模号注解画面

按下“模号名”键，屏幕上将显示模号注解画面（见图6-35和图6-36）。电脑内共有50组模号资料及模号注解，在画面中，可使用游标按键进行其他画面的切换。其中各参数含义如下：

模号选择			
01	AAA	02	BBB
03	CCC	04	DDD
05	EEE	06	FFF

图 6-35　模号注解画面（一）

模号选择			
07	GGG	08	HHH
09	III	10	JJJ
11	KKK	12	LLL

图 6-36　模号注解画面（二）

AAA：表示模号编号 01 的简单注解。

BBB：表示模号编号 02 的简单注解。

……

模号编号的注解更改步骤如下（例如将 01 模号的注解 AAA 改为 TS2）。

① 将游标移到模号 AAA 的位置，由左到右键入英文字母或数字代码。

② 完成后再按“输入”键，即完成设定模号注解。即键入 TS2，完成模号名称更改。

③ 由于同一个按键代表多个字母或数字等符号，所以若是输入空白键，必须将数字 3 连续按 4 次，即 3→Y→Z→空白。

(19) 模号复写选择

同时按下“开+”键和“复写”键，屏幕上将显示模号复写选择画面（见图 6-37）。模号复写操作方式如下（例如将模号 005 复写到模号 010 中去）。

模号资料复写	
模号：AA	复写到模号：BB
模号选择：CC	

图 6-37　模号复写及选择画面

① 在游标移动模号 AA 位置，输入数字 5。

② 按下“输入”键，将游标移到 BB 位置，输入数字 10。

③ 再按下“输入”键，屏幕会显示出现“?”，再按“确认”键即完成复写操作。

CC 为现在使用模号编号，如果要更换模号编号，必须在手动状态下进行更换，否则无法进行更换。模号选择操作步骤如下：

① 使用游标按键将游标移到 CC 的位置，输入要更换的模号的编号。

② 输入编号后，按“输入”键即可完成其设定。

(20) 射胶终点位置统计参数设定

同时按下“开+”键和“统计”键，屏幕上将显示射胶终点位置统计参数设定画面（见图 6-38）。画面所显示的为最后 10 周期的射胶终点位置，01 的“???”为这次的射胶终点位置。该射胶终点位置会每一周期自动更新，操作人员可参照这些统计资料来调整射胶资料的设定。

(21) 原始位置参数设定

同时按“开+”键和“高压锁模”键，3s 后，屏幕上将显示出原始位置参数设定画面（见图 6-39 和图 6-40）。画面中 AA 为锁模位置预设参数，BB 为射胶位置预设参数。

射胶终点					
01	???	02	???	03	???
04	???	05	???	06	???
07	???	08	???	09	???

图 6-38 射胶终点位置统计参数设定画面

模号	锁模	射胶	速度	压力
???	???	???	???	???
原始值设定				
预设1	AA p	BB mm		
预设2	CC p	DD mm		

图 6-39 原始位置参数设定画面（一）

模号	锁模	射胶	速度	压力
???	???	???	???	???
调模原始位置	EE mm			
调模最薄厚度	FF mm			
调模最厚厚度	GG mm			

图 6-40 原始位置参数设定画面（二）

① 解码器设定值操作方式

a. 将游标移到 AA 位置，输入需设定的锁模位置，按下“输入”键。

b. 再将游标移回 AA 位置，按下“输入”键，此时屏幕上会出现“?”。

c. 再按下“确认”键，完成设定，此时的锁模位置为 AA 预先设定的位置。

d. 射胶操作方式同上。

注：CC 为锁模位置重置预设设定用，DD 为射胶位置重置预设设定用。

② 调模容模厚度原始值设定操作方式

a. 将游标移到 EE 位置，输入 250.0。按“输入”键，屏幕上会出现“?”。

b. 按“确认”键来确认后完成设定，此时调模计数器模厚现在值为 250.0mm。其中，FF 为调模最小厚度参数设定显示。GG 为调模最大厚度参数设定显示。

③ 重置原点操作

a. 画面出现“请重置锁模原点”警告时，启动油泵，检查模具及抽芯位置后，使用手动“锁模”按键，锁模直到机铰伸直，警号消除即完成复归值。此时锁模光学解码器位置与预设 AA 位置的锁模复归值相同。

b. 画面出现“请重置射胶原点”警告时，启动油泵，待温度达到设定值，使用手动“射胶”按键，射胶到底，再同时按下“确认”键，即可完成复归值。此时射胶光学解码器位置与预设 BB 位置的射胶复归值相同。此系原始位置设定在机器出厂的调试值，如无需要，不要随便更改，以免影响稳定性。

④ 电脑突然断电后原点的自动设定操作

a. 当锁模单元或射胶单元在做动作而电脑突然断电，再操作时电脑将警告操作者重置原点。按上述重复原点的步骤，按下手动操作键，就可以原点自动重置。例如锁模原点信号丢失了，画面出现“请重置锁模原点”至警号消失。锁模原点重置的步骤如下：按手动锁模键，约 4s 至警号消失，这时，机铰伸直至零位（设定预设 1），然后按开模键，在关模的过程中，预设 2 被自动设定。

b. 为了能成功自动设定原点，需检查以下的设定值：原点的速度与压力设定 R222：速度＝50％，压力＝99％；自动原点重置时间 TIM20＝4s；设定预设 1，即锁模位置预设 AA

与射胶位置预设BB等于1。模具内若有产品，应先把产品顶出。

(22) 加减速参数设定

同时按下“开＋”键和“射胶”键，3s后，屏幕上将显示加减速参数设定画面（见图6-41和图6-42）。按下游标键，选择设定项，输入数值，再按下“输入”键，完成加减速参数设定。其中各参数含义如下。

加减速设定							
R273	S	AA	R278	P	BB	R293	B
LL							
R274	S	CC	R279	P	DD	R294	B
MM							
R275	S	EE	R280	P	FF	R295	B
NN							

图6-41 加减速参数设定画面（一）

加速设定							
R276	S	GG	R281	P	HH	R296	B
PP							
R277	S	II	R282	P	JJ	R297	B
QQ							
开模备用			KK	P			

图6-42 加减速参数设定画面（二）

AA：表示为锁模速度缓冲1比例设定值（设定值愈大，缓冲时间愈短）。

BB：表示为锁模压力缓冲1比例设定值（设定值愈大，缓冲时间愈短）。

LL：表示为锁模背压缓冲1比例设定值（设定值愈大，缓冲时间愈短）。

CC：表示为开模速度缓冲2比例设定值（设定值愈大，缓冲时间愈短）。

DD：表示为开模压力缓冲2比例设定值（设定值愈大，缓冲时间愈短）。

MM：表示为开模背压缓冲2比例设定值（设定值愈大，缓冲时间愈短）。

EE：表示为备用速度缓冲3比例设定值（设定值愈大. 缓冲时间愈短）。

FF：表示为备用压力缓冲3比例设定值（设定值愈大，缓冲时间愈短）。

NN：表示为备用背压缓冲3比例设定值（设定值愈大，缓冲时间愈短）。

GG：表示为备用速度缓冲4比例设定值（设定值愈大，缓冲时间愈短）。

HH：表示为备用压力缓冲4比例设定值（设定值愈大，缓冲时间愈短）。

PP：表示为备用背压缓冲4比例设定值（设定值愈大，缓冲时间愈短）。

II：表示为备用速度缓冲5比例设定值（设定值愈大，缓冲时间愈短）。

JJ：表示为备用压力缓冲5比例设定值（设定值愈大，缓冲时间愈短）。

QQ：表示为备用背压缓冲5比例设定值（设定值愈大，缓冲时间愈短）。

KK：表示为开模备用动作终止位置设定。

(23) 备用速度及压力参数设定

① 同时按下“开＋”和“调模”两键，3s后。屏幕上将显示出备用速度及压力参数设定画面（见图6-43～图6-45）。其中各参数含义如下。

速度压力		速度	压力
大油缸泄压	R227	AA	BB
大油缸开模	R228	CC	DD
大油缸高压	R229	EE	FF

图 6-43　备用速度及压力参数设定画面（一）

速度压力		速度	压力
大油缸低压	R230	GG	HH
油压射嘴	R214	II	JJ
氮气充压	R215	KK	LL

图 6-44　备用速度及压力参数设定画面（二）

速度压力			
油压夹模	R216	MM	NN
油压转盘	R217	OO	PP
特殊低压	R218	QQ	RR

图 6-45　备用速度及压力参数设定画面（三）

AA：表示大油缸泄压的速度参数调整。
BB：表示大油缸泄压的压力参数调整。
CC：表示大油缸开模的速度参数调整。
DD：表示大油缸开模的压力参数调整。
EE：表示大油缸高压的速度参数调整。
FF：表示大油缸高压的压力参数调整。
GG：表示大油缸低压的速度参数调整。
HH：表示大油缸低压的压力参数调整。
II：表示油压射嘴的速度参数调整。
JJ：表示油压射嘴的压力参数调整。
KK：表示氮气充压的速度参数调整。
LL：表示氮气充压的压力参数调整。
MM：表示油压夹模的速度参数调整。
NN：表示油压夹模的压力参数调整。
OO：表示油压转盘的速度参数调整。
PP：表示油压转盘的压力参数调整。
QQ：表示特殊低压的速度参数调整。
RR：表示特殊低压的压力参数调整。

② 备用速度及压力参数设定的其他画面（见图 6-46～图 6-49），由游标键作切换。其中各参数含义如下。

AA：表示铰牙 3 的速度参数调整。
BB：表示铰牙 3 的压力参数调整。
CC：表示调模前进的速度参数调整。
DD：表示调模前进的压力参数调整。

速度压力		速度	压力
铰牙3	R219	AA	BB
调模前进	R220	CC	DD
调模后退	R221	EE	FF

图6-46 备用速度及压力参数设定的其他画面（一）

速度压力			
原点重置	R222	GG	HH
锁模力	R211	II	JJ
备用	R223	KK	LL

图6-47 备用速度及压力参数设定的其他画面（二）

速度压力		速度	压力
备用	R224	MM	NN
备用	R225	OO	PP
备用	R226	QQ	RR

图6-48 备用速度及压力参数设定的其他画面（三）

速度压力	比率
锁模背压	SS%
开模背压	TT%

图6-49 备用速度及压力参数设定的其他画面（四）

EE：表示调模后退的速度参数调整。
FF：表示调模后退的压力参数调整。
GG：表示原点重置的速度参数调整。
HH：表示原点重置的压力参数调整。
II：表示自动调整锁模力的低压速度参数的调整。
JJ：表示自动调整锁模力的低压压力参数的调整。
KK：表示备用1的速度参数调整。
LL：表示备用1的压力参数调整。
MM：表示备用2的速度参数调整。
NN：表示备用2的压力参数调整。
OO：表示备用3的速度参数调整。
PP：表示备用3的压力参数调整。
QQ：表示备用4的速度参数调整。
RR：表示备用4的压力参数调整。
SS：表示锁模背压比率参数。
TT：表示锁模背压比率参数。

(24) 程式内容检视

同时按下“电路”键和“开+”键。屏幕上将显示程式内检视画面（见图6-50和图6-51）。其中各参数含义如下：

AA：表示要寻找的内部继电器输出的输入位置。输入找寻编号，即可显示所处程式位置。
BB：表示要寻找的内部时间掣输出的输入位置。输入找寻编号，即可显示所处程式位置。
CC：表示要寻找的内部计数器输出的输入位置。输入找寻编号，即可显示所处程式位置。
从OUT→TIM→CNT可使用游标键进行循环切换。其操作步骤如下（例如要查出继电

检视	OUT	AA	TIM	BB	CNT	CC
0000	LD	1234	0			
0001	AND	2345	0			
0002	OR	3456	0			

图 6-50　程式内容检视画面（一）

检视	OUT	AA	TIM	BB	CNT	CC
0003	ORI	4567	0			
0004	ANI	5678	0			
0005	OUT	9999	0			

图 6-51　程式内容检视画面（二）

器 710 的输出位置）：

① 用游标按键移到继电器输出的输入位置（即图中最左边一列）。

② 输入编号 710，即可显示出 710 输出位置。

时间掣、计数器操作相同。

(25) 输出入检视

同时按“检视”键和“开＋”键，屏幕上将显示输出入检视画面（见图 6-52～图6-63），可使用游标键在画面间切换。

输出入检视	
100 前安全门 0	101 后安全门 0
102 安全门限 0	103 射嘴前限 0
104 顶针前限 0	105 顶针后限 0

图 6-52　输出入检视画面（一）

输出入检视	
106 铰牙前限 0	107 铰牙退限 0
108 进芯　　0	109 退芯　　0
110 电眼确认 0	111 储能终止 0

图 6-53　输出入检视画面（二）

输出入检视	
112 机平连锁 0	113 可以顶针 0
114 取出完成 0	115 铰牙位移 0
116 调模超载 0	1117 油泵超载 0

图 6-54　输出入检视画面（三）

输出入检视	
118 调模前限 0	119 调模后限 0
120 调模位移 0	121 润滑油位 0
122 润滑压力 0	123 低压检出 0

图 6-55　输出入检视画面（四）

输出入检视	
124 转盘锁限 0	125 转盘开限 0
126 低压锁模 0	127 高压锁模 0
128 锁模终止 0	129 泄压完成 0

图 6-56　输出入检视画面（五）

输出入检视	
130 锁模极限 0	131 开模极限 0
132 锁模重置 0	133 射胶重置 0

图 6-57　输出入检视画面（六）

输出入检视	
000 调模前进 0	001 调模后退 0
002 锁模前进 0	003 射胶前进 0
004 射胶　0	005 熔胶　0

图 6-58　输出入检视画面（七）

输出入检视	
006 松退　0	007 射嘴后退 0
008 开模　0	009 顶针前进 0
010 顶针后退 0	011 特快　0

图 6-59　输出入检视画面（八）

输出入检视	
012 进芯　0	013 退芯　0
014 铰牙前进 0	015 铰牙后退 0
016 氮气充压 0	017 氮气放压 0

图 6-60　输出入检视画面（九）

输出入检视	
018 吹风　0	019 泄压　0
020 转盘锁紧 0	021 转盘放松 0
022 高压锁模 0	023 高压开模 0

图 6-61　输出入检视画面（十）

输出入检视	
024 自动门开 0	025 自动门关 0
026 辅助油泵 0	027 油泵启动 0
028 润滑　0	029 警报　0

图 6-62　输出入检视画面（十一）

输出入检视	
030 润滑放水 0	031 油泵停止 0
032 已经射胶 0	033 开模终止 0

图 6-63　输出入检视画面（十二）

(26) 输出入状态检视

同时按下“输出入”键和“开＋”键，屏幕上将显示出输出入状态检视画面（见图 6-64～图 6-68），此画面可检视各继电器的运行状态。如需检视其他继电器，可使用游标键作画面切换。

输出入状态检视	0:ON	0:OFF
0000	0000000000	0000000000
0020	0000000000	0000000000
0100	0000000000	0000000000

图 6-64　输出入状态检视画面（一）

输出入状态检视		
0120	0000000000	0000000000
0200	0000000000	0000000000
0220	0000000000	0000000000

图 6-65　输出入状态检视画面（二）

输出入状态检视		
0240	0000000000	0000000000
0260	0000000000	0000000000
0280	0000000000	0000000000

图 6-66　输出入状态检视画面（三）

输出入状态检视		
0350	0000000000	0000000000
0400	0000000000	0000000000
0420	0000000000	0000000000

图 6-67　输出入状态检视画面（四）

输出入状态检视		
0440	0000000000	0000000000
0460	0000000000	0000000000
0480	0000000000	0000000000

图 6-68　输出入状态检视画面（五）

(27) 时间掣检视

同时按下“时间掣”键和“开+”键，屏幕上将显示时间掣检视画面（见图 6-69～图 6-79），此画面可检视各时间掣的运行状态。如需检视其他时间掣，可使用游标键作画面切换。如要更改时间掣的设定值，使用游标键，移到需要更改时间掣的设定位置上，输入数值，再按下“输入”键，即完成更改设定。

时间掣检视	TIM	设定	现在
射胶时间	00	30	30
冷却时间	01	50	50
中间循环	02	5	5

图 6-69 时间掣检视画面（一）

时间掣检视	TIM	设定	现在
熔胶延时	03	5	5
熔前松退	04	1	1
周期警报	05	300	300

图 6-70 时间掣检视画面（二）

时间掣检视	TIM	设定	现在
低压警报	06	30	30
吹风顶出	07	20	20
备用	20	300	300

图 6-71 时间掣检视画面（三）

时间掣检视	TIM	设定	现在
保压一段	09	10	10
保压一段	10	10	10
保压一段	11	5	5

图 6-72 时间掣检视画面（四）

时间掣检视	TIM	设定	现在
进态时间	12	20	20
抽芯时间	13	20	20
进牙时间	14	30	30

图 6-73 时间掣检视画面（五）

时间掣检视	TIM	设定	现在
退牙时间	15	20	20
进牙时间	16	10	10
退牙速度	17	10	10

图 6-74 时间掣检视画面（六）

时间掣检视	TIM	设定	现在
射座后退	18	5	5
电机启动	19	30	30
原点复位	20	10	10

图 6-75 时间掣检视画面（七）

时间掣检视	TIM	设定	现在
头板吹落	21	30	30
警报间断	22	100	0
警报周期	23	100	0

图 6-76 时间掣检视画面（八）

时间掣检视	TIM	设定	现在
限位警报	24	50	0
开模排气	25	1	0
关模延时	26	1	0

图 6-77 时间掣检视画面（九）

时间擎检视	TIM	设定	现在
顶针延时	27	2	0
抽芯延时	28	1	0
铰牙延时	29	6	6

图 6-78 时间擎检视画面（十）

时间擎检视	TIM	设定	现在
润滑油输出	30	30	0
润滑油警报	31	40	0
备用	32	30	0

图 6-79 时间检视画面（十一）

(28) 计数器检视

同时按下“计数器”键和“开+”键，屏幕上将显示计数器检视画面（见图 6-80～图 6-83），在此画面可检视各计数器的运行状态。如需要双计数的设定值，使用游标按键，移动需要更改计数器的设定位置上，输入数值，再按“输入”按键，即完成设定。

计数器检视	CNT	设定	现在
成型模数	00	5000	232
成品模数	01	100	10
生产时间	02	100	5

图 6-80 计数器检视画面（一）

计数器检视	CNT	设定	现在
生产批量	03	30	4
顶针次数	04	2	0
顶针震动	05	2	0

图 6-81 计数器检视画面（二）

计数器检视	CNT	设定	现在
进牙次数	06	50	0
退牙次数	07	50	0
润滑油成型		10	6

图 6-82 计数器检视画面（三）

计数器检视	CNT	设定	现在
备用	09	15	0

图 6-83 计数器检视画面（四）

(29) 语言及顶针选择

同时按下“取消”键和“快速锁模”键，屏幕上将显示语言及顶针选择画面（见图 6-84）。如要更改语言字幕显示，操作方式如下：要使用英文字幕显示，使用游标键移到 AA 的位置上再按键，则操作画面是以英文字幕显示，相反，欲使用中文字幕显示，使用游标键移到 BB 的位置上再按键。则操作画面是以中文字幕显示。

英语/中国语/顶针选择	
AA	英语
BB	中国语
:	顶针控制：位置控制（CC）

图 6-84 语言及顶针选择画面

如需要更改顶针种类，操作方式如下：要改变顶针种类可分为位置控制和限位控制两种。如使用其中一项，使用游标键，移到CC的位置上，按“开+”键或“关+”键来选择位置控制（POSCONT）和限位控制（L. S CONT），再按一次键，完成设定。

(30) 注塑机操作的电源开关

注塑机操作电源开关有急停掣、启动掣和电脑内部设有的高性能稳压装置。具体如下。

① 急停掣。位于电脑操作面板上的红色按钮，按动它可以切断注塑机的控制电源。如再重新开机，必须先按箭头方向旋转来松开此按钮，才能启动控制电源。

② 启动掣。位于电脑操作面板上急停掣下方的绿色按钮，按动它可以接通本机控制部分的电源，此电源可以有效地保护电脑系统。

③ 稳压电源装置。电脑内部设有高性能的稳压电源装置。可以承受电压范围在AC90～265V，50Hz/60Hz变化的电源输入。

(31) 注塑机的操作

注塑机可以选择手动操作、半自动操作和全自动操作3种方式。具体操作如下。

① 手动操作方式选择。按下“手动”键即可以进行。当电源开启时，电脑即自动处于手动状态，所以不需要再按此键，只是操作其他动作的参数设置等条件后，如需返回手动状态或复位屏幕显示时，按一下“手动”键即可。

② 半自动操作方式选择。按下“半自动”键，即可使机器处于半自动状态运行，此时可利用前安全门逐次开闭来确认下一个循环动作。注意后安全门要关闭，如开启时，切断油泵电机的电源。

③ 全自动操作方式选择。按下“全自动”键，即可使机器处于全自动状态运行。机器会根据操作人员预先设定选择，可以使用再循环时间或电眼感应或机械手回位等方式来确认下一个循环动作。

注意：上述3种状态只能选择使用1种状态，选用前需要将成型条件均设定完成，同时还要确认周期内各项动作。均已符合需要后再选用。如果3个按键中任何1个按键上的LED指示灯在闪动，表示电脑资料已被锁定，不能更改。

注塑机日常维护及保养

一般说明：

① 只有熟练的保养人员才能进行机器保养工作。

② 有需要的保养人员都应戴手套与穿安全鞋。

③ 当机器在进行保养中，应提供显著的警示牌且机器必须不能被操作。

④ 当人员进入机器内工作时，应确定关闭主电源开关。

⑤ 当在实行电路系统元件任何工作时，确定全部的电源已经分离。

⑥ 当同时有两个或两个以上的保养人员同时进行工作时，每个人必须能互相沟通且知道其他人员在做什么。

⑦ 假如在检验中发现机器有任何故障时，保养人员有责任报告主管知道。

⑧ 长时间停机时，机器应先涂以防锈涂层。

⑨ 需要至少两个人来共同固定或分解固定式保护门或可动式保护门。

⑩ 未经生产公司予以授权，请不要修改任何油路或电路。

⑪ 假如使用者有任何无法解决的问题，请速联络生产公司服务代表。

7.1 液压系统的维护保养

在生产过程中，射出压力是决定成品品质好坏的一大要素，所以液压系统的稳定性非常重要，要想保持液压系统的稳定就必须依靠平时的保养和维护。注塑机的油压系统大体是由油泵→流量比例阀→油马达→方向电磁阀→压力控制阀及几组油缸组成。合理的油路设计，有条理的配管，控制适当的油温及好的油质是维持油压系统稳定的基础。

液压系统的维护保养具体见表 7-1。

表 7-1 液压系统的维护保养

保养项目	具体内容
预防性保养措施	① 经常检查油温、油量、油色（是否变质）的变化。如变化，会引起运转不良或油泵过早损坏和元件寿命缩短。若有乳化现象，则说明油中混有水分；若是颜色变黑，则说明是油温过高，须及时更换液压油。原则上一年要更换一次液压油

续表

保养项目	具体内容
预防性保养措施	② 注意控制适当的油温。避免料在未达设定温度范围下熔胶，以免油泵及油马达间接受损 ③ 避免超出最大限定压力运行。EM机的设定工作压力最高为17.5MPa（EM80-V设定工作压力最高为14.5MPa） ④ 油位低于规定界线时，会引起泵吸油不良，因此应及时补充油液使其达到规定界线以上 ⑤ 请勿擅自对压力和流量调整装置的设定值进行更改，以免影响机器的稳定性。非专业人员，请勿随便拆卸液压系统上的任何部件或随意更换液压元器件的厂牌规格 ⑥ 时常注意各油管路接头、液压零件是否漏油，并且定期固定螺钉，检查是否松脱。定期对油阀进行清洗，以免阀芯长时间被污油侵蚀，以延长油阀的使用寿命。注意机位环境卫生，以免空气中的尘埃进入液压油内 ⑦ 定期清洗冷却器，至少三个月一次，以防止内部受到侵蚀损坏或冷却功能减弱 ⑧ 过滤器的滤网被堵塞，继续运行会引起运转不良或故障，应及时更换。此外，禁止取下滤芯后继续使用 ⑨ 如阀、泵、马达产生异常声音、异常发热、异常震动、漏油、冒烟、异常味道等，应立即停止运行，予以必要的处理，寻找出原因修复后方可继续运行
清理油箱	① 每一年须更新液压油一次，在每次更换液压油时亦要清洗滤油网和冷却器 ② 确定主电源已经关闭 ③ 移除油箱上方机架上的人字铝板 ④ 移开油箱外盖及其上的空气滤清器 ⑤ 打开油箱外侧的泄油口，将变质的液压油排放干净 ⑥ 使用扳手拆除吸油滤油器及回油滤油器 ⑦ 使用清洁剂擦拭油箱内部各处，不可使用羊毛质布料。再用新液压油清洗油箱一次 ⑧ 重新装回吸油滤油器及回油滤油器 ⑨ 固定油箱外盖 ⑩ 经由油箱外盖上的空气滤清器加入新的液压油至指定油位 ⑪ 安装油箱上方机架的人字铝板 注意：废旧液压油处理应符合当地的有关规定
清洗空气滤清器	在油箱外盖上，安装了兼作液压油进油口的空气滤清器，它根据油箱内油面的变化，使油箱内空气进出容易。每次添加或补充液压油后，应把空气滤清器取出，放在容器上，用汽油清洗后，再用压缩空气吹干。若不清洗，可能导致脏物进入油箱
清洗滤油器	在机器开始运行两星期后，应取出滤油器清洗。每隔三个月清洗一次，以保持油泵吸油管道畅通。若滤油器上的过滤网被脏物堵塞，会导致油泵产生噪声 清洗时，把滤油器放在一个容器上，添加些汽油，用刷子洗刷过滤网后，再用压缩空气吹干过滤网内外部分
清洗冷却器和拆卸冷却器	① 确定油箱的液压油是空的 ② 确定冷却器水供应已经关掉 ③ 放入滴水盘在液压油和冷却水连接部分 ④ 拆除冷却器上冷却水管和液压油管 ⑤ 分离用来固定冷却器于机底的U形螺栓 ⑥ 使冷却器内液压油和冷却水流光 ⑦ 松开冷却器两侧的外盖，并拆除外盖上的固定螺钉 ⑧ 拔出冷凝管和阻隔板 ⑨ 使用铜刷清洗冷凝管、阻隔板和本体各部 ⑩ 使用干净水来清洗冷凝管内外部之垢物且使用压缩空气吹干，假如有需要应更换任何损坏零件

续表

保养项目	具体内容
安装冷却器	① 插入冷凝管于阻隔板上 ② 插入冷凝管和阻隔板于本体上 ③ 使用螺钉锁上外盖 ④ 装入冷却器于机底并用 U 形螺栓固定 ⑤ 连接液压油管和冷却水管于冷却器上 ⑥ 打开供应冷却水 ⑦ 重新注满液压油 ⑧ 打开主电源，启动油泵马达 ⑨ 检查冷却器，冷却水和液压油连接部分是否泄漏，锁紧固定螺钉以消除泄漏情形
润滑油（脂）补充	机铰部分采用中央自动润滑系统，当润滑油量不足时，会发生警报。在正常使用情况下，存油量会逐渐减少，需每星期检查存油量。每四个月或 50 万个周期时需更换润滑油和清洗回油、抽油滤芯及油箱。油箱及润滑油要保持清洁且要避免润滑油与水混合。若有水分应把油箱底部排油孔之喉塞取出，排出水分 对于使用油脂润滑的部分，应注意定时使用油枪加油。建议每月一次
液压软喉管	约每 5000 个机器运转小时检查高低压软管有无必要更换，检查的内容有 ① 从外层到内层包皮损坏（如因为有摩擦痕迹，切过，切断） ② 外皮变脆（软管材料裂缝） ③ 变形，已经改变了软管和软管管路的自然形状，不仅在正常压力，而且在受压或弯曲情况下，如外皮开裂或局部产生泡状隆起 ④ 裂缝 ⑤ 套环（密封功能）损坏或变形 ⑥ 软管脱离套环工作 ⑦ 由于受到腐蚀，套环功能和强度下降

注：如发现有以上任一项，要更换软管。如无任何损坏，但工作时间超过 20000 个工作小时或最晚 5 年以后，要更换高压软管。新管一般要求可承受最小压力为 280bar 或以上。

7.2 电气系统的维护保养

注塑机中电气部分是机器动作的大脑，若不注意维护，很容易因机器震动而造成电气元件松动，致使电流过大而损坏零件，形成断路，使机器停止生产。电气系统维护保养具体见表 7-2。

表 7-2 电气系统维护保养

保养项目	具体内容
预防性保养措施	① 各端子接线应定期检查并上紧 ② 外部配线应避免与物品碰撞及摩擦 ③ 各限位器定期检查其上的滑轮磨损度及固定接线头是否松动 ④ 当检查机内高压元件时，如非必要，不应通电 ⑤ 更换模具时，不能让冷却水流到控制箱内 ⑥ 检查控制箱内温度是否太高，以至于影响电脑正常工作 ⑦ 若需要换继电器，应使用指定电压的继电器 ⑧ 定期清除电箱灰尘 ⑨ 避免将物品堆放于通风口 ⑩ 避免直接用硬物敲打或践踏电箱及电脑部分 ⑪ 避免在熔胶筒的电热片上面摆置物品

续表

保养项目	具体内容	
电器零件安装	① 交流接触器　安装时将接触器底板的上挂钩挂在卡轨上，然后将接触器向下一压，下挂钩在卡安上，安装完成 从卡轨上拆下产品时，将一字螺刀口插进下部卡脚的长孔中，向下轻轻一撬，另一只手将产品拿起即可 ② 热过载继电器　安装时将热继电器后部挂钩挂在接触器下面后部的挂槽中，将热继电器的三个接线插头分别插入接触器出线端的接线端子中，拧紧螺钉即可	
常见故障处理	在电气控制线路中，常见的故障有超载、断相、短路等几种类型。热继电器作为超载及断相保护组件，在有相应故障发生时断开即可保护线路，在故障排除后按一下热继电器的复位按钮，电路可恢复正常工作。断路器作为短路保护组件，当有短路发生时断开电路以保护电路，排除故障后，扳动断路器手柄，闭合断路器，电路就会恢复正常工作 在实际使用中，电路异常可能对电路中的组件造成影响，下面对一些常见的问题及处理方法进行说明	
	电寿命耗尽	当接触器电寿命耗尽时应及时更换接触器，以避免影响设备正常工作 当接触器动作次数接近其设计寿命时，应及时更换。判断接触器电寿命是否耗尽的简单方法是估算动作次数是否大于设计电寿命值
	接线端子烧毁	当接触器接线端子烧毁时，应及时更换接触器，以免影响设备的正常工作 接线端子烧毁的特征很明显，比较容易判定。接线端子烧毁的原因是接线部位接触电阻太大，一般是由于接线不紧引起，在设备日常保养时应定期检查紧固，以免发生故障
	短路故障	当短路故障发生时，电路中的保护装置（一般是断路器）会自动断开电路。短路故障是重大的故障，在短路点会造成严重的燃烧或爆炸现象，并烧毁短路电路中电器组件及线路。短路一般有相同短路、火零短路、火地短路、负载短路等几种情况。短路发生的原因主要有：接线错误、绝缘件击穿、导电异物桥接 发生短路事故后，应仔细检查线路，分析短路点的情况，找到故障原因后，排除故障隐患，更换烧坏的组件，检查线路正常后，启动设备
	断相故障	断相故障发生后，热超载继电器会断开电路。通常是某一相接线不紧或脱落造成。应仔细检查线路的相关连接点，确保接线紧固、接触可靠。故障排除后，复位热继电器。断路可恢复正常工作
	不动作	接触器不动作的原因有以下几种 ① 控制回路掉线，解决办法是接好松脱的电线 ② 控制回路无电源，解决方法是检查控制电源，确保供电正常 ③ 线圈内部断线，解决方法是更换线圈或接触器
	铁响	接触器在接通期间发出异常的噪声，原因有以下几种 ① 铁芯极面黏附有异物或灰尘，拆开接触器，擦干净极面，组装好即可 ② 铁芯极面损伤或分磁环断裂，应更换掉接触器
	触头烧坏	在短路、断相、超载而保护电器没有动作的情况也会烧坏触头，参考前述
	线圈烧坏	线圈烧坏后应更换掉接触器。线圈烧坏的原因有以下几种 ① 控制电压 U_s 过高（超过 110%U_s），将控制电压调整到额定电压 U_s 即可 ② 控制电压 U_s 过低，将控制电压调整到额定电压 U_s 即可 ③ 吸合受阻，有异物落入接触器内部，使接触器不能可靠吸合，需更换接触器 ④ 铁芯异常，参见铁响项。需更换接触器

7.3 射胶部分的维护保养

射胶部分维护保养见表 7-3。

表 7-3　射胶部分维护保养

<table>
<tr><th>保养项目</th><th colspan="2">具体内容</th></tr>
<tr><td>预防性保养措施</td><td colspan="2">① 保持射台的两条导轨及台面清洁，使两条导轨保持润滑状态，以免影响射台射移和射胶的功能
② 熔胶二板、传动轴组合必须定期加注润滑脂
③ 除塑料、颜料及添加剂外，不要把其他任何东西放入料斗，若大量使用粉碎水口料，应加入料斗磁石（特殊配备），以防止金属碎片进入熔胶筒内，致使螺杆、熔胶筒磨损，影响塑胶制品品质
④ 熔胶筒未达到预塑温度时，切勿启动油马达熔胶、射胶或螺杆松退，否则会造成螺杆及过胶头套件损坏
⑤ 使用倒索时，要确保熔胶筒内的塑料不因低温而硬化，以至于在螺杆后退时毁坏传动系统元件
⑥ 使用特殊塑料前应咨询塑料供应商，了解塑料的性质，以便合理地使用机器的性能。震雄可提供特殊配备，如：PMMA、PC＋纤维、PA6、PA66、PVC 等特殊塑料用特殊螺杆
⑦ 正确使用胶料供应商所提供的换胶料及清洗熔胶筒的方法
⑧ 若要长时间停机，应先将熔胶筒内的塑胶清理干净，以防止热敏塑胶碳化，腐蚀黏结在射胶螺杆上，导致不能转动或产生剥层，特别是在使用酸性较强的塑胶原料时，应更加注意
⑨ 周期性检查射台的各个部分，收紧松脱的部分，确保两个射胶缸装配平衡，以免射胶缸油封损坏，造成漏油及活塞磨损
⑩ 射嘴处的电热片必须保持清洁，切勿让熔胶包住，以免因散热不良而损坏</td></tr>
<tr><td rowspan="4">更换电热片</td><td colspan="2">注意：确定更换的电热片，检查电热片和熔胶筒是否是常温状态，当更换电热片时保养人员必须戴手套</td></tr>
<tr><td>拆除电热片</td><td>① 确定熔胶筒加温已经关闭
② 手动下按射台后退键，使射台往后退至终止位置
③ 关掉主电源并确定电热片没有电压存在
④ 移开熔胶筒护盖
⑤ 分离电热片的电热线
⑥ 移开感温线和铜嘴
⑦ 放松电热片的固定螺钉
⑧ 移开电热片时，应尽可能张开越小越好，才不至于破坏电热片上的零件</td></tr>
<tr><td>安装电热片</td><td>① 确定新电热片的加热功率符合旧电热片的功率
② 完全地清洁熔胶筒的表面
③ 滑动电热片到适当的位置
④ 锁紧电热片的固定螺钉，电热片必须紧紧地锁在熔胶筒上
⑤ 接上电热片的电热线
⑥ 固定铜嘴和感温线
⑦ 装上熔胶筒护盖</td></tr>
<tr><td>安装感温线</td><td>① 插入感温线至铜嘴底部，并旋转前进触帽直到距铜嘴顶端约 10mm 的距离
② 压入并右转感温线至铜嘴耳端，弹簧被压缩且触帽被固定住</td></tr>
<tr><td>清洗熔胶筒</td><td colspan="2">当更换不同材料或生产结束时，应完全地清洗熔胶筒
① 推入关闭料斗止料挡板
② 松开料斗旋转板的固定螺钉和往外推开旋转板
③ 放入空塑胶袋于料斗落料口下方
④ 拉回打开料斗止料挡板</td></tr>
</table>

续表

保养项目		具体内容
清洗熔胶筒		⑤ 让料斗完全的空料 ⑥ 推入关闭料斗止料挡板 ⑦ 推回旋转板至原位，锁紧旋转板的固定螺钉 ⑧ 手动下按射台后退键，使射台往后退至终止位置 ⑨ 放入清料盘至射嘴下方 ⑩ 在手动模式下交替地作熔胶和射胶多次，使熔胶筒空料（不要试图在熔胶筒温度未达设定值时做熔胶转速动作，假如熔胶筒内有残留的塑料尚未足够软化时，它有可能使螺杆或过胶头断残裂） ⑪ 填入清洗材料（如聚乙烯、聚丙烯、亚克力）于料斗内 ⑫ 对不同的材料设定应低于熔胶筒温度最高限制数值 ⑬ 打开料斗止料挡板 ⑭ 设定低射胶速度 ⑮ 当熔胶筒温度到达设定值时，在手动下交替地作熔胶和射胶动作，直到射嘴端射出清洗材料是干净的 ⑯ 推入关闭料斗止料挡板 ⑰ 在手动下交替地作熔胶和射胶动作，直到射嘴不再流涕 ⑱ 完全地清空料斗 ⑲ 推入关闭料斗止料挡板
更换射嘴		更换的射嘴需依震雄公司规格化的射嘴才能使用
	拆卸射嘴	① 推入关闭料斗止料挡板 ② 确定熔胶筒已经完全地清洗料 ③ 手动下按射台后退键，使射台往后退至终止位置 ④ 关闭熔胶筒加温 ⑤ 关闭主电源开关 ⑥ 移开射嘴电热片，在拆除射嘴之前，应确定电热片和射嘴是在常温状态下 ⑦ 使用扳手松开射嘴，射嘴是右旋螺纹
	安装射嘴	① 确定主电源是关闭的 ② 确定射嘴完全地清理干净 ③ 射嘴螺纹处涂一些防卡死剂，如 FEL-PRO C5A 或同级品 ④ 使用扳手装上射嘴，射嘴是右旋螺纹 ⑤ 安装电热片
更换头圈介	拆除头圈介	① 推入关闭料斗止料挡板 ② 确定熔胶筒已经完全地清洗料 ③ 射嘴内残留熔融料应处理干净 ④ 手动下按射台后退键，使射台往后退至终止位置 ⑤ 手动下按射胶键，使螺杆前进至最前端位置 ⑥ 关闭熔胶筒加温 ⑦ 关闭主电源 ⑧ 确定电热片是否在常温状态下，然后移开熔胶筒护盖 ⑨ 确定电热片是否在常温状态下，然后移开射嘴电热片 ⑩ 移除法兰上电热片和感温线 ⑪ 利用吊车支撑熔胶筒法兰，松开固定螺钉，小心地从熔胶筒处分离熔胶筒法兰。假如被粘住不放，使用橡胶锤头轻敲，使熔胶筒法兰容易离开熔胶筒连接部位，清理所有的残留塑料 ⑫ 使用铜棒敲击过胶头使松开旋出，过胶头为左旋螺纹 ⑬ 立刻清理过胶头、圈和介子

续表

保养项目	具体内容	
更换头圈介	安装头圈介	① 确定主电源是关闭的 ② 确定熔胶筒法兰过胶头、圈、介子已完全清理干净 ③ 过胶头螺纹处，涂上一些防卡死剂如 FEL-PRO C5A 或同级品 ④ 固定过胶头、圈、介子，螺杆为左旋螺纹 ⑤ 固定内六角螺钉，其螺纹处应涂上一些防卡死剂如 FEL-PRO C5A 或同级品 ⑥ 装上熔胶筒法兰至适当的位置 ⑦ 装上电热片和感温线 ⑧ 固定熔胶筒护盖
更换螺杆	拆除螺杆	① 推入关闭料斗止料挡板，清空料斗并拆卸 ② 放入遮料外盖于落料口 ③ 确定熔胶筒已经完全的清洗 ④ 射嘴残留熔融料应清理干净 ⑤ 手动下按射台后退键，使射台往后退至终止位置 ⑥ 假如有需要，应拆下模具且开模至最大行程 ⑦ 关闭熔胶筒加温 ⑧ 移开倒料平台 ⑨ 手动下按松退键，使螺杆后退至可以放入六角扳手的间隙，以利拆除半月环上的内六角螺钉 ⑩ 移除内六角螺钉和半月环 ⑪ 手动下按射胶键，使螺杆前进至最前端位置 ⑫ 手动下按松退键，使熔胶马达后退并确定传动轴完全地与螺杆分离 ⑬ 分离螺杆上方固定键 ⑭ 关闭主电源 ⑮ 移开熔胶筒护盖 ⑯ 移开射嘴电热片，在拆除熔胶筒法兰之前，应确定电热片在常温状态下 ⑰ 移除熔胶筒法兰上电热片和感温线 ⑱ 利用吊车支撑熔胶筒法兰，松开固定螺钉，小心地从熔胶筒处分离熔胶筒法兰，假如它粘住不放，使用橡胶锤头轻敲，使熔胶筒法兰容易离开熔胶连接部位，清理所有的残留塑料 ⑲ 使用足以荷重的吊带缠住螺杆并拖出，当螺杆没有完全脱出熔胶筒外时，再以另一吊带环绕，然后完全地脱出螺杆 ⑳ 放下螺杆并立刻清理螺杆，且使用铜棒剔除或刮下堆积的树脂，最后再使用钢刷来清洁螺杆
	安装螺杆	① 确定主电源关闭 ② 确定螺杆完全地清洁干净 ③ 插入螺杆至熔胶筒内 ④ 旋转螺杆来配合传动轴 ⑤ 放入固定键至螺杆的凹槽沟处 ⑥ 打开主电源和启动油泵马达 ⑦ 手动下按射胶键，使螺杆前进确定螺杆插入传动轴内 ⑧ 关闭主电源 ⑨ 固定半月环和锁紧内六角螺钉 ⑩ 装上熔胶筒法兰至适当位置，依螺栓拧紧顺序锁紧内六角螺钉，固定螺钉的螺纹处应涂上一些防卡死剂如 FEL-PRO C5A 或同级品 ⑪ 装回电热片和感温线 ⑫ 固定熔胶筒护盖和倒料平台 ⑬ 移开落料口的遮料外盖 ⑭ 固定料斗

续表

保养项目	具体内容	
更换熔胶筒	拆除熔胶筒	① 推入关闭料斗止料挡板拆下料斗使之空料 ② 在落料口上加遮外盖 ③ 确定熔胶筒已经完全清洗料 ④ 射嘴残留熔融料应清理干净 ⑤ 手动下按射台后退键，使射台往后退至终止位置 ⑥ 关闭熔胶筒加温 ⑦ 移开倒料平台 ⑧ 关闭冷却水供应 ⑨ 解开熔胶筒法兰上冷却水管 ⑩ 手动下按松退键，使螺杆后退至可以放入六角扳手的间隙，以利拆除半月环上的内六角螺钉 ⑪ 移除内六角螺钉和半月环 ⑫ 手动下按射胶键，使螺杆前进到最前端位置 ⑬ 手动下按松退键，使熔胶马达后退并确定传动轴完全地与螺杆分离 ⑭ 分离螺杆上方固定键 ⑮ 关闭主电源 ⑯ 移开熔胶筒护盖 ⑰ 移开电热片和感温线，在拆除熔胶筒之前，应确定电热片在常温状态下 ⑱ 松开内六角螺钉，移开螺母压板 ⑲ 使用锤头敲击熔胶筒螺母使之松开并旋出，熔胶筒螺母为右旋螺纹 ⑳ 使用足够强度的吊带缠住熔胶筒，由射台处吊起熔胶筒且保护螺杆不致滑出 ㉑ 放下熔胶筒
	安装熔胶筒	① 手动下按射台后退键，使射台往后退至终止位置 ② 使用足够强度的吊带缠住熔胶筒 ③ 移动熔胶筒至安装位置，小心地插入射胶本体内 ④ 在装配之前熔胶筒的螺纹处应涂上一些防卡死剂如 FEL-PRO C5A 或同级品 ⑤ 装回并锁紧熔胶筒螺母，锁紧螺母压板的两支内六角螺钉 ⑥ 装回电热片和感温线 ⑦ 固定熔胶筒护盖 ⑧ 旋转螺杆来配合传动轴 ⑨ 放入固定键至螺杆之凹槽沟处 ⑩ 打开主电源和启动马达 ⑪ 手动下按射胶键，使螺杆前进并确定螺杆插入传动轴内 ⑫ 固定半月环和锁紧内六角螺钉 ⑬ 装回倒料平台 ⑭ 移开落料口的遮物外盖 ⑮ 固定料斗

7.4 锁模部分的维护保养

锁模部分是由十字头导杆→大铰→小铰→横卡板→大、小铰铜司→大铰边→小铰边等连接件组合而成的。最常出现的故障有大小铰边磨损或断裂，铜司变形或脱落，十字头导杆弯曲变形等现象。锁模部分的维护保养具体见表 7-4。

表 7-4　锁模部分的维护保养

保养项目		具体内容
预防性保养措施		① 每天手动为中央润滑系统及其润滑分配器和润滑油喉加油，确保各个机械部分均有充足的润滑，在锁模部分应特别注意以下几个部位：动模板衬套与哥林柱间的接触面，大小铰与铜司间的接触面，移动模板的滑脚及滑脚导轨，哥林柱螺纹与调模丝母等。例如：有一层润滑的隔离层，以降低摩擦阻力 通常造成铰边磨损或断裂的主要原因是：润滑不良，受力不均，清洁度不好，造成杂质渗入润滑表面，使表面磨损 ② 避免使用接近或超工作压力锁模 ③ 调模时，不可快速锁模 ④ 控制开、锁模动作行程时，于最恰当的位置为佳，使开锁模动作顺畅，减少冲击 ⑤ 定期检查固定哥林柱与头板和防止松动的调整大螺母是否上紧或移位，压板螺钉必须平均上紧，以免螺牙而受力不均 ⑥ 定期检查曲肘部分是否有润滑不良现象，及早察觉，加以适当保养 ⑦ 模具精度的问题也可能导致机械受损。例如：当厂商的制品毛边过大，仅考虑调整锁模力并将其加大超载，而忽视了模具本身精度的问题，则会造成机器本身的零件受损或断裂
模板部分保养	头板	头板是固定模具及连接射胶结构的重要零件，使用不当将会造成其中心处有变形现象、模具孔内滑牙、平面凹陷等问题。因此，应注意以下几方面的保养 ① 避免使用模具的外形尺寸小于机器内距 2/3 的模具高压成型，必要时在头板及二板上加垫 40～50mm 的补强板 ② 模具固定时，避免使用硬度高的（12.9 级）合金风六方螺钉，螺钉拧入深度必须在 1.5D 以上，上紧力需适当。模具固定前，应检查模具及固定面是否清洁，必要时必须用油石清理
	二板	二板用以带动模具（凸模）往复移动，使得制品脱离模穴，利用四支哥林柱支撑，因此，在模板孔与哥林柱接触面产生较大的摩擦，通常其接触面所能承受的负荷以面压 P（kgf/cm^2）及滑动速度 V（m/min）的乘积 PV 值来表示 EM 系列注塑机在二板下方与机台滑道间加装滑动板，其结构简单易检修，但机器在使用时，应注意定期在滑板注油口处为滑板与机台导轨间加注润滑脂以减少摩擦，其他保养方式与头板相同
调模部分保养		调模部分由尾板、调模丝母、调模马达、小链轮、辅助链轮、调模马达支架等零部件组成，用于决定生产模具的厚度大小
	常见故障	① 调模丝母与哥林柱螺牙面卡住，配合不顺畅 ② 调模链条打滑 ③ 调模马达变速齿轮损坏，调模链条断 ④ 锁模时，调模丝母松退等现象
	保养要点	① 调整模厚时，必须在尾板无受力的状态下进行（公、母模需离开一定间隙） ② 防止润滑脂污染 ③ 确保尾板滑脚处无异物 ④ 调模马达因过载而跳脱时，切勿强行启动，以免损坏其他组件
顶针油缸保养		顶针油缸固定于二板上，其作用在于顶出制品并使之脱离模穴，承受的是往复撞击力（模具顶出板）。常出现的故障有：顶出棒变形，顶出板固定螺钉断裂，顶针活塞杆磨损导致漏油等。因此，在使用机器成型塑胶制品时，为保证制品脱模顺利，建议顶针油缸应做以下预防性的保养 ① 开机前应检查顶针杆螺钉是否松动，尤其是多点顶出模具应特别注意 ② 检查顶针的调整尺寸是否符合顶出制品要求，最好在更换模具时检查一下顶针相关部位的螺钉

7.5 定期的检查与保养

(1) 操作前检验（见表 7-5）

表 7-5 操作前检验

<table>
<tr><th colspan="2">检查位置</th><th>检查项目</th><th>确认</th></tr>
<tr><td colspan="2">油箱</td><td>检查液压油位</td><td>检查油位是否在油量计上方刻度（绿色刻度线）</td></tr>
<tr><td colspan="2">油泵</td><td>检查噪声水准</td><td>没有嘎嘎声噪声产生</td></tr>
<tr><td colspan="2">各部油缸和管路</td><td>检查连接部位</td><td>检查是否漏油</td></tr>
<tr><td colspan="2">冷却水管</td><td>检查连接部位</td><td>检查是否漏水</td></tr>
<tr><td colspan="2">急停开关按钮</td><td>在油泵运转中压下急停开关按钮</td><td>油泵马达是否停止</td></tr>
<tr><td rowspan="2">机门安全装置</td><td>前机门</td><td>在油泵马达运转中，
打开机门 5～10mm</td><td>没有动作会发生，即
模具不会开模或锁模
顶针将不能顶出或进退
熔胶和射胶动作不会发生</td></tr>
<tr><td>后机门</td><td>在油泵马达运转中，
打开机门 5～10mm</td><td>油泵马达是否停止
没有动作会发生</td></tr>
<tr><td colspan="2">电热片、感温线</td><td>熔胶筒加温情况</td><td>检查在 20min 内熔胶筒温度是否上升到 60℃
检查设定温度和量测温度之间是否不同</td></tr>
</table>

(2) 每周检验（见表 7-6）

表 7-6 每周检验

检查位置	检查项目	对策
机门限位开关	螺钉是否松脱	重新锁紧
操作面板	污染检查	① 用清洁布清洁操作面板的表面 ② 不要使用有腐蚀性的清洁剂，如丙酮乙醇、甲醇和乙二醇

(3) 每月检验（见表 7-7）

表 7-7 每月检验

检查位置	检查项目	对策
顶针近接开关 射嘴护罩开关	检查是否安装不良	使用布料擦拭干净 重新锁紧螺钉并保持最大间隙距离在 5mm 内
射移前进近接开关	污染检查	重新锁紧于适当位置
电热片	检查锁紧螺钉或螺母是否松弛	重新锁好

(4) 每季检验（见表 7-8）

表 7-8　每季检验

检查位置	检查项目	对策
感温线	检查接触情形	清理感温线触头和探热孔
射胶单元	经由黄油嘴注入黄油于油压马达圆呤转动处	使用黄油枪打 50～60 次
	经由黄油嘴注入黄油于射胶导杆滑动处	使用黄油枪打 30～60 次
二板单元	注入黄油于二板滑脚	使用黄油枪打 3～5 次
	注入黄油于二板哥林柱铜司处	使用黄油枪打 50～60 次
	注入黄油于夹紧块处	使用黄油枪打 3～5 次
电磁接触器	检查损耗情形	假如有需要，更换新品

(5) 每半年检验（见表 7-9）

表 7-9　每半年检验

检查位置	检查项目	对策
射胶、顶针及锁模光学解码器上齿轮和传动齿条	检查是否安装不良	重新锁紧 涂上黄油至传动齿轮
油箱上通风及注油口	污染检查	浸入清油中并用压缩空气吹干
哥林柱	滑道表面检查	用油石磨除刻痕
电箱	电磁接触器端子	重新锁紧
	接地线端子	重新锁紧
电磁阀	端子螺钉	重新锁紧

(6) 每年检验（见表 7-10）

表 7-10　每年检验

检查位置	检查项目	对策
液压油	污染检查	更换新油品
油箱	污染检查	清理干净
滤油网	每次液压油更换时亦须清洗滤油网	清理干净
冷却器	每次液压油更换时亦须清洗冷却器	清理干净
全部电子元件	螺钉松脱	重新锁紧
全部机械元件	螺钉或螺栓松脱	重新锁紧
机架部位	水平	重新调校水平

参考文献

[1] 王兴天．注塑技术与注塑机．北京：化学工业出版社，2005.
[2] 李忠文．注塑机维修大全．广州：广东科技出版社，2008.
[3] 戴伟民．塑料注塑成型．北京：化学工业出版社，2005.
[4] 周殿明．注塑成型中的故障与排除．北京：化学工业出版社，2002.
[5] 李忠文．注塑机电路维修．北京：化学工业出版社，2001.
[6] 王新兰．液压与气动．北京：电子工业出版社，2003.
[7] 梅荣娣．气压与液压控制技术基础．北京：电子工业出版社，2005.